Taschenbuch zum
Abstecken von Kreisbogen
mit und ohne Übergangsbogen

für

Eisenbahnen, Straßen und Kanäle

von

O. Sarrazin und **H. Oberbeck**

Vollständig neu bearbeitet

von

Max Höfer

56. Auflage

Mit 37 Textabbildungen

Springer-Verlag Berlin Heidelberg GmbH

1938

ISBN 978-3-662-35432-2 ISBN 978-3-662-36260-0 (eBook)
DOI 10.1007/978-3-662-36260-0

Ursprünglich erschienen bei Verlag von Julius Springer 1938.
Softcover reprint of the hardcover 56th edition 1938

Aus dem Vorwort zur 44. bis 47. Auflage.

Das Taschenbuch zum Abstecken von Kreisbogen erschien zum erstenmal im Jahre 1873. Es sollte nicht nur dem in seinem Titel ausgesprochenen Zweck dienen, sondern darüber hinaus für die zahlreichen privaten Eisenbahngesellschaften ein Berater in eisenbahntechnischen Fragen sein. Daraus erklärt sich die kritische Einstellung der Urheber gegenüber Problemen, die nach den Erfahrungen eines halben Jahrhunderts keine Probleme mehr sind.

Die gute und ausführliche Einleitung befaßte sich besonders eingehend mit dem Zweck und Wesen des Übergangsbogens und seinem Verhältnis zur Überhöhungsrampe. Alles, was davon dauernden Wert hat und stets behalten wird, wird man in der Einführung zu dieser neuen Ausgabe wiederfinden; dagegen mußten alle kritischen Betrachtungen fortfallen, nachdem die Deutsche Reichsbahngesellschaft — und schon ihre Rechtsvorgänger — die Führung im Verein Deutscher Eisenbahnverwaltungen übernommen und eine Fülle wertvoller Erfahrungen in Dienstvorschriften, die allen Privatgesellschaften zugänglich sind, niedergelegt hat. Dafür mußte wieder anderes, was erst den Forderungen der Jetztzeit entsprang, neu aufgenommen werden; als Beispiel seien die Abschnitte über Korbbogen und Übergangsbogen zwischen Korbbogenteilen erwähnt.

Altona (Elbe), im Juli 1929.

Max Höfer.

Vorwort zur 52. bis 55. Auflage.

Die Technik kennt keinen Stillstand. Erfindergeist erhöht fortgesetzt die Leistungsfähigkeit der Dampfmaschinen und Triebwagen und bietet dadurch die Möglichkeit, schneller zu fahren. Damit wachsen die Anforderungen an die Gestaltung der Bogen und an die Genauigkeit ihrer Absteckung.

Die bisher übliche Form des Übergangsbogens genügt den heutigen Ansprüchen nicht mehr; sie hat einen zweifachen Fehler beim Übergang in den Kreisbogen: erstens geht sie am Kreise vorbei, und zweitens hat sie dort einen vom Kreishalbmesser abweichenden Krümmungshalbmesser. Bei mäßiger Länge sind diese Abweichungen sehr klein und wurden daher stets vernachlässigt. Aber die Länge der Überhöhungsrampen für hohe Fahrgeschwindigkeiten erfordert so lange Übergangsbogen, daß jene Vernachlässigung nicht mehr statthaft ist.

Die neue Auflage dieses Taschenbuches bringt als wesentliche Neuerung eine verbesserte Abstecktafel III für lange Übergangsbogen, und zwar mit Berücksichtigung von Fahrgeschwindigkeiten bis zu 200 km/Std. und Überhöhungen bis zu 160 mm. Wenn diese auch jetzt noch nicht erreicht werden, so ist doch für eine nahe Zukunft damit zu rechnen.

Die Absteckmaße sind — außer in dieser Tafel III auch in der Tafel II für reine Kreisbogen, soweit sie für Gleisabsteckungen in Betracht kommt — auf Millimeter angegeben. Man kann zwar von der Tangente aus im allgemeinen nicht mit dieser Genauigkeit abstecken; aber zu zeichnerischen Darstellungen in größerem Maßstab und zu anschließenden Berechnungen werden diese genauen Werte manchem willkommen sein.

Die Tafel I mußte zugunsten der Tafel III auf den Bereich des Mittelpunktwinkels von 0^0 bis 90^0 verkürzt werden; mehr als einen Viertelkreis wird man mit Hilfe der in Tafel I enthaltenen Angaben kaum abstecken.

Möge das Büchlein auch in der neuen Gestalt Anklang finden!

Altona, im November 1936.

Max Höfer.

Vorwort zur 56. bis 60. Auflage.

In der Übergangszeit bis zur allgemeinen Einführung der neuen Kreisteilung wird die Umrechnungstafel V häufiger als bisher benutzt werden; sie wurde deshalb sorgfältig nachgeprüft.

Auf Seite 302 wurde die verdruckte Angabe: $7^c = 5'46{,}8''$ berichtigt in $3'46{,}8''$; auf Seite 301 wurden in den Abschnitten für Minuten und Sekunden mehrere Abrundungsfehler durch Änderung um je eine Einheit der 5. Dezimalstelle berichtigt.

Außerdem wurden in den Gleichungen (27) und (28) auf Seite 12 die Brüche $\frac{1}{10}$ in $\frac{l}{10}$ und $\frac{L}{10}$ und auf Seite 150 die Ordinate für 15000 bei der Abszisse 70 in 0,163 berichtigt.

Im übrigen stimmt das vorliegende Buch mit der älteren Auflage überein und mag den Techniker weiter begleiten, bis es abgelöst wird von meinen im selben Verlag bereits erschienenen „Bogentafeln für Teilung des Kreises in 400^g".

Hamburg-Altona, im Oktober 1938.

Max Höfer.

Inhaltsverzeichnis.

Tafeln.

Anhang.

Einführung.

I. Absteckung des Kreisbogens von der Tangente aus.

Die Absteckung eines Kreisbogens zur Verbindung der Mittellinien gerader Strecken von Straßen, Kanälen oder Eisenbahnen erfordert:

1. die Ermittelung des Winkels, den die Mittellinien bilden,
2. die Berechnung der Tangenten vom Winkelpunkt bis zum Berührungspunkt, des Abstandes des Bogenscheitels vom Winkelpunkt, der Koordinaten des Scheitels und der Bogenlänge,
3. unter Umständen die Bestimmung von Hilfstangenten,
4. Die Absteckung einzelner Bogenpunkte (Kleinpunkte).

1. Ermittelung des Winkels.

Der Winkel wird in der Regel mit dem Theodoliten gemessen. Er kann auch durch Längenmessung mit hinreichender Genauigkeit bestimmt werden. Da man statt des inneren Brechungswinkels β (Abb. 1) stets seinen Nebenwinkel α, der gleich dem Mittelpunktwinkel des Bogens ist, zu den Rechnungen benutzt, verlängert man eine Tangente AB über den Winkelpunkt hinaus, setzt eine beliebige Strecke a auf der Verlängerung und auf der anderen

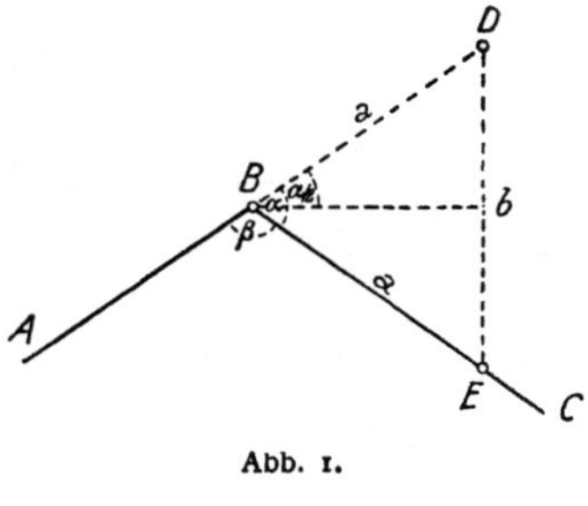

Abb. 1.

Tangente ab ($BD = BE = a$) und mißt die Entfernung $DE = b$. Dann ist

$$\frac{\frac{1}{2} b}{a} = \sin \frac{\alpha}{2}. \tag{1}$$

Diesen Wert sucht man in der vierten Spalte der Tafel I auf. Am Kopf der Tafel findet man die Anzahl der Grade, in der ersten Spalte die zuzusetzenden Minuten des Winkels α.

Kommt der gesuchte Wert selbst in der Tafel nicht vor, so ermittelt man den Winkel durch Zwischenschaltung des gesuchten Wertes zwischen die in der Tafel aufgeführten benachbarten Werte, wobei zu beachten ist, daß der Unterschied dieser Tafelwerte einer Änderung des Winkels um $2' = 120''$ entspricht.

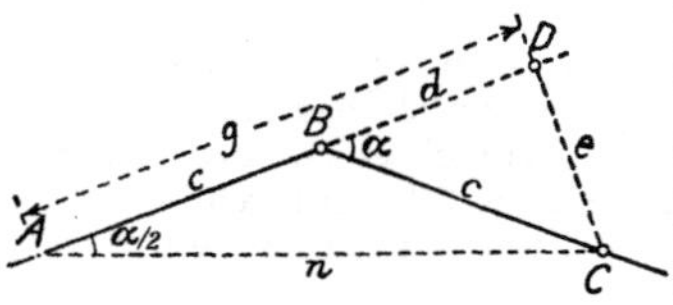

Abb. 2.

Ein anderes Verfahren ist besonders bei spitzem Winkel α zu empfehlen. Man steckt nach Abb. 2 auf einer Tangente ein beliebiges Maß $BC = c$ ab und nimmt den Punkt C winkelrecht auf die andere Tangente auf. Der Fußpunkt D ist nach der Formel $d = \sqrt{c^2 - e^2} = \sqrt{(c + e)\,(c - e)}$ zu prüfen und nötigenfalls zu berichtigen. Denkt man sich $BA = BC = c$ abgesetzt, so kann man der Abb. 2 entnehmen:

$$\operatorname{tg} \frac{\alpha}{2} = \frac{e}{c + d} = \frac{e}{g}. \tag{2}$$

Den Winkel α kann man mit Hilfe der zweiten Spalte der Tafel I ermitteln, wie oben angegeben. Zur Festlegung der Hauptpunkte des Bogens braucht man den Winkel nicht zu kennen.

2. Tangenten, Scheitelabstand, Scheitelkoordinaten und Bogenlänge.

Nach Abb. 3 sind die Tangenten bis zu den Berührungspunkten

$$AB = BC = r \cdot \operatorname{tg} \frac{\alpha}{2}. \tag{3}$$

Der Scheitelabstand ist:

$$BD = BO - r = r \cdot \sec\frac{\alpha}{2} - r$$

oder

$$BD = r \cdot \left(\sec\frac{\alpha}{2} - 1\right). \qquad (4)$$

Die Abszisse AE des Scheitels ist gleich der halben Sehne AC, nämlich:

$$AE = AF = r \cdot \sin\frac{\alpha}{2}. \quad (5)$$

Die Ordinate DE des Scheitels ist gleich der Pfeilhöhe DF des Bogens, nämlich:

$$DE = DF = OD - OF$$

$$= r \cdot \left(1 - \cos\frac{\alpha}{2}\right). \quad (6)$$

Die Bogenlänge ist:

$$ADC = r \cdot \frac{\pi \cdot \alpha}{180}. \quad (7)$$

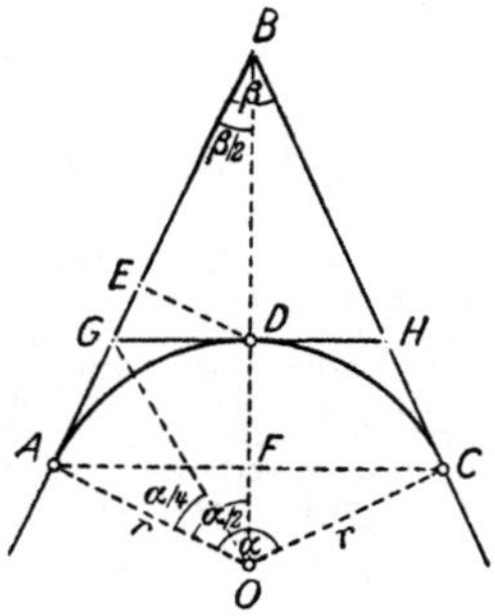

Abb. 3.

Die Tafel I enthält die Werte $\operatorname{tg}\frac{\alpha}{2}$, $\sec\frac{\alpha}{2} - 1$, $\sin\frac{\alpha}{2}$, $1 - \cos\frac{\alpha}{2}$ und $\frac{\pi\alpha}{180}$ der Reihe nach in der zweiten bis sechsten Spalte, und zwar für die Winkel α von 0 bis 90 Grad in Abständen von je 2 Minuten. Zwischenwerte ermittelt man durch Einschaltung.

Hat man die Tangenten nach Abb. 2 gegeneinander festgelegt, so berechne man aus den gemessenen Längen c, d und e das Maß

$$AC = n = \sqrt{(c + d)^2 + e^2} = \sqrt{g^2 + e^2}. \qquad (8)$$

Dann läßt sich ohne Benutzung der Tafel I berechnen:

Die Tangente:

$$AB = BC = r \cdot \frac{e}{g}. \qquad (3a)$$

Der Scheitelabstand:

$$B\,D = r \cdot \frac{n - g}{g}. \qquad (4a)$$

Die Scheitelabszisse:

$$A\,E = A\,F = r \cdot \frac{e}{n}. \qquad (5a)$$

Die Scheitelordinate:

$$D\,E = D\,F = r \cdot \frac{n - g}{n}. \qquad (6a)$$

Die Bogenlänge läßt sich nur mit Hilfe des Winkels bestimmen.

Beide Arten der Winkelbestimmung dürften als gleichwertig anzusehen sein. Die Art nach Abb. 2 erfordert zwar die rechnerische Prüfung nach dem Satze des Pythagoras, liefert dafür aber eine Messungsprobe, während man nach der Art der Abb. 1 zum Schutz vor Irrtümern je 2 Punkte D und E bestimmen, also die Messung verdoppeln und die Ergebnisse für den Winkel mitteln wird. Man kann beide Arten in der Weise verbinden, daß man die Strecke b der Abb. 1 wirklich halbiert und das Lot vom Mittelpunkt nach B mißt. Setzt man dann $a = c$, $\frac{b}{2} = e$ und das Lot gleich d, so kommt man auf die Formeln (3a) bis (6a).

Diese, namentlich (3a), verdienen besondere Beachtung wegen der Bequemlichkeit, die sie bei zeichnerischen Ermittelungen bieten. Will man etwa auf einem Plan die Tangentenlängen ermitteln, so braucht man nur vom Fußpunkt D der Abb. 2 auf der Tangente DA den Halbmesser r in beliebigem Maßstab abzutragen und durch den erhaltenen Punkt die Gleichlauflinie zu der Strecke n zu ziehen. Sie schneidet von dem Lot e die gesuchte Tangentenlänge in demselben Maßstab ab.

Umgekehrt läßt sich der Halbmesser aus der verfügbaren Tangentenlänge zeichnerisch ermitteln, indem man diese auf dem Lot e in beliebigem Maßstab abträgt und die Gleichlauflinie zu n bis zum Schnitt mit der Tangente DA zieht. Die Entfernung von D ist dann der Halbmesser in dem gewählten Maßstab.

3. Hilfstangenten.

Bei starker Krümmung oder bei Gelände-Hindernissen kann die Absteckung der Kleinpunkte von den Haupttangenten aus unzuverlässig oder unbequem werden. Dann berechnet man die Lage der Scheiteltangente und nach Bedarf weitere Zwischentangenten durch fortgesetzte Unterteilung des Bogens. Nach Abb. 3 ist:

$$A\,G = C\,H = G\,D = D\,H = r \cdot \operatorname{tg} \frac{\alpha}{4}. \qquad (9)$$

Man findet den Wert für tg $\frac{\alpha}{4}$ in der zweiten Spalte der Tafel I für den Winkel $\frac{\alpha}{2}$.

Mit den Werten der Abb. 2 erhält man ohne Kenntnis des Winkels:

$$AG = CH = GD = DH = r \cdot \frac{e}{g+n}. \qquad (9a)$$

4. Kleinpunkte.

Der senkrechte Abstand (Ordinate) y eines Bogenpunktes von der Tangente bei der Entfernung (Abszisse) x des Fußpunktes vom Berührungspunkte ist nach Abb. 4

$$y = r - \sqrt{r^2 - x^2}$$
$$= r - \sqrt{(r+x)(r-x)}. \qquad (10)$$

Nach dieser Formel sind die in der Tafel II angegebenen Ordinaten y zu gleichstufig wachsenden Abszissen x für die meistgebrauchten Halbmesser berechnet (vgl. Abschnitt 25).

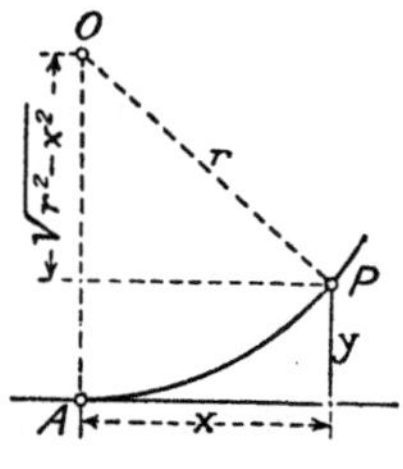

Abb. 4.

II. Überhöhungsrampe und Übergangsbogen.

5. Die Überhöhung der äußeren Schiene.

Um der Fliehkraft entgegenzuwirken, muß der äußere Schienenstrang des Bogengleises höher gelegt werden als der innere. Die erforderliche Überhöhung hängt von der Fahrgeschwindigkeit und vom Halbmesser des Bogens ab. Auf demselben Gleis verkehren aber in der Regel Schnellzüge und Güterzüge. Eine zu starke Überhöhung wirkt störend auf den Lauf der langsam fahrenden Züge, weil diese aus Mangel an Schwung auf der schiefen Ebene nach innen drängen, während es umgekehrt sein soll. Eine zu geringe Überhöhung wird von den Reisenden in den Schnellzügen unangenehm empfunden, weil die überschüssige Fliehkraft sich den Insassen mitteilt.

Daraus folgt, daß es nötig ist, für die Überhöhung außer den Regelwerten Mindest- und Höchstwerte festzusetzen.

Die Deutsche Reichsbahn hat auf Grund langer Erfahrung die Regelüberhöhung auf rund $^2/_3$ der nach den Gesetzen der Mechanik errechneten Überhöhung festgesetzt, so daß die für den Fahrgast unangenehme überschüssige Fliehbeschleunigung nie mehr als 0,4 m/sec² beträgt.

Bezeichnet V die höchste planmäßige Fahrgeschwindigkeit in Kilometern für die Stunde (km/Std.), r den Bogenhalbmesser in m und h die Überhöhung in mm, so gilt als Regelwert:

$$h = 8 \frac{V^2}{r}. \qquad (11)$$

Der Höchstwert ist:

$$h = 150 \text{ mm}.$$

Der Mindestwert ist:

$$h = 11{,}8 \cdot \frac{V^2}{r} - 90. \qquad (11\text{a})$$

Die berechnete Überhöhung wird auf halbe cm abgerundet.

Die größte Geschwindigkeit, mit der ein Bogen überhaupt durchfahren werden darf, beträgt:

$$V = 4{,}5 \sqrt{r}.$$

Daraus folgt, daß der kleinste Halbmesser einer mit V zu befahrenden Strecke mindestens betragen muß:

$$r = \frac{V^2}{20}.$$

6. Die Überhöhungsrampe.

Die Überhöhung der äußeren Schiene erfordert die Herstellung einer Rampe. Diese ist am leichtesten zu überwachen und zu unterhalten, wenn sie geradlinig ansteigt. Auf dieser Strecke wächst die Überhöhung allmählich vom Werte Null bis zum Werte h. Da sie nach Gleichung (11) vom Halbmesser abhängig ist, muß der Halbmesser mit zunehmender Überhöhung allmählich kleiner werden. Der Grundriß dieser Übergangsstrecke darf also kein Kreisbogen sein, sondern sie muß eine Krümmung darstellen, deren Krummheit von $\frac{1}{0} = \infty$ bis $\frac{1}{r}$ allmählich zunimmt. Diese Strecke heißt „Übergangsbogen" (siehe Abschnitt 7).

Übergangsbogen und Überhöhungsrampe sollen in der Regel zusammenfallen. Für die Neigung der Rampe gilt als Regel:

$$1 : n = 1 : 10\,V,$$

als Höchstmaß:

$$1 : n = 1 : 8\,V,$$

für Geschwindigkeiten unter 50 km/Std. aber $1 : n = 1 : 400$.

Aus der Verbindung mit den Gleichungen (11) und (11a), aus denen h in mm erhalten wird, folgen für die Rampenlänge l_r in m die Regelformel:

$$l_r = \frac{h \cdot V}{100} \qquad (12)$$

und die Höchstformel:

$$l_r = \frac{8\,h \cdot V}{1000}. \qquad (12a)$$

In (12a) kann für h nötigenfalls der Mindestwert nach (11a) gebraucht werden. Die Längen der Rampen und Übergangsbogen werden auf 10 oder mindestens 5 m abgerundet.

Es kann vorkommen, daß die Rampen die Länge des vorgesehenen Kreisbogens voll in Anspruch nehmen und in der Mitte dachförmig zusammenstoßen würden. Um das zu verhüten, schreibt die Deutsche Reichsbahn vor, daß bei Fahrgeschwindigkeiten bis zu 120 km/Std. zwischen den inneren Rampenenden ein gleichmäßig überhöhtes Bogenstück von mindestens 20 m Länge übrig bleiben soll; bei höherer Geschwindigkeit muß das Stück mindestens 30 m lang und die Rampen dürfen nicht steiler als 1:10 V sein. Auf dieser Zwischenstrecke wird die beim Abbruch der Rampen erreichte Überhöhung durchgeführt.

Sind diese Forderungen nicht erfüllbar, so muß die Geschwindigkeit herabgesetzt werden. Die zulässige Fahrgeschwindigkeit berechnet man bei Überhöhungsmangel aus:

$$V = \sqrt{\frac{h + 90}{11,8} \cdot r},$$

bei unzureichender Rampenlänge aus:

$$V = \frac{1000 \cdot l_r}{8\,h}.$$

Es sei hier — dem Abschnitt 7 vorgreifend — bemerkt, daß die Übergangsbogen zusammenstoßen dürfen, nur nicht die Rampen. Wenn ausnahmsweise die Übergangsbogen kürzer werden müssen als die Rampen, so dürfen diese in den Kreisbogen hineinragen; aber dann muß am Ende des Übergangsbogens die Mindestüberhöhung vorhanden sein.

In unvermeidlichen kurzen Geraden zwischen gleichwendigen Bogen wird die Überhöhung — g. F. in Form einer Rampe zur Überleitung aus der einen Überhöhung in die andere — durchgeführt.

An Wegekreuzungen in Bogen zweigleisiger Strecken soll man alle 4 Schienen in eine Ebene oder wenigstens die beiden mittleren auf gleiche Höhe bringen; das erfordert eine geringfügige Abweichung in den Neigungsverhältnissen beider Gleise.

7. Übergangsbogen von mäßiger Länge.

Die Deutsche Reichsbahn formt den Übergangsbogen als kubische Parabel. Ihre Koordinatengleichung lautet allgemein:

$$\boldsymbol{y = m\,x^3}, \tag{13}$$

wenn y den senkrechten Abstand des Bogenpunktes von der Anfangstangente — die Ordinate —, x die Entfernung des Fußpunktes vom Anfangspunkt — die Abszisse — und m einen Festwert bezeichnet.

Der Krümmungshalbmesser eines beliebigen Bogenpunktes ist:

$$\varrho = \frac{\sqrt{1 + 9\,m^2 \cdot x^4}^{\,3}}{6 \cdot m \cdot x}. \tag{14}$$

Für den Punkt, in dem die Parabel in den Kreis übergeht, ist $x = l$ (Parabellänge) und es soll $\varrho = r$ werden, also

$$r = \frac{\sqrt{1 + 9\,m^2 \cdot l^4}^{\,3}}{6 \cdot m \cdot l}\,. \qquad (15)$$

Der Übergangsbogen ist sehr flach; er löst sich nur ganz allmählich von der Tangente ab; d. h. der Festwert m ist außerordentlich klein. Wenn nun die Parabel nur eine mäßige Länge hat, wird das Produkt $9\,m^2 \cdot l^4$ in Gleichung (15) fast verschwindend klein, so daß man es ganz fortlassen darf. Dann wird der Zähler gleich eins, und es entsteht:

$$r = \frac{1}{6 \cdot m \cdot l}\,.$$

aus der folgt:

$$m = \frac{1}{6 \cdot r \cdot l}\,, \qquad (16)$$

Die Parabelgleichung (13) geht über in:

$$y = \frac{x^3}{6 \cdot r \cdot l}\,. \qquad (17)$$

Für die Endordinate ergibt sich:

$$k = y_1 = \frac{l^3}{6 \cdot r \cdot l}$$

$$= \frac{l^2}{6\,r}\,. \qquad (18)$$

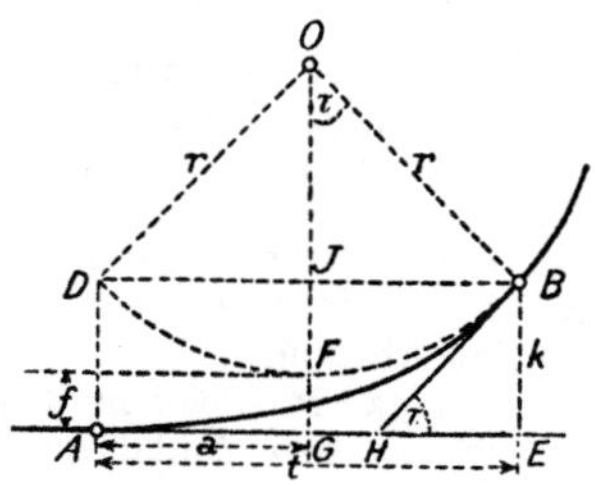

Abb. 5.

Der Schatten einer beliebigen Parabeltangente auf die Anfangstangente, die sog. Subtangente, ist stets $^1/_3$ der Abszisse des Berührungspunktes, also in Abb. 5:

$$HE = \frac{l}{3}\,.$$

Nun ist $\sphericalangle\, BHE = \sphericalangle\, BOG = \tau$ und

$$\operatorname{tg} \tau = \frac{k}{HE} = \frac{l^2}{6 \cdot r} : \frac{l}{3} = \frac{l}{2 \cdot r}\,. \qquad (19)$$

Da τ sehr klein ist, darf man den Sinus mit dem Tangens vertauschen, und es folgt dann:

$$GE = BJ = r \cdot \sin \tau = r \cdot \operatorname{tg} \tau = \frac{r \cdot l}{2 \cdot r}$$

oder:

$$\boldsymbol{GE = \frac{l}{2}}\,. \tag{20}$$

Die Pfeilhöhe eines flachen Bogens ist gleich dem Quadrat der Sehne, geteilt durch das 8fache des Halbmessers. Es ist also:

$$JF = \frac{l^2}{8 \cdot r}$$

und:

$$FG = JG - JF = k - \frac{l^2}{8 \cdot r} = \frac{l^2}{6 \cdot r} - \frac{l^2}{8 \cdot r}$$

oder

$$\boldsymbol{FG = f = \frac{l^2}{24 \cdot r}}\,. \tag{21}$$

Um das Maß f muß der Kreis von der Tangente nach innen abgerückt werden, um Raum für den Übergangsbogen zu schaffen. Die Parabel liegt zur Hälfte vor und zur Hälfte hinter dem ursprünglichen, sog. mathematischen, Kreisbogenanfang und hälftet den Abstand f.

Setzt man in Gleichung (14) — wie nachher in (15) geschah — den Zähler gleich eins, so erkennt man aus: $\varrho = \frac{1}{6 \cdot m \cdot x}$ oder $\frac{1}{\varrho} = 6 \cdot m \cdot x$, daß die Krummheit $\frac{1}{\varrho}$ in gleichem Verhältnis mit der Bogenlänge x zunimmt. Innerhalb der Überhöhungsrampe nimmt die Überhöhung auch in gleichem Verhältnis mit der Bogenlänge zu; sie entspricht also an jeder Stelle der Krummheit. Daher ist die kubische Parabel als Übergangsbogen besonders geeignet, wenn man die Überhöhungsrampe mit ihr zusammenfallen und geradlinig ansteigen läßt.

8. Übergangsbogen von erheblicher Länge.

Die in Abschnitt 7 angegebenen Formeln verbürgen eine hinreichende Genauigkeit für Parabeln bis zu einer Länge von höchstens etwa $\frac{r}{3{,}5}$. Hohe Geschwindigkeiten erfordern viel längere Übergangsbogen; dann ist es nicht mehr statthaft, die Gleichung (15) in der dargestellten Weise zu vereinfachen. Wir bilden daraus zunächst:

$$6\,r\,m\,l = \sqrt{1 + 9\,m^2\,l^4}^{\,3}. \tag{22}$$

In Abb. 5 ist nach Gleichung (13):

$$BE = m \cdot l^3,$$

die Subtangente $HE = \frac{l}{3}$,

folglich:

$$BH = \sqrt{\frac{l^2}{9} + m^2\,l^6} = \sqrt{\frac{l^2}{9} + \frac{l^2}{9} \cdot 9 \cdot m^2\,l^4}$$

$$= \frac{l}{3}\sqrt{1 + 9 \cdot m^2\,l^4},$$

$$\frac{BH}{\frac{1}{3}\,l} = \frac{1}{\cos\tau} = \sqrt{1 + 9 \cdot m^2\,l^4}. \tag{23}$$

Die Verbindung mit (22) ergibt:

$$6 \cdot r \cdot m \cdot l = \frac{1}{\cos^3\tau},$$

$$\boldsymbol{m = \frac{1}{6 \cdot r \cdot l \cdot \cos^3\tau}}. \tag{24}$$

Den Winkel τ kennt man zwar nicht; aber da BE im Verhältnis zu $\frac{1}{3}\,l$ stets klein ist und der Kosinus kleiner Winkel sich nur sehr langsam ändert, werden wir eine sehr gute Annäherung erhalten, wenn wir nach Gleichung (18):

$$BE = \frac{l^2}{6r}$$

und demnach:

$$BH = \sqrt{\frac{l^2}{9} + \frac{l^4}{36\,r^2}} = \frac{l}{3}\sqrt{1 + \left(\frac{l}{2\,r}\right)^2}$$

setzen. Dann ist:

$$\cos\tau = \frac{1}{\sqrt{1 + \left(\frac{l}{2\,r}\right)^2}}$$

und:

$$m = \frac{\sqrt{1 + \left(\frac{l}{2\,r}\right)^2}^{\,3}}{6\cdot r\cdot l}. \tag{25}$$

Die verbesserte Parabelgleichung lautet:

$$y = \frac{\sqrt{1 + \left(\frac{l}{2\,r}\right)^2}^{\,3}}{6\cdot r\cdot l}\,x^3. \tag{26}$$

Diese Gleichung ist der Tafel III für alle verhältnismäßig langen Parabeln zugrunde gelegt.

Die Bogenlänge der kubischen Parabel ist:

$$L = l\left[1 + \frac{1}{10}\left(\frac{l}{2\,r}\right)^2 - \frac{1}{72}\left(\frac{l}{2\,r}\right)^4 + \frac{1}{208}\left(\frac{l}{2\,r}\right)^6 - \cdots\right].$$

Man kann sich auf das erste Glied der Klammer beschränken und setzen:

$$L = l + \frac{l}{10}\cdot\left(\frac{l}{2\,r}\right)^2. \tag{27}$$

Ist L gegeben, so wäre l aus einer Gleichung 3. Grades zu berechnen. Um das zu vermeiden, verkürzt man wegen des verschwindend kleinen Unterschiedes die Bogenlänge L um das — nahezu — gleiche Maß, um das eine gegebene Schattenlänge l vergrößert werden müßte, um auf L anzuwachsen. Man setzt also:

$$l = L - \frac{L}{10}\cdot\left(\frac{L}{2\,r}\right)^2. \tag{28}$$

Das ist in Tafel III geschehen; die Absteckung liefert also die im Kopf verzeichnete runde Bogenlänge L.

Das Maß f in Gleichung (21) ist nun nicht genau $^1/_4$ der Endordinate; auch liegt die Stelle, an der der verlängert gedachte Kreis der Tangente am nächsten kommt, nicht auf halber Länge von l, sondern etwas rückwärts nach dem Anfangspunkt A zu. Wir bezeichnen diesen — kürzeren — Abschnitt vom Anfangspunkt bis zum Fußpunkt des Lotes vom Kreismittelpunkt fortan mit a.

Die Rechenformeln lauten:

$$y_l = \frac{\sqrt{1 + \left(\frac{l}{2r}\right)^2}^{\,3}}{6r} \cdot l^2, \qquad (29)$$

$$\operatorname{tg} \tau = \frac{y_l}{\frac{1}{3} l} = \frac{3 \cdot y_l}{l}, \qquad (30)$$

$$a = l - r \cdot \sin \tau, \qquad (31)$$

$$f = y_l + r \cdot \cos \tau - r. \qquad (32)$$

Die Ordinaten der Kleinpunkte in Tafel III sind für die Parabel nach Gleichung (26), für den Kreisteil nach:

$$y = r + f - \sqrt{[r + (x - a)] \cdot [r - (x - a)]}$$

entsprechend der Gleichung (42) in Abschnitt 11 berechnet.

Der Mangel der in Abschnitt 7 besprochenen vereinfachten Gleichung macht sich bei langen Parabeln dadurch geltend, daß die Parabel außen am Kreise vorbeiführt; diesem Mangel könnte man zwar dadurch abhelfen, daß man die Parabel an den Kreis heranrückt, wie ja auch hier geschah. Aber die Parabel hat dann im Berührungspunkt nicht den Krümmungshalbmesser r. Die Bindungsform (14) hat übrigens für ϱ einen Mindestwert, der bei $x = \frac{1}{2{,}59\sqrt{m}}$ erreicht wird; von da an nimmt der Krümmungshalbmesser wieder zu. Für diesen Grenzfall ist $\tau = 24^0\,6'$.

III. Absteckung des Kreisbogens mit Übergangsbogen von der Tangente aus.

9. Tangenten, Scheitelabstand, Scheitelkoordinaten und Bogenlänge

Die in den Abschnitten 9 bis 11 dargestellten Beziehungen gelten nur für Bogen mit den in Abschnitt 7 behandelten Übergangsbogen von mäßiger Länge.

Nach **Abb.** 6 ist die Tangente vom Winkelpunkt bis zur Berührung der Parabel:

$$AB = BC + AC = (r+f) \cdot \operatorname{tg}\frac{\alpha}{2} + \frac{l}{2}. \qquad (33)$$

Der Abstand des Scheitels vom Winkelpunkt ist:

$$BD = BO - r = (r+f)\sec\frac{\alpha}{2} - r.$$

Fügt man dieser Gleichung $+f-f$ hinzu, so läßt sie sich umformen in:

$$BD = (r+f)\left(\sec\frac{\alpha}{2} - 1\right) + f. \qquad (34)$$

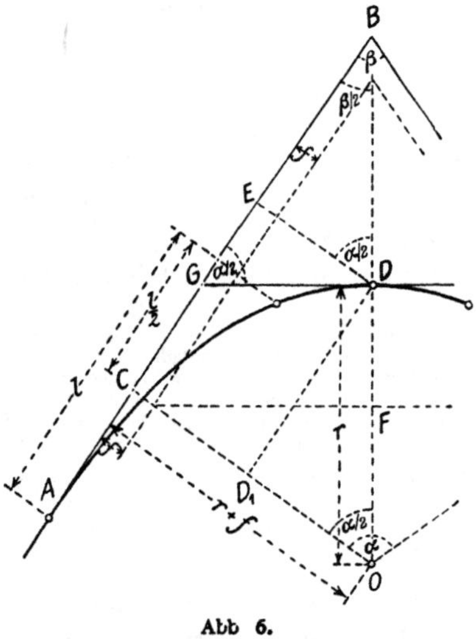

Abb 6.

Die Abszisse des Scheitels ist:

$$AE = r \cdot \sin\frac{\alpha}{2} + \frac{l}{2}. \qquad (35)$$

Die Ordinate des Scheitels ist:

$$ED = r\left(1 - \cos\frac{\alpha}{2}\right) + f. \qquad (36)$$

Die Bogenlänge ist:

$$2\,AD = r\frac{\pi \cdot \alpha}{180} + l. \tag{37}$$

Die Werte

$$\operatorname{tg}\frac{\alpha}{2},\ \sec\frac{\alpha}{2} - 1,\ \sin\frac{\alpha}{2},\ 1 - \cos\frac{\alpha}{2} \text{ und } \frac{\pi \cdot \alpha}{180}$$

sind der Tafel I zu entnehmen.

Hat man die Tangenten nach Abb. 2 gegeneinander festgelegt, so läßt sich ohne Benutzung der Tafel berechnen:

Die Tangente:

$$AB = (r+f)\cdot\frac{e}{g} + \frac{l}{2}. \tag{33a}$$

Der Scheitelabstand:

$$BD = (r+f)\cdot\frac{n-g}{g} + f. \tag{34a}$$

Die Scheitelabszisse:

$$AE = r\cdot\frac{e}{n} + \frac{l}{2}. \tag{35a}$$

Die Scheitelordinate:

$$ED = r\cdot\frac{n-g}{n} + f. \tag{36a}$$

Die Bogenlänge kann nur mit Hilfe des Winkels bestimmt werden.

10. Hilfstangenten.

Aus Abb. 6 ergibt sich mit Hilfe der aus den Gleichungen (34) bis (36) ermittelten Werte:

$$AG = AE - EG = AE - \frac{ED}{\operatorname{tg}\frac{\alpha}{2}}, \tag{38}$$

$$BG = \frac{BD}{\sin\frac{\alpha}{2}} = \frac{2\,ED}{\sin\alpha}, \tag{39}$$

$$DG = \frac{BD}{\operatorname{tg}\frac{\alpha}{2}}. \tag{40}$$

Aus den Gleichungen (34a) bis (36a) lassen sich mit den Bezeichnungen der Abb. 2 die entsprechenden Werte ohne Winkelkenntnis herleiten, nämlich:

$$AG = \frac{r \cdot n - (r + f)\, g}{e} + \frac{l}{2} = AE - \frac{g}{e} \cdot ED, \qquad (38a)$$

$$BG = \frac{2c}{e}\left(r \cdot \frac{n - g}{n} + f\right) = \frac{n}{e} \cdot BD, \qquad (39a)$$

$$DG = \frac{n \cdot (r + f) - r \cdot g}{e} = \frac{g}{e} \cdot BD. \qquad (40a)$$

Sind weitere Hilfslinien erforderlich, so empfiehlt es sich, die Haupttangenten um das Maß f zu verschieben und unter Berücksichtigung der Verlegung des Anfangspunktes um $\frac{l}{2}$ die weiteren Absteckmaße durch Unterteilung des Winkels α nach Abschnitt 3 zu bestimmen.

11. Kleinpunkte.

Die Ordinaten für die Kleinpunkte des Übergangsbogens erhält man nach Gleichung (17), nämlich

$$y = \frac{x^3}{6 r \cdot l}. \qquad (41)$$

Die Koordinaten der Kleinpunkte des anschließenden Kreisbogens unterscheiden sich von denjenigen des ohne Übergangsbogen nach Abschnitt 4 abzusteckenden Kreisbogens durch Zuwachs der Abszisse um $\frac{l}{2}$ und Zuwachs der Ordinate um f. Es ist also nach Abb. 7:

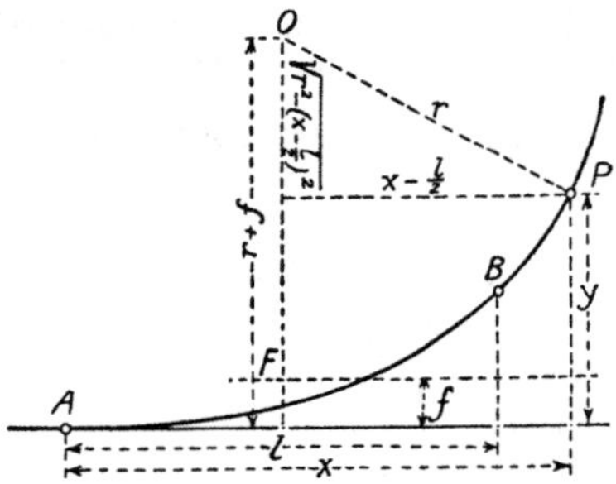

Abb. 7.

$$y = r + f - \sqrt{r^2 - \left(x - \frac{l}{2}\right)^2}$$

$$= r + f - \sqrt{\left(r - \frac{l}{2} + x\right)\left(r + \frac{l}{2} - x\right)}. \quad (42)$$

12. Kreisbogen mit langen Übergangsbogen.

Mit Hilfe des im Kopf der Tafel III angegebenen Winkels τ, der nach Gleichung (30) zu ermitteln ist, berechnet man zweckmäßig die Schnittpunkte H der

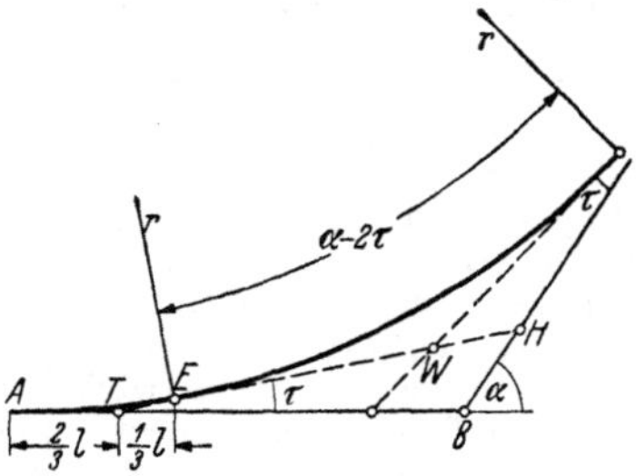

Abb. 8.

Parabelendtangente mit den gegebenen Haupttangenten. Nach Abb. 8 ist:

$$BT = AB - \frac{2}{3}l, \quad (43)$$

$$BH = BT \cdot \frac{\sin\tau}{\sin(\alpha - \tau)}, \quad (44)$$

$$TH = BT \cdot \frac{\sin\alpha}{\sin(\alpha - \tau)}. \quad (45)$$

TE läßt sich aus den Koordinaten des Parabelendes nach Pythagoras berechnen. Ferner ist:

$$EW = r \cdot \operatorname{tg}\left(\frac{\alpha}{2} - \tau\right). \quad (46)$$

Bei ungünstigem (flachen) Schnitt kann man die Koordinaten des Punktes W zu den Haupttangenten berechnen nach:

$$TW \cdot \sin\tau \quad \text{und} \quad TW \cdot \cos\tau.$$

Der Kreisbogen wird dann nach Abschnitt 2 (Tafel II) abgesteckt, nötigenfalls mit Hilfstangenten nach Abschnitt 3.

IV. Korbbogen.

Ein Korbbogen ist ein aus zwei oder mehr Kreisbogenstücken verschiedenen Halbmessers zusammengesetzter Bogen: Korbbogen sind unbeliebt wegen des Überhöhungswechsels und daher nach „Möglichkeit zu vermeiden". Sie verdanken ihre Unbeliebtheit größtenteils dem Brauch, die einzelnen Bogenstücke, wenn auch mit gemeinsamer Tangente, unmittelbar aneinander zu stoßen. Dann fehlt die Möglichkeit, eine den Ausführungen in Abschnitt 6 entsprechende Rampe für den Überhöhungsunterschied anzulegen.

Im Gebirge, in engen Flußtälern, zur Umgehung wertvoller Anwesen werden sich Korbbogen nicht vermeiden lassen. Diese Verhältnisse setzen gewöhnlich umfassendere und verwickeltere Messungen voraus. Man wird selten den Schnittwinkel der Haupttangenten unmittelbar messen können, sondern diesen meist aus den Neigungen und Koordinaten eines Vieleckzuges ableiten. Da also ein Koordinatennetz fast stets vorhanden ist, wird man gut tun, die Mittelpunkte der Bogenteile und die Hauptpunkte des Bogens nach Koordinaten zu bestimmen, diese nötigenfalls auf den Vieleckzug umzuformen und von ihm aus in die Örtlichkeit zu übertragen. Als Koordinaten-Nullpunkt wählt man zweckmäßig einen Bogenanfang auf einer Haupttangente, als Abszissenachse diese Tangente.

13. Zweiteilige Korbbogen ohne Übergangsbogen.

Gegeben seien Winkel α, die Tangenten $AB = t_1$ und $AC = t_2$ und der Halbmesser r_1 der Abb. 9. Gesucht: r_2, der Wechselpunkt D und die Lage der gemeinsamen Tangente HJ.

Man formt die Koordinaten des Mittelpunktes O_1 auf die andere Tangente um.

$$AE = r_1 \cdot \sin\alpha - t_1 \cdot \cos\alpha\,,$$
$$O_1E = t_1 \cdot \sin\alpha + r_1 \cdot \cos\alpha\,.$$

Die Sehne CD schneidet O_1E im Punkte größter Annäherung des r_1-Kreises an AC; denn Dreieck CO_2D ist ähnlich dem Dreieck FO_1D. Man erhält weiter:

$$FE = O_1E - r_1,$$

$$CE = t_2 - AE,$$

$$\frac{FE}{CE} = \operatorname{tg}\delta,$$

$$\delta = \frac{1}{2}\alpha_2.$$

Ferner ist:

$$O_1 - O_2 = r_2 - r_1 = \frac{CE}{\sin\alpha_2},$$

also

$$r_2 = r_1 + \frac{CE}{\sin\alpha_2}.$$

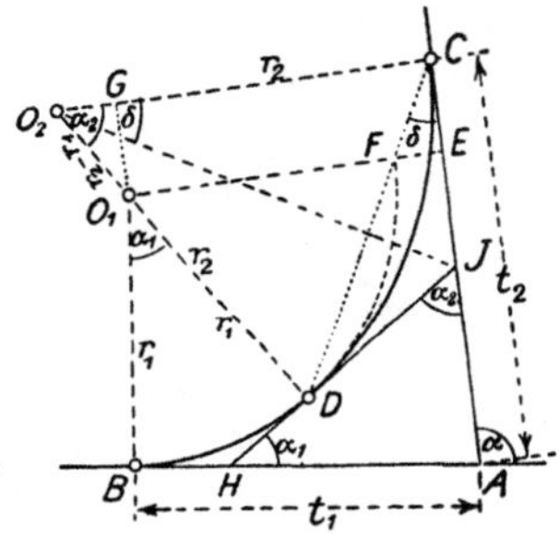

Abb. 9.

Da endlich $\alpha_1 = \alpha - \alpha_2$, sind die Abschnitte der gemeinsamen Tangente zu berechnen aus:

$$BH = DH = r_1 \cdot \operatorname{tg}\frac{\alpha_1}{2}$$

und

$$DJ = CJ = r_2 \cdot \operatorname{tg}\frac{\alpha_2}{2}.$$

Ist der Punkt C nicht gegeben, dafür aber r_2 bekannt, so nimmt die Rechnung nach Umformung der Koordinaten von O_1 folgenden Gang:

$$\frac{r_2 - O_1E}{r_2 - r_1} = \cos\alpha_2 = \cos 2\delta,$$

$$CE = O_1G = (r_2 - r_1)\cdot\sin 2\delta.$$

Damit ist Punkt C bestimmt. Das Weitere ergibt sich nach vorstehendem Beispiel.

Geht man von dem Bogenteil mit dem größeren Halbmesser aus, der die andere Tangente überschneidet, so ändert sich an dem Gang der Rechnung nichts. Punkt F ist dann der Punkt größten Abstandes des verlängert gedachten Ausgangsbogens von der anderen Tangente, und FE wird gleich $r_2 - O_2E$ (vgl. Abb. 11).

14. Dreiteilige Korbbogen ohne Übergangsbogen.

Wenn die Haupttangenten AB und AC, der Winkel α und die Halbmesser r, r_2 und r_3 der Abb. 10 gegeben sind, so forme man wie beim zweiteiligen Korbbogen die Koordinaten des Mittelpunktes eines äußeren Bogenteils, etwa des r_3-Bogens, auf die andere Haupttangente um. Dann kennt man AD, BD und O_3D. Da nun

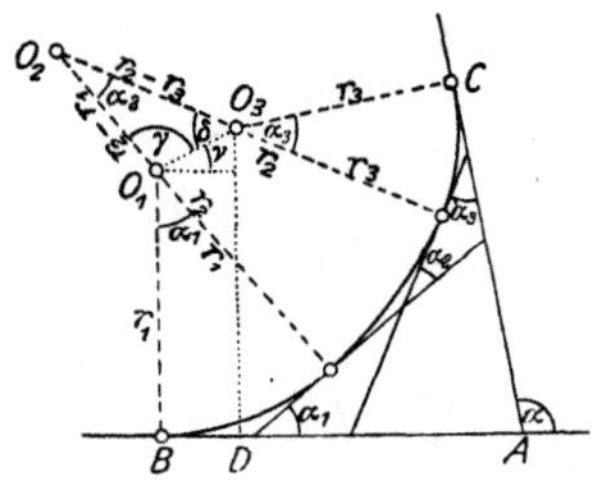

Abb. 10.

$$\operatorname{tg} \nu = \frac{O_3D - r_1}{BD}$$

und

$$O_1O_3 = \frac{O_3D - r_1}{\sin \nu},$$

so kennt man von dem Dreieck $O_1O_2O_3$ die drei Seiten. Nach der allgemeinen Formel $\cos \alpha = \frac{b^2 + c^2 - a^2}{2bc}$ berechnet man die Winkel α_2, γ und δ — oder einen von ihnen und die beiden anderen nach dem Sinussatz: $a : b : c = \sin \alpha : \sin \beta : \sin \gamma$.

Endlich ist:

$$\alpha_1 = \gamma + \nu - 90^0$$

und

$$\alpha_3 = \alpha - (\alpha_1 + \alpha_2).$$

Aus den Halbmessern und den Mittelpunktwinkeln ergeben sich in bekannter Weise die Abschnitte der gemeinsamen Tangenten.

Sind statt der drei Halbmesser nur zwei, etwa r_1 und r_3, dafür aber die Länge eines Bogenteils, mithin ein Winkel, etwa α_1 gegeben, so läßt sich die Aufgabe auf die Berechnung eines zweiteiligen Korbbogens nach Abschnitt 13 (bzw. 15) zurückführen. Es ist nicht immer ratsam, das Mittelpunktdreieck aufzulösen.

Korbbogen aus mehr als drei Teilen lassen sich stets auf einfachere Fälle zurückführen, zumal in der Praxis immer ein gewisser Spielraum in der Wahl der Halbmesser und der Lage der Bogenwechselpunkte vorhanden sein wird.

15. Zweiteilige Korbbogen mit Übergangsbogen an den Außenenden.

Wenn AB, α, r_1 und r_2 in Abb. 11 gegeben sind, so verschiebt man die Tangenten gleichlaufend um die Maße f_1 und f_2, die zu den Halbmessern r_1 und r_2 mit den Übergangsbogenlängen l_1 und l_2 gehören gemäß den Gleichungen (21) oder (32) (siehe Tafel III), und berechnet die Abszissen für den Schnittpunkt A_1 auf den Tangenten AB und AC, nämlich:

$$AD = \frac{f_1}{\operatorname{tg}(180^0 - \alpha)} + \frac{f_2}{\sin(180^0 - \alpha)},$$

$$AE = \frac{f_1}{\sin(180^0 - \alpha)} + \frac{f_2}{\operatorname{tg}(180^0 - \alpha)}.$$

Sodann berechnet man

$$A_1 B_1 = AB - AD - a_1,$$

formt die auf $A_1 B_1$ bezogenen Koordinaten des Mittelpunktes O_1 auf die durch A_1 gehende Gleichlauflinie zu AC um und hat nun die im Abschnitt 13 an zweiter Stelle behandelte Aufgabe zu lösen, ohne auf die Parabeln Rücksicht zu nehmen.

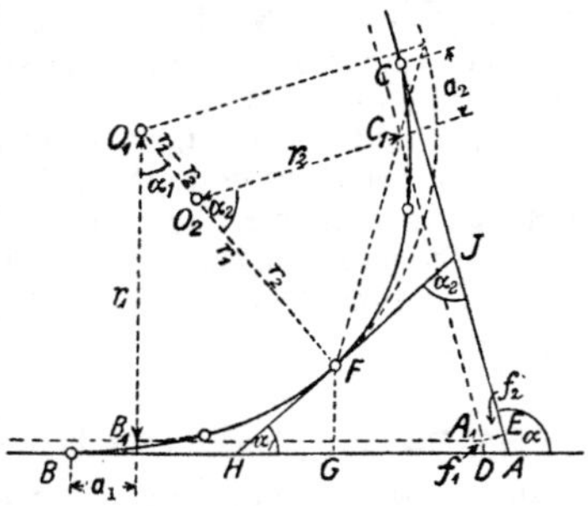

Abb. 11.

Um den Punkt C festzulegen, wird man $A_1 C_1$, das sich aus der Rechnung ergeben hat, um $AE + a_2$ vergrößern. Will man die gemeinsame Tangente beider Korbbogenteile mit den Haupttangenten zum Schnitt bringen — einfacher ist die Benutzung der um f_1 und f_2 verschobenen Gleichlauflinien —, so empfiehlt sich die Berechnung der Koordinaten des Punktes F, bezogen auf die Haupttangente mit A als Nullpunkt, also:

$$FG = (r_1 + f_1) - r_1 \cdot \cos\alpha_1$$

und

$$AG = (AB - a_1) - r_1 \cdot \sin \alpha_1 .$$

Dann ist

$$GH = \frac{FG}{\operatorname{tg} \alpha_1}$$

und

$$FH = \frac{FG}{\sin \alpha_1} .$$

In entsprechender Weise berechnet man AJ und FJ mit Benutzung der Wertgruppe r_2, f_2, a_2 und α_2.

Größere Schwierigkeit bereitet die Berechnung des zweiteiligen Korbbogens mit Übergangsbogen, wenn die Punkte A, B und C, also auch α, und r_1 gegeben sind, dagegen r_2 unbekannt ist. Weil alsdann auch die von r_2 abhängigen Werte l_2 und f_2 unbekannt sind, führt die Rechnung zu einer unbequemen Gleichung vom dritten Grade. Es ist ratsam, sich einen Näherungswert für r_2 zu verschaffen, den man wohl immer dem Bauplan entnehmen kann, und die an der vorigen Aufgabe gezeigte bescheidene Rechnung lieber mehrmals mit verbesserten Näherungswerten durchzuführen. Die Forderung, daß der gegebene Punkt C genau der Anfangspunkt des Übergangsbogens werden soll, wird in der Praxis kaum gestellt werden. Bei guter Annäherung kann man sie aber erfüllen durch den Einbau eines Übergangsbogens, dessen Länge nicht auf volle 10 m abgerundet ist, indem man diese berechnet aus $l = \sqrt{24 r \cdot f}$.

16. Übergangsbogen zwischen Korbbogenteilen.

Bei starkem Halbmesserwechsel wird ein Überhöhungswechsel, also eine Zwischenrampe, also auch ein Übergangsbogen notwendig, dessen Länge nach den Gleichungen (12) oder (12a) zu berechnen ist, wenn man für h den Unterschied der Überhöhungen einsetzt. Um den Übergangsbogen einzuschalten, muß der schärfer gekrümmte Bogen nach innen oder der flachere nach außen gerückt werden. Dann wird der schärfer gekrümmte auf die halbe Länge des Übergangsbogens allmählich flacher gestreckt und der flachere auf die andere Hälfte allmählich schärfer gekrümmt.

Die Wirkung einer solchen Verkrümmung veranschaulicht Abb. 12. Denkt man sich die Kreisbogen r_1 und r_2 als Ränder von Scheiben, um die je ein Faden geschlungen ist, und denkt man sich diese Fäden nach der Tangente hin abgewickelt, so beschreibt ein Knoten bei der Länge l die Evolventen e_2 und e_1, die sich übrigens nicht mathematisch genau decken.

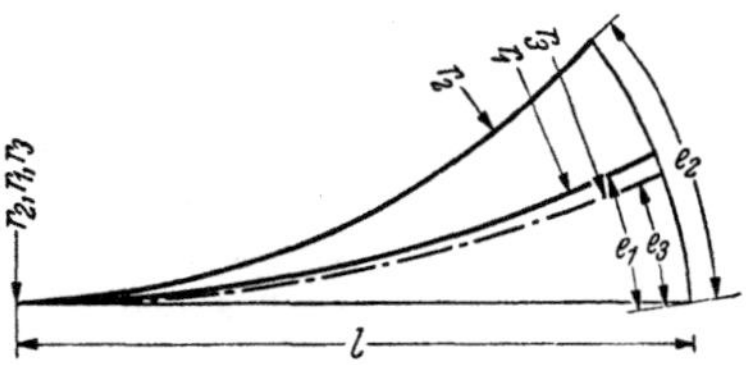

Abb. 12.

Die Kreisevolvente ist bei der Bogenlänge l allgemein: $e = \frac{l^2}{2r}$. Der Unterschied e_3 beider Evolventen ist demnach:

$$e_3 = \frac{l^2}{2 r_2} - \frac{l^2}{2 r_1} = l^2 \cdot \frac{r_1 - r_2}{2 r_1 r_2} = \frac{l^2}{2 \cdot \frac{r_1 r_2}{r_1 - r_2}}. \tag{47}$$

Das ist aber der Ausdruck für die Evolvente eines Bogens von der Länge l und dem Halbmesser:

$$\mathbf{r_3 = \frac{r_1 r_2}{r_1 - r_2}}. \tag{48}$$

Daraus folgt:

$$\frac{1}{r_3} = \frac{1}{r_2} - \frac{1}{r_1} \tag{49}$$

oder auch:

$$\frac{1}{r_3} + \frac{1}{r_1} = \frac{1}{r_2}. \tag{50}$$

Das heißt: Wenn man einen Bogen vom Halbmesser r_3, also der Krummheit $\frac{1}{r_3}$, um so viel schärfer krümmt, daß seine mit ihm fest verbunden gedachte Tangente einen Bogen vom Halbmesser r_1, also von der Krummheit $\frac{1}{r_1}$, bildet, dann wächst seine eigene Krummheit auf die Summe dieser Krummheiten.

Der Kreis vom Halbmesser r_3 ist in Abb. 12 gestrichelt angedeutet. Seine Evolventen zur Tangente sind bei jeder Entfernung vom Bogenanfang gleich dem Abstand der Kreise r_1 und r_2 voneinander in Richtung der Evolvente. Diesen in Wirklichkeit nicht vorhandenen Kreis vom Halbmesser $r_3 = \frac{r_1 r_2}{r_1 - r_2}$ benutzen wir zur Berechnung der Verbiegungsmaße.

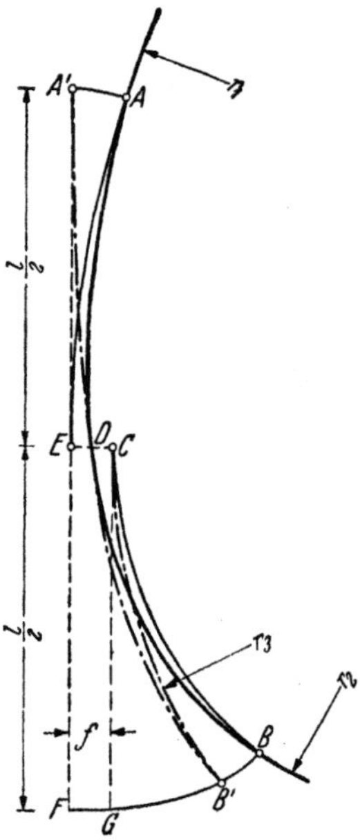

Abb. 13.

Man denke sich Abb. 13 folgendermaßen entstanden: Gegeben sei ein Bogen AE vom Halbmesser r_1 und von der Länge $\frac{1}{2}l$. Wir legen an E die als gleich lang zu betrachtende Tangente EA'; dann zeichnen wir eine kubische Parabel $A'B'$ von der Länge l für den Endhalbmesser r_3, den wir aus r_1 und dem gegebenen r_2 eines örtlich noch nicht festgelegten, schärfer gekrümmten Bogens berechnen nach Gleichung (48).

Nach Gleichung (21) ist $EC = f = \frac{l^2}{24 \cdot r_3}$, also ist die Lage des Bogens CB' vom Halbmesser r_3 bestimmt. (Die Formeln des Abschnitts 8 kommen für diese Zwischenparabeln nicht in Betracht). An die Gleichlauflinie zu $A'E$ durch C als Tangente legen wir den Bogen CB vom Halbmesser r_2. Dann ist als Evolvente dieses Bogens bei der Länge $\frac{1}{2}l$:

$$GB = \frac{l^2}{8r_2},$$

als Evolvente des r_3 = Bogens:

$$GB' = \frac{l^2}{8r_3},$$

folglich:

$$BB' = \frac{l^2}{8} \cdot \left(\frac{1}{r_2} - \frac{1}{r_3}\right) = \frac{l^2}{8r_1}$$

nach Gleichung (50). Das ist aber die Evolvente AA' für den r_1-Bogen.

In ähnlicher Weise ist leicht zu beweisen, daß die Parabel AB nichts anderes ist als eine Verkrümmung der Parabel $A'B'$, daß sie mit dieser die Strecke $CE = f$ hälftet, daß die Breiten der Halbsicheln CDB und CDB' und ebenso die Breiten der Halbsicheln $AA'D$ und $AA'E$ bei gleicher Entfernung von der Mitte CE gleich sind. Auch die Sicheln DEA und DCB sind in gleicher Entfernung von der Mitte gleich breit. Wir haben also nur die Evolventen (Ordinaten) für die Parabelhälfte $A'D$ zu berechnen, diese von A bis E den Ordinaten des Kreisbogens r_1 zuzusetzen und in spiegelgleicher Entfernung von der Mitte von den Ordinaten des um f abgerückten r_2-Bogens abzuziehen.

17. Absteckung des zweiteiligen Korbbogens mit Übergangsbogen an den Enden und am Krümmungswechsel.

Für die Absteckung empfiehlt es sich, die Hilfstangente an das Ende des um $\frac{l}{2}$ verlängerten flacheren Bogens zu legen. Die Rechnung nimmt dann folgenden Gang (vgl. Abb. 14):

$$R_1 = r_1 + f_1,$$

$$R_2 = r_2 + f_2,$$

$$r = \frac{r_1 \cdot r_2}{r_1 - r_2},$$

$$f = \frac{l^2}{24 r},$$

$$R = r + f,$$

$$AD = R_1 \cdot \sin\alpha - t_1 \cdot \cos\alpha,$$

und

$$O_1 D = t_1 \cdot \sin\alpha + R_1 \cdot \cos\alpha,$$

$$DE = r_1 - O_1 D,$$

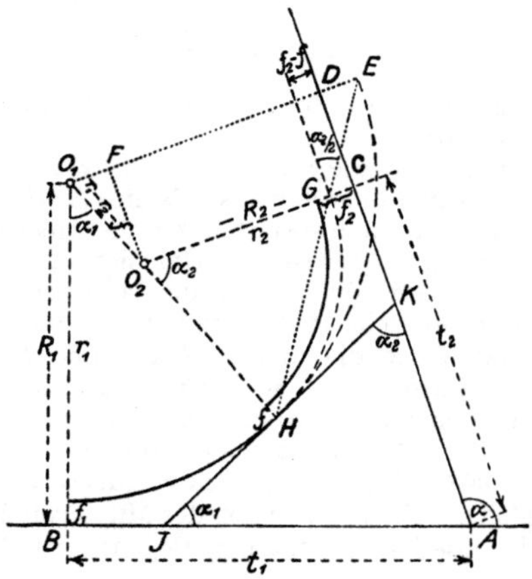

Abb. 14.

$$DC = O_2 F = \sqrt{(2 r_1 - 2 r_2 - f - f_2 - DE)(DE - f + f_2)},$$

$$\sin\alpha_2 = \frac{O_2 F}{r_1 - r_2 - f}$$

oder

$$\operatorname{tg}\frac{\alpha_2}{2} = \frac{DE + f_2 - f}{DC},$$

$$CK = (r_2 + f) \cdot \operatorname{tg}\frac{\alpha_2}{2} - \frac{f_2 - f}{\operatorname{tg}\alpha_2},$$

$$HK = (r_2 + f) \cdot \operatorname{tg}\frac{\alpha_2}{2} + \frac{f_2 - f}{\sin\alpha_2},$$

$$\alpha_1 = \alpha - \alpha_2,$$

$$BJ = r_1 \cdot \operatorname{tg} \frac{\alpha_1}{2} - \frac{f_1}{\operatorname{tg} \alpha_1},$$

$$JH = r_1 \cdot \operatorname{tg} \frac{\alpha_1}{2} + \frac{f_1}{\sin \alpha_1}.$$

Rechenprobe: $JK : AJ : AK = \sin \alpha : \sin \alpha_2 : \sin \alpha_1$.

Die Absteckung der Zwischenparabel erläutere ein Zahlenbeispiel. Es sei $r_1 = 1800$ m und $r_2 = 500$ m.

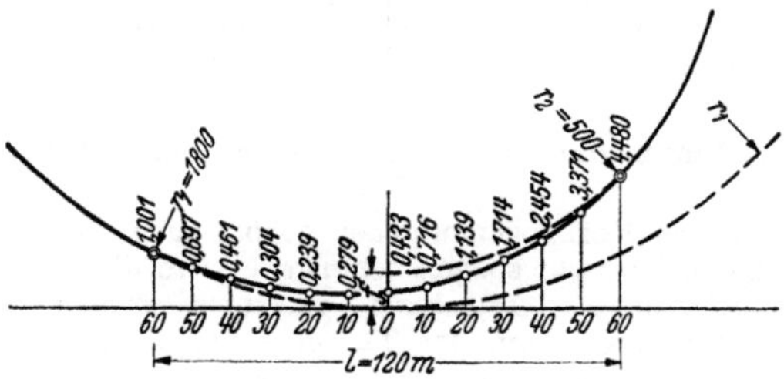

Abb. 15.

Die von der Fahrgeschwindigkeit abhängigen Überhöhungen mögen eine Rampe von rund 120 m Länge erfordern.

Wir berechnen einen Halbmesser $r = \frac{r_1 r_2}{r_1 - r_2} = 692{,}3$ m, den wir als Krümmungshalbmesser am Ende einer kubischen Parabel von 120 m Länge auffassen. Für diese berechnen wir $f = \frac{l^2}{24 \cdot r} = 0{,}867$ m und die Ordinaten für die halbe Parabellänge in 10 m-Abständen. Wir erhalten nach $y = \frac{x^3}{6 r l}$

$y_{10} = 0{,}002$	$y_{40} = 0{,}128$
$y_{20} = 0{,}016$	$y_{50} = 0{,}251$
$y_{30} = 0{,}054$	$y_{60} = 0{,}433$

Die Ordinaten für die Kreisbogen r_1 und r_2 entnehmen wir der Tafel II, ordnen sie nach Zählung von der Mitte aus, wie Abb. 15 zeigt, vergrößern die Ordinaten des flacheren Bogens um die Parabelordinaten und verkleinern die vorher um f vergrößerten Ordinaten des schärfer gekrümmten Bogens um die rückläufig geordneten Parabelordinaten.

Wir erhalten von links nach rechts der Abb. 15:

−60	1,001+0,000=1,001	(0	0,867−0,433=0,434)
−50	0,695+0,002=0,697	+10	0,967−0,251=0,716
−40	0,445+0,016=0,461	+20	1,267−0,128=1,139
−30	0,250+0,054=0,304	+30	1,768−0,054=1,714
−20	0,111+0,128=0,239	+40	2,470−0,016=2,454
−10	0,028+0,251=0,279	+50	3,373−0,002=3,371
0	0,000+0,433=0,433	+60	4,480−0,000=4,480

18. Einschaltung von Übergangsbogen in bestehende Gleise.

Zu den Korbbogenaufgaben gehört auch die, nachträglich Übergangsbogen herzustellen, wo dies bei der ursprünglichen Absteckung versäumt worden war. Da der Bogen von der Tangente abgerückt werden muß, bleibt nichts anderes übrig, als den der Tangente nahekommenden Teil des Bogens schärfer zu krümmen, also den ursprünglich einfachen Bogen in einen dreiteiligen Korbbogen zu verwandeln. Dieses Verfahren ist durch das Absteckverfahren aus Evolventenunterschieden überholt. Das Evolventenverfahren ermöglicht, ohne mühsame Rechnungen den Raumbedarf für die Übergangsbogen durch geringe Änderung des Halbmessers und Verdrückung des Bogenscheitels nach außen auf die ganze Bogenlänge zu verteilen oder wenigstens durch Verwandlung des einfachen Bogens in einen Korbbogen mit sehr geringen Krümmungswechseln auf eine viel längere Strecke zu verteilen, als nach dem früheren Verfahren möglich war.

V. Absteckung der Bogen durch Polarkoordinaten.

In gebirgigem Gelände, in stark bebauten Gegenden und überall, wo sich die Tangenten wegen örtlicher Hindernisse nicht in ausreichender Länge herstellen lassen, läßt sich der Bogen nicht durch rechtwinklige Koordinaten von der Tangente aus abstecken. Man leitet dann den Tangentenschnittwinkel aus einem Vieleckzuge ab und bestimmt die Bogenhauptpunkte (Endpunkte, Scheitelpunkt, nach Bedarf wichtige Zwischenpunkte) durch Koordinatenberechnung. Die Kleinpunkte werden dann zweckmäßig mit dem Theodoliten durch Polarkoordinaten abgesteckt.

19. Absteckung der Kreisbogen.

Die Absteckung der Kreisbogen durch Polarkoordinaten beruht auf der Gleichheit der zu gleichen Bogen eines Kreises gehörigen Umfangswinkel, die gleich dem halben Mittelpunktwinkel des Bogens sind. Sind in Abb. 16 die Bogenstücke *Ab*, *bc*, *cd* usw. einander gleich, so sind die Winkel δ zwischen benachbarten Sehnen von *A* nach den Bogenkleinpunkten sämtlich gleich $\frac{1}{2}\gamma$, und auch der Winkel *BAb* zwischen Sehne und Tangente ist gleich $\delta = \frac{1}{2}\gamma$.

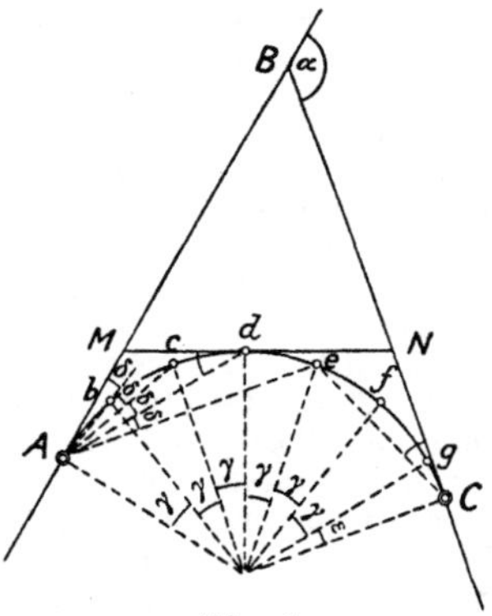

Abb. 16.

Die Tafel IV enthält für die üblichen Halbmesser die Umfangswinkel, die zu Bogenlängen von 1 cm, 1 — 9 dm, 1 — 10 m und Vielfachen von 10 m gehören. Durch Zusammenfassung läßt sich jede in Frage kommende Bogenlänge, also auch jeder zugehörige Winkel δ leicht darstellen.

Dieser Winkel und seine vervielfachten Werte $2\,\delta$, $3\,\delta$, $4\,\delta$ usw. sind von *AB* aus im Punkte *A* abzusetzen; die Endpunkte der Winkelstrahlen werden bei fortschreitender Messung der gleichen Bogenlängen vom zuletzt gewonnenen Kleinpunkt aus in den Zielstrahl von *A* eingewinkt.

Unter der Voraussetzung geringer Übersichtlichkeit des Geländes wird man den ganzen Bogen nicht von einem Punkt aus beherrschen. Dann stellt man das Instrument um, etwa auf *d*, zielt einen zurückliegenden Punkt, etwa *A*, an und erhält durch Absetzung des entsprechenden Vielfachen (in diesem Falle des Dreifachen) von δ die Zwischentangente *MN*, von der aus sich der beschriebene Vorgang wiederholt.

Man wird, von einem seltenen Zufall abgesehen, den Endpunkt *C* nicht als Kleinpunkt treffen. Dann bestimmt man die Entfernung des letzten oder eines der letzten Kleinpunkte von *C*, mißt den Winkel zwischen diesem Strahl und der Tangente *CB* und vergleicht ihn mit dem für den Winkelrest ε aus der Tafel IV zu entnehmenden Wert. Ein nennenswerter Ausschlag darf sich nicht zeigen.

Da sich aber die unvermeidlichen Einstellfehler bei diesem Verfahren leicht anhäufen, ist es ratsam, von beiden Bogenenden aus zu arbeiten und außerdem bei langen Bogen den Scheitel oder mehrere Zwischenpunkte durch Koordinaten vom Vieleckzuge aus festzulegen.

Weil man mit Bogenlängen rechnet, aber örtlich an deren Stelle die etwas kürzeren Sehnen mißt, darf man die Bogenabschnitte nicht größer nehmen als $0{,}1 \cdot r$. Für dieses Verhältnis ist der Unterschied zwischen Bogen und Sehne $0{,}0000416\, r$; d. h. man würde bei 200 m Halbmesser jeden Kleinpunkt um mehr als 8 mm (vom vorhergehenden aus) zu weit bestimmen, folglich nach außen drängen, was zu einer unzulässigen Verzerrung führen kann. Man tut gut, die zu der gewählten Bogenabschnittlänge gehörige Sehne auszurechnen und diese abzustecken. Die Sehne ist $2\, r \cdot \sin \delta$, und $\sin \delta$ kann aus Tafel I (für den Winkel $2\,\delta$) entnommen werden.

20. Absteckung der Kreisbogen mit Übergangsbogen.

Die Übergangsbogen werden von den Tangenten aus abgesteckt. Zur Bestimmung der Tangenten im Endpunkt des Übergangsbogens benutzt man den Umstand, daß die Subtangente der dritte Teil der Parabellänge ist. Ist die Tangente vom Parabelende bis zum Schnitt mit der Haupttangente zu kurz, um dem Theodoliten ein sicheres Ziel zu bieten, so stecke man in vervielfachter Entfernung das entsprechende Vielfache der Endordinate ab. Von den Parabelendpunkten an nimmt das Verfahren den in Abschnitt 19 beschriebenen Verlauf.

VI. Andere Absteckverfahren.

Es gibt Fälle, in denen weder die Absteckung von der Tangente aus noch die durch Polarkoordinaten zweckmäßig ist.

21. Absteckung des Bogens von Sekanten aus.

Die besonders in Tunneln empfehlenswerte Absteckung von Sekanten aus beruht auf einer gleichlaufenden Verschiebung von Tangenten. Man nimmt dabei den Mittelpunkt der Sehne zum Ausgangspunkt und Nullpunkt, die Sekante zur Abszissenachse und die Pfeilhöhe zur Ordinatenachse. Für die Absteckung sind die auf die Scheiteltangente bezogenen und aus der Tafel II zu entnehmenden Ordinaten um das gewählte Verschiebungsmaß, die Pfeilhöhe des von der Sekante abgeschnittenen Bogens, zu verändern, also innerhalb des Bogens von dieser Pfeilhöhe abzuziehen, außerhalb des Bogens um die Pfeilhöhe zu vermindern.

22. Absteckung des Bogens durch ein Sehnenvieleck.

Die Absteckung eines Sehnenvielecks ist verwandt mit dem Verfahren der Absteckung aus Polarkoordinaten. Kann man, etwa beim Tunnelbau, den Bogen der Abb. 16 nur auf geringe Länge übersehen, so stellt man das Instrument von Punkt zu Punkt weiter und setzt die Umfangswinkel ab. Nach Abb. 16 ist der Winkel $Abc = 180 - \gamma$, sein Nebenwinkel gleich γ. Hierbei ist zu beachten, daß der Winkel zwischen Sehne und Tangente $Bab = \frac{1}{2}\gamma$ ist. Die Sehne ist

$$Ab = bc = 2r \cdot \sin\frac{\gamma}{2}.$$

23. Die Viertelsmethode.

Die Pfeilhöhe h_1 eines Bogens ist nach Abb. 17

$$h_1 = r - r\cos\alpha = r(1 - \cos\alpha)\,.$$

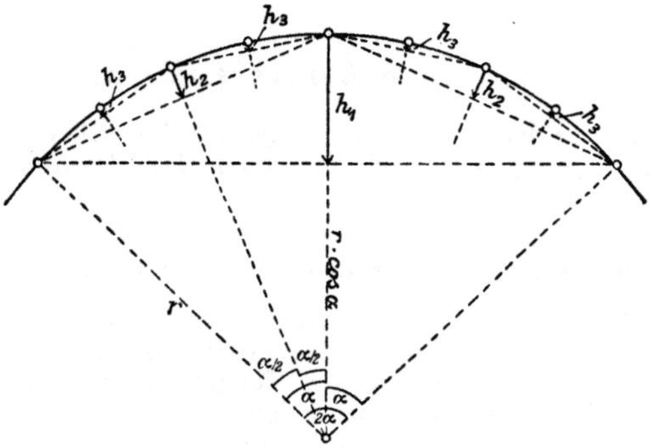

Abb. 17.

Die Pfeilhöhe h_2 des halben Bogens ist

$$h_2 = r\left(1 - \cos\frac{\alpha}{2}\right).$$

Das Verhältnis beider Pfeilhöhen ist in ziemlich weiten Grenzen 1 : 4.

Ist $\alpha = 20^0$, so ist:

$$1 - \cos\alpha = 0{,}060307$$

$$\frac{1 - \cos\alpha}{4} = 0{,}015077$$

aber

$$1 - \cos\frac{\alpha}{2} = 0{,}015192$$

Der Unterschied ist: $0{,}000115$

Steckt man $h_2 = \frac{1}{4} h_1$ in einem 20^0 umfassenden Bogen von 1000 m Halbmesser ab, so begeht man einen Fehler von 0,115 m, aber der Bogen, dem h_2 angehört, ist in diesem Falle schon 349 m lang!

Ist $\alpha = 10^0$, so ist:

$$1 - \cos\alpha = 0{,}015192$$

$$\frac{1 - \cos\alpha}{4} = 0{,}003798$$

Dagegen

$$1 - \cos\frac{\alpha}{2} = 0{,}003805$$

Der Unterschied ist: 0,000007

In diesem Falle würde obiger Fehler nur noch 0,007 m betragen, also für die praktischen Bedürfnisse nicht mehr ins Gewicht fallen. Die zu h_2 gehörige Bogenlänge beträgt schon 174,5 m.

Da ein Bedürfnis, Bogen von solcher Länge unterzuteilen, praktisch nicht wohl denkbar ist, sondern diese meistens erheblich kleiner sind, braucht man keine Ungenauigkeit zu fürchten.

Das Verfahren eignet sich besonders zur Einschaltung von Kleinpunkten zwischen die nach Polarkoordinaten in gleichen Abständen abgesteckten Punkte.

24. Das Evolventenverfahren.

Das von dem Landmesser Nalenz erfundene Evolventenverfahren ermöglicht die Absteckung eines Kreisbogens, auch eines solchen mit Übergangsbogen, von einem anderen Bogen aus, der fehlerhaft sein kann. Das Verfahren hier darzustellen, verbietet der Raum und der Zweck dieses Buches; es sei verwiesen auf die in der Fußnote[1] angeführten Veröffentlichungen.

Für Kenner dieses Verfahrens sei hier darauf hingewiesen, daß der vorhandene Bogen, der bei Absteckung des neuen Bogens als Standlinie dient, kein Gleis zu sein braucht. Man kann auch durch Absteckpfähle, die in gleichen Abständen nach Augenmaß eingeschlagen werden, einen — fehlerhaften — Bogen herstellen. Da die Arbeit nach diesem Verfahren auf Pfeilhöhenmessungen beruht, wird man hochstehende

[1] Die Absteckung von Gleisbogen aus Evolventenunterschieden von **Max Höfer**, Verlag Julius Springer, Berlin W 9, Linkstr. 23—24.

Der vollkommene Gleisbogen von Dr.-Ing. Gerhard Schramm, Verlag Julius Springer.

Nägel in die Pfahlköpfe treiben, sofern man die Sehne mit einer Schnur bilden will und kann.

Von den Pfählen aus werden die richtigen Bogenpunkte nach zeichnerischer Ermittelung der Verschiebungsmaße seitlich abgesteckt.

Das Verfahren ist natürlich nur zweckdienlich, wenn der Bogen nach Augenmaß einigermaßen richtig abgesteckt werden kann, und das wird der Fall sein, wenn etwa die Dammkrone einer Bahn vollendet ist und es sich nun darum handelt, die genaue Achse für den Oberbau anzugeben, besonders auch beim Tunnelbau.

VII. Ausrundung bei Gefällwechseln.

25. Absteckung der Gefällwechselbogen.

Gefällwechsel sind nach den Oberbauvorschriften der Deutschen Reichsbahn durch Bogen zu vermitteln, deren Halbmesser möglichst 10000 m, auf Hauptbahnen mindestens 5000 m, auf Nebenbahnen und in und vor den Bahnhöfen der Hauptbahnen mindestens 2000 m betragen soll. Zur Absteckung ist wie bei Bogen in der waagerechten Ebene die Berechnung der Tangentenlänge nötig, die vom Halbmesser und vom Brechungswinkel abhängt nach Gleichung (3).

$$t = r \cdot \mathrm{tg}\,\frac{\alpha}{2}\,.$$

Das steilste ohne Genehmigung des Reichsverkehrsministers noch zulässige Gefälle ist für Nebenbahnen 1 : 25. Der ungünstigste annehmbare Fall ist ein Gegengefälle von je 1 : 25. In diesem Fall ist der Brechungswinkel

$$\alpha = 4^0\,34'\,52'' \quad \text{und} \quad \mathrm{tg}\,\frac{\alpha}{2} = 0{,}0400000$$

$$\text{Da aber} \qquad \frac{1}{2}\,\mathrm{tg}\,\alpha = 0{,}0400631$$

$$\text{um nur} \qquad 0{,}0000631$$

von $\mathrm{tg}\,\frac{\alpha}{2}$ abweicht und das 2000fache davon die 80 m lange Tangente mit einem Längenfehler von nur

12,6 cm belastet, und da die Verhältnisse auf Hauptbahnen trotz des größeren Ausrundungshalbmessers sehr viel günstiger liegen — stärkstes Gefälle 1 : 40 —, so kann man allgemein $\operatorname{tg}\frac{\alpha}{2}$ durch $\frac{1}{2}\operatorname{tg}\alpha$ ersetzen und statt Gleichung (3) schreiben:

$$t = \frac{r}{2} \cdot \operatorname{tg}\alpha \ .$$

Abb. 18 sei ein Ausschnitt aus einem Höhenplan. Wegen der Kleinheit der Brechungswinkel pflegt man

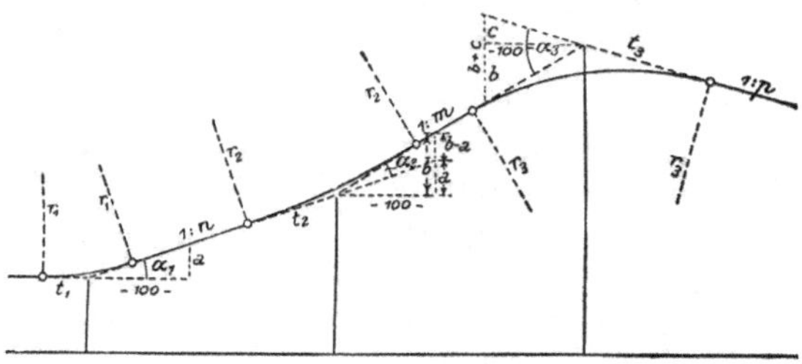

Abb. 18.

den Maßstab für die Höhen mindestens 10fach so groß zu wählen als den Längenmaßstab. Das Bild ist also nicht winkeltreu. Der Tangens als nackte Zahl wird indessen von dieser Verzerrung nicht weiter beeinflußt als durch die Überhöhung des Maßstabes selbst, d. h. die aus dem Plan zu entnehmenden Zahlenwerte bleiben richtig und gültig.

Geht die Neigung aus der Waagerechten in 1 : n über, so ist $\operatorname{tg}\alpha_1 = \frac{1}{n}$. Kommt auf etwa 100 m Länge dieser Neigung 1 : n ein Höhenunterschied a, so ist $a = 100 \cdot \operatorname{tg}\alpha_1$. Soll der Ausrundungshalbmesser 10000 m werden, so ist $t_1 = 50\,a$, weil $\frac{r_1}{2} = 5000$ m und a schon den hundertfachen Tangens darstellt.

Auf die Neigung 1 : n folgt die gleichgerichtete Neigung 1 : m. Verlängert man die erste, so entsteht der Brechungswinkel α_2. Erreicht die Neigung 1 : m

auf 100 m Länge den Höhenunterschied b, so ist $b - a$ der 100fache Tangens von α_2, also $t_2 = 50(b - a)$, wenn $r_2 = 10000$ m sein soll.

Dann folgt die entgegengesetzte Neigung $1 : p$ mit dem Gefälle c auf 100 m Länge. Man erhält $t = 50(b + c)$ für $r_3 = 10000$ m.

Die Höhenunterschiede a, b und c für je 100 m kennt man meistens auf mm genau aus der schon abgeschlossenen Berechnung der Neigungen. Bei genauer Planunterlage genügen schon die abgegriffenen Maße für a, $b - a$, $b + c$ usw., man wird sie aber zur Sicherheit in entsprechender Entfernung vom Brechpunkt vervielfacht entnehmen. Bequem ist es, für diese Entfernung einen runden Bruchteil, etwa $\frac{1}{20}$, des Ausrundungshalbmessers zu wählen; dann ist das im Höhenmaßstab abgegriffene Maß unmittelbar der doppelte Bruchteil, also etwa $\frac{1}{10}$, der Tangente.

Um die Ausrundung durch Höhenmarken abstecken zu können, steckt man vom Gefällwechselpunkt aus die Berührungspunkte der Tangenten ab; von diesen aus verfährt man durchaus so, wie es nach Abschnitt 4 in der waagerechten Ebene geschah. Die Höhen der Tangentenpunkte sind nach dem Längenschnitt zu berechnen; von diesen sind die Bogenordinaten abzuziehen, wenn der Bogenmittelpunkt unten liegt; sie sind zuzusetzen, wenn dieser oben liegt. Mit Rücksicht auf die Ausrundungsbogen sind die Ordinaten für die in Frage kommenden Halbmesser (von 2000 m aufwärts) in der Tafel II auf mm in Längenabständen von je 5 m angegeben, soweit ein Bedürfnis dazu gegeben erscheint.

VIII. Behandlung einiger geometrischer Aufgaben.

Soll ein Weg oder Wasserlauf unter der Bahn hindurch oder über sie hinweg geführt werden, so muß man für den Entwurf des Kreuzungsbauwerks den Schnittwinkel der Mittellinien beider Flächenstreifen wissen. Fällt die Baustelle in einen Bogen der Bahn, so gibt man den Winkel zwischen der Tangente im Kreuzungspunkt und der Mittellinie des Weges oder Wasserlaufes an. Liegt auch dieser im Bogen, so gilt der Schnittwinkel der Tangenten beider Mittellinien im Kreuzungspunkt. Man hat hiernach zunächst den Kreuzungspunkt zu bestimmen, der — von Zufällen abgesehen — nicht mit einem nach der Abstecktafel ermittelten Punkt zusammenfallen wird, und weiterhin die Tangenten aufzusuchen. Der Winkel läßt sich dann nach Abschnitt 1 feststellen.

26. Bestimmung eines Bogenpunktes.

Ist der Punkt nach seiner Bogenlänge in der Streckenteilung gegeben, so ist sein Abstand von der Haupttangente, sofern er im Übergangsbogen liegt, nach Gleichung (41) — Abschnitt 11, Abb. 7 — zu berechnen.

Liegt er auf dem Kreisbogen und ist ein Übergangsbogen nicht vorhanden, so teilt man die gegebene Bogenlänge durch den Halbmesser und sucht den Bruch in der sechsten Spalte der Tafel I auf. Dadurch erhält man den Winkel α zwischen den Halbmessern zum gesuchten Punkt und zum Berührungspunkt der Haupttangente. Die Abszisse des zu bestimmenden Punktes ist dann

$$x = r \cdot \sin \alpha$$

und die Ordinate

$$y = r(1 - \cos \alpha)\,.$$

Die Werte $\sin \alpha$ und $1 - \cos \alpha$ lassen sich für den doppelten Wert von α aus Tafel I entnehmen.

Hat der Bogen einen Übergangsbogen nach Abschnitt 7, so teilt man die um $\frac{l}{2}$ verkürzte Bogenlänge durch den Halbmesser. Der Bruch liefert aus der sechsten Spalte der Tafel I den Winkel α zwischen den Halbmessern zu dem gesuchten Punkt und dem Berührungspunkt der um f nach innen verschoben gedachten Haupttangente. Dann ist

$$x = \frac{l}{2} + r \cdot \sin \alpha$$

und

$$y = r(1 - \cos \alpha) + f\,.$$

Gewöhnlich wird der Kreuzungspunkt nicht nach der Bogenlänge bekannt, sondern nach örtlich abgesteckten Achspunkten des Weges festzustellen sein. Dann wird es sich meist nicht lohnen, die Bogenlänge durch Messung zu ermitteln. Man kommt schneller zum Ziel, wenn man die Absteckung des Bogens verdichtet. Zu dem Zweck mißt man den Abstand a der dem gesuchten Punkt zunächst liegenden nach der Bogentafel abgesteckten Punkte. Die Pfeilhöhe h des Bogenstückes über der Sehne a ist:

$$h = \frac{a^2}{8\,r}.$$

Hiernach läßt sich der Mittelpunkt dieses Bogenstückes einschalten und nach der Viertelsmethode — Abschnitt 23 — sind nötigenfalls weitere Punkte leicht herzustellen, bis der Abstand von Punkt zu Punkt so eng ist, daß ein Zweifel über die genaue Lage des Kreuzungspunktes nicht mehr besteht.

Liegt der Weg ebenfalls im Bogen, so ist mit der Absteckung seiner Achse ebenso zu verfahren

27. Absteckung der Tangente.

Ist der Bogen mit Übergangsbogen versehen und fällt der Punkt P, an den die Tangente gelegt werden soll, auf die Parabel, so bestimmt man die Richtung der Tangente durch Absetzung der Subtangente, die stets gleich dem dritten Teil der Abszisse $\left(= \frac{1}{3}\,x\right)$ ist. Um eine größere Länge zu erhalten, steckt man ein beliebiges Vielfaches der Ordinate in entsprechend vervielfachter Entfernung ab.

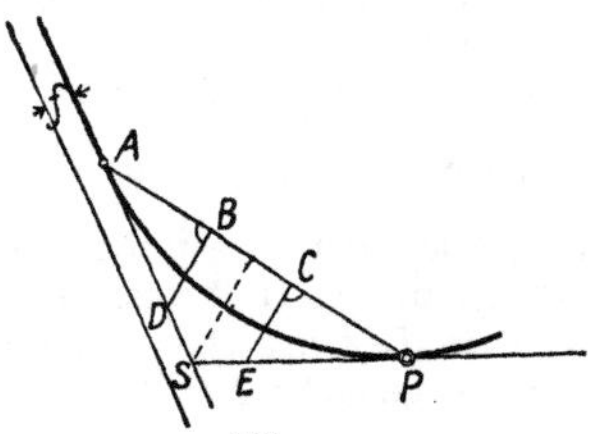

Abb. 19.

Liegt der Punkt P auf dem Kreisbogen und schließt sich an diesen keine Parabel, so liegt der Schnitt S der gesuchten Tangente mit der Haupttangente nach Abb. 19 auf der Mittelsenkrechten der Sehne $A\,P$. Ist die Sehne sehr lang oder wegen örtlicher Hindernisse nicht gut meßbar, so lege man einen Punkt D der Haupttangente rechtwinkelig gegen die Sehne fest. Das Dreieck ABD (oder ein ihm ähnliches Dreieck) überträgt man an das andere Sehnenende, indem man $PC = AB$ und winkelrecht dazu $CE = BD$ absetzt.

Hat der Bogen einen Übergangsbogen, so stellt man den Punkt A durch Absetzen des Verschiebungsmaßes f von der Haupttangente her, wählt den Punkt D auf der um f verschobenen Tangente und verfährt weiter, wie vorstehend angegeben.

Bei langen Bogen messe man eine Sehne $PA = S$ von P zu einem beliebigen bereits vorhandenen Kleinpunkt A, der aber nicht schon in der Parabel liegen darf. Nach Abb. 20 ist dann das Lot auf S im Punkte A

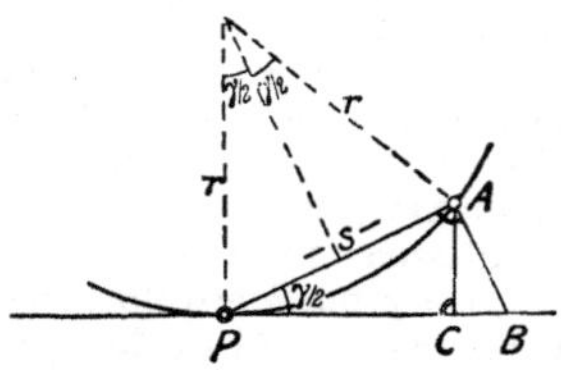

Abb. 20.

$$AB = \frac{S}{\sqrt{\left(\frac{2r}{S}\right)^2 - 1}}$$

und das Lot von A auf die gesuchte Tangente

$$AC = \frac{S^2}{2r}.$$

Man kann auch den Winkel $\frac{\gamma}{2}$ ermitteln aus

$$\sin\frac{\gamma}{2} = \frac{S}{2r}$$

und dann $AB = S \cdot \operatorname{tg}\frac{\gamma}{2}$ abstecken oder den Winkel mit dem Theodoliten absetzen.

Falls ein Bauwerk nachträglich in einen schon bestehenden Bahnkörper gesetzt werden soll, so ist unter allen Umständen die Lage des Gleisbogens auf seine Richtigkeit zu prüfen und nötigenfalls zu berichtigen, was am besten nach dem Evolventenverfahren geschieht. Erfahrungsgemäß sind vielfach Bauwerke ohne solche Prüfung errichtet worden; eine später gewünschte Verbesserung der Bogenlage ist dann nur durch unliebsame Umformung des einfachen Bogens in einen Korbbogen zu erzielen.

28. Gegenkrümmungen.

Soll am Übergang der freien Strecke in einen Bahnhof der Abstand zweier gerader Gleise vergrößert werden, insbesondere bei Anlage eines Zwischenbahnsteigs, so erhält ein Gleis — oder beide — eine Gegenkrümmung. Die Halbmesser sollen nach den Oberbauvorschriften tunlichst 5000 m, die Zwischengerade z (s. Abb. 21) soll mindestens 50 m betragen.

Bei Halbmessern über 3000 m empfiehlt sich die Berechnung und Absteckung nach folgenden Formeln:

$$b = -\frac{z}{2} + \sqrt{\left(\frac{z}{2}\right)^2 + a \cdot r}$$

$$e = a \cdot \frac{r}{b}$$

$$y = \frac{b^2}{2r}$$

$$L = e + b\,.$$

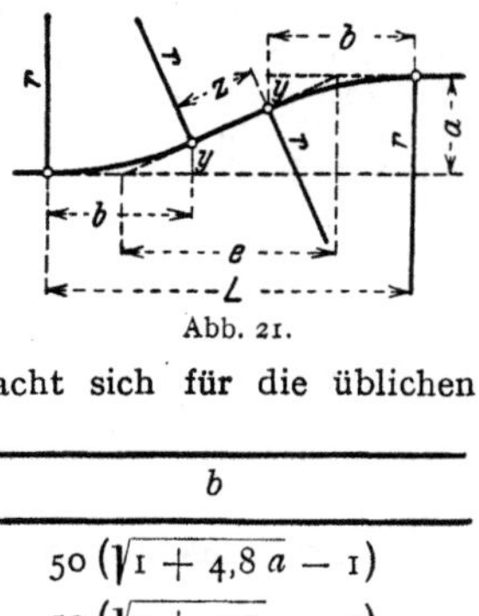

Abb. 21.

Die erste Formel vereinfacht sich für die üblichen Fälle, wie folgt:

r	z	b
12000	100	$50\left(\sqrt{1 + 4{,}8\,a} - 1\right)$
10000	100	$50\left(\sqrt{1 + 4\,a} - 1\right)$
7000	100	$50\left(\sqrt{1 + 2{,}8\,a} - 1\right)$
5000	100	$50\left(\sqrt{1 + 2\,a} - 1\right)$
5000	50	$25\left(\sqrt{1 + 8\,a} - 1\right)$
4000	50	$25\left(\sqrt{1 + 6{,}4\,a} - 1\right)$
3000	50	$25\left(\sqrt{1 + 4{,}8\,a} - 1\right)$

Neuerdings zieht man vor, Gegenbogen vom Halbmesser $r = V^2$ ohne Zwischengerade abzustecken. Die Bogen sollen dann mindestens je 100 m lang sein.

Tafel I

Tangente, Scheitelabstand, Scheitelkoordinaten und Länge

des Kreisbogens

vom Halbmesser $r = 1$ für Mittelpunktwinkel

von 0 bis 90 Grad

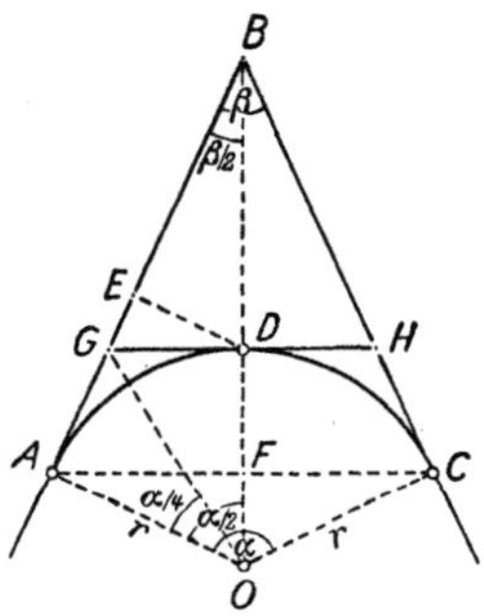

$\alpha = 0$ Grad.

Minuten.	Tangente AB.	Scheitelabstand BD.	Abszisse AE. Halbe Sehne AF.	Ordinate ED. Pfeilhöhe DF.	Bogenlänge ADC.
	$\operatorname{tg}\frac{\alpha}{2}$	$\sec\frac{\alpha}{2} - 1$	$\sin\frac{\alpha}{2}$	$1 - \cos\frac{\alpha}{2}$	$\frac{\pi\alpha}{180}$
0	0,00000	0,00000	0,00000	0,00000	0,00000
2	0,00029	. . .	0,00029	. . .	0,00058
4	0,00058	. . .	0,00058	. . .	0,00116
6	0,00087	. . .	0,00087	. . .	0,00175
8	0,00116	. . .	0,00116	. . .	0,00233
10	0,00145	. . .	0,00145	. . .	0,00291
12	0,00175	. . .	0,00175	. . .	0,00349
14	0,00204	. . .	0,00204	. . .	0,00407
16	0,00233	. . .	0,00233	. . .	0,00465
18	0,00262	. . .	0,00262	. . .	0,00524
20	0,00291	. . .	0,00291	. . .	0,00582
22	0,00320	0,00001	0,00320	0,00001	0,00640
24	0,00349	0,00001	0,00349	0,00001	0,00698
26	0,00378	0,00001	0,00378	0,00001	0,00756
28	0,00407	0,00001	0,00407	0,00001	0,00814
30	0,00436	0,00001	0,00436	0,00001	0,00873
32	0,00465	0,00001	0,00465	0,00001	0,00931
34	0,00495	0,00001	0,00495	0,00001	0,00989
36	0,00524	0,00001	0,00524	0,00001	0,01047
38	0,00553	0,00002	0,00553	0,00002	0,01105
40	0,00582	0,00002	0,00582	0,00002	0,01164
42	0,00611	0,00002	0,00611	0,00002	0,01222
44	0,00640	0,00002	0,00640	0,00002	0,01280
46	0,00669	0,00002	0,00669	0,00002	0,01338
48	0,00698	0,00002	0,00698	0,00002	0,01396
50	0,00727	0,00003	0,00727	0,00003	0,01454
52	0,00756	0,00003	0,00756	0,00003	0,01513
54	0,00785	0,00003	0,00785	0,00003	0,01571
56	0,00815	0,00003	0,00814	0,00003	0,01629
58	0,00844	0,00004	0,00844	0,00004	0,01687
60	0,00873	0,00004	0,00873	0,00004	0,01745

Tafel I.

$\alpha = 1$ Grad.

Minuten.	Tangente *AB*. $\operatorname{tg}\frac{\alpha}{2}$	Scheitelabstand *BD*. $\sec\frac{\alpha}{2}-1$	Abszisse *AE*. Halbe Sehne *AF*. $\sin\frac{\alpha}{2}$	Ordinate *ED*. Pfeilhöhe *DF*. $1-\cos\frac{\alpha}{2}$	Bogenlänge *ADC*. $\frac{\pi\alpha}{180}$
0	0,00873	0,00004	0,00873	0,00004	0,01745
2	0,00902	0,00004	0,00902	0,00004	0,01804
4	0,00931	0,00004	0,00931	0,00004	0,01862
6	0,00960	0,00005	0,00960	0,00005	0,01920
8	0,00989	0,00005	0,00989	0,00005	0,01978
10	0,01018	0,00005	0,01018	0,00005	0,02036
12	0,01047	0,00006	0,01047	0,00005	0,02094
14	0,01076	0,00006	0,01076	0,00006	0,02153
16	0,01105	0,00006	0,01105	0,00006	0,02211
18	0,01135	0,00006	0,01134	0,00006	0,02269
20	0,01164	0,00007	0,01164	0,00007	0,02327
22	0,01193	0,00007	0,01193	0,00007	0,02385
24	0,01222	0,00008	0,01222	0,00007	0,02443
26	0,01251	0,00008	0,01251	0,00008	0,02502
28	0,01280	0,00008	0,01280	0,00008	0,02560
30	0,01309	0,00009	0,01309	0,00009	0,02618
32	0,01338	0,00009	0,01338	0,00009	0,02676
34	0,01367	0,00009	0,01367	0,00009	0,02734
36	0,01396	0,00010	0,01396	0,00010	0,02793
38	0,01425	0,00010	0,01425	0,00010	0,02851
40	0,01455	0,00011	0,01454	0,00011	0,02909
42	0,01484	0,00011	0,01483	0,00011	0,02967
44	0,01513	0,00011	0,01513	0,00011	0,03025
46	0,01542	0,00012	0,01542	0,00012	0,03083
48	0,01571	0,00012	0,01571	0,00012	0,03142
50	0,01600	0,00013	0,01600	0,00013	0,03200
52	0,01629	0,00013	0,01629	0,00013	0,03258
54	0,01658	0,00014	0,01658	0,00014	0,03316
56	0,01687	0,00014	0,01687	0,00014	0,03374
58	0,01716	0,00015	0,01716	0,00015	0,03432
60	0,01746	0,00015	0,01745	0,00015	0,03491

$\alpha = 2$ Grad.

Minuten.	Tangente AB.	Scheitelabstand BD.	Abszisse AE. Halbe Sehne AF.	Ordinate ED. Pfeilhöhe DF.	Bogenlänge ADC.
	$\operatorname{tg}\frac{\alpha}{2}$	$\sec\frac{\alpha}{1}-1$	$\sin\frac{\alpha}{2}$	$1-\cos\frac{\alpha}{2}$	$\frac{\pi\alpha}{180}$
0	0,01746	0,00015	0,01745	0,00015	0,03491
2	0,01775	0,00016	0,01774	0,00016	0,03549
4	0,01804	0,00016	0,01803	0,00016	0,03607
6	0,01833	0,00017	0,01832	0,00017	0,03665
8	0,01862	0,00017	0,01862	0,00017	0,03723
10	0,01891	0,00018	0,01891	0,00018	0,03782
12	0,01920	0,00018	0,01920	0,00018	0,03840
14	0,01949	0,00019	0,01949	0,00019	0,03898
16	0,01978	0,00020	0,01978	0,00020	0,03956
18	0,02007	0,00020	0,02007	0,00020	0,04014
20	0,02037	0,00021	0,02036	0,00021	0,04072
22	0,02066	0,00021	0,02065	0,00021	0,04131
24	0,02095	0,00022	0,02094	0,00022	0,04189
26	0,02124	0,00023	0,02123	0,00023	0,04247
28	0,02153	0,00023	0,02152	0,00023	0,04305
30	0,02182	0,00024	0,02181	0,00024	0,04363
32	0,02211	0,00024	0,02211	0,00024	0,04422
34	0,02240	0,00025	0,02240	0,00025	0,04480
36	0,02269	0,00026	0,02269	0,00026	0,04538
38	0,02298	0,00026	0,02298	0,00026	0,04596
40	0,02328	0,00027	0,02327	0,00027	0,04654
42	0,02357	0,00028	0,02356	0,00028	0,04712
44	0,02386	0,00028	0,02385	0,00028	0,04771
46	0,02415	0,00029	0,02414	0,00029	0,04829
48	0,02444	0,00030	0,02443	0,00030	0,04887
50	0,02473	0,00031	0,02472	0,00031	0,04945
52	0,02502	0,00031	0,02501	0,00031	0,05003
54	0,02531	0,00032	0,02530	0,00032	0,05061
56	0,02560	0,00033	0,02560	0,00033	0,05120
58	0,02589	0,00034	0,02589	0,00034	0,05178
60	0,02619	0,00034	0,02618	0,00034	0,05236

Tafel I.

$\alpha = 3$ Grad.

Minuten.	Tangente *AB*. $\operatorname{tg} \frac{\alpha}{2}$	Scheitelabstand *BD*. $\sec \frac{\alpha}{2} - 1$	Abszisse *AE*. Halbe Sehne *AF*. $\sin \frac{\alpha}{2}$	Ordinate *ED*. Pfeilhöhe *DF*. $1 - \cos \frac{\alpha}{2}$	Bogenlänge *ADC*. $\frac{\pi \alpha}{180}$
0	0,02619	0,00034	0,02618	0,00034	0,05236
2	0,02648	0,00035	0,02647	0,00035	0,05294
4	0,02677	0,00036	0,02676	0,00036	0,05352
6	0,02706	0,00037	0,02705	0,00037	0,05411
8	0,02735	0,00037	0,02734	0,00037	0,05469
10	0,02764	0,00038	0,02763	0,00038	0,05527
12	0,02793	0,00039	0,02792	0,00039	0,05585
14	0,02822	0,00040	0,02821	0,00040	0,05643
16	0,02851	0,00041	0,02850	0,00041	0,05701
18	0,02881	0,00041	0,02879	0,00041	0,05760
20	0,02910	0,00042	0,02908	0,00042	0,05818
22	0,02939	0,00043	0,02938	0,00043	0,05876
24	0,02968	0,00044	0,02967	0,00044	0,05934
26	0,02997	0,00045	0,02996	0,00045	0,05992
28	0,03026	0,00046	0,03025	0,00046	0,06050
30	0,03055	0,00047	0,03054	0,00047	0,06109
32	0,03084	0,00048	0,03083	0,00048	0,06167
34	0,03114	0,00048	0,03112	0,00048	0,06225
36	0,03143	0,00049	0,03141	0,00049	0,06283
38	0,03172	0,00050	0,03170	0,00050	0,06341
40	0,03201	0,00051	0,03199	0,00051	0,06400
42	0,03230	0,00052	0,03228	0,00052	0,06458
44	0,03259	0,00053	0,03257	0,00053	0,06516
46	0,03288	0,00054	0,03286	0,00054	0,06574
48	0,03317	0,00055	0,03316	0,00055	0,06632
50	0,03346	0,00056	0,03345	0,00056	0,06690
52	0,03376	0,00057	0,03374	0,00057	0,06749
54	0,03405	0,00058	0,03403	0,00058	0,06807
56	0,03434	0,00059	0,03432	0,00059	0,06865
58	0,03463	0,00060	0,03461	0,00060	0,06923
60	0,03492	0,00061	0,03490	0,00061	0,06981

$\alpha = 4$ Grad.

Minuten.	Tangente AB.	Scheitelabstand BD.	Abszisse AE. Halbe Sehne AF.	Ordinate ED. Pfeilhöhe DF.	Bogenlänge ADC.
	$\operatorname{tg}\frac{\alpha}{2}$	$\sec\frac{\alpha}{2} - 1$	$\sin\frac{\alpha}{2}$	$1 - \cos\frac{\alpha}{2}$	$\frac{\pi\alpha}{180}$
0	0,03492	0,00061	0,03490	0,00061	0,06981
2	0,03521	0,00062	0,03519	0,00062	0,07040
4	0,03550	0,00063	0,03548	0,00063	0,07098
6	0,03579	0,00064	0,03577	0,00064	0,07156
8	0,03609	0,00065	0,03606	0,00065	0,07214
10	0,03638	0,00066	0,03635	0,00066	0,07272
12	0,03667	0,00067	0,03664	0,00067	0,07330
14	0,03696	0,00068	0,03693	0,00068	0,07389
16	0,03725	0,00069	0,03723	0,00069	0,07447
18	0,03754	0,00070	0,03752	0,00070	0,07505
20	0,03783	0,00072	0,03781	0,00071	0,07563
22	0,03812	0,00073	0,03810	0,00073	0,07621
24	0,03842	0,00074	0,03839	0,00074	0,07679
26	0,03871	0,00075	0,03868	0,00075	0,07738
28	0,03900	0,00076	0,03897	0,00076	0,07796
30	0,03929	0,00077	0,03926	0,00077	0,07854
32	0,03958	0,00078	0,03955	0,00078	0,07912
34	0,03987	0,00079	0,03984	0,00079	0,07970
36	0,04016	0,00081	0,04013	0,00081	0,08029
38	0,04046	0,00082	0,04042	0,00082	0,08087
40	0,04075	0,00083	0,04071	0,00083	0,08145
42	0,04104	0,00084	0,04100	0,00084	0,08203
44	0,04133	0,00085	0,04129	0,00085	0,08261
46	0,04162	0,00087	0,04159	0,00087	0,08319
48	0,04191	0,00088	0,04188	0,00088	0,08378
50	0,04220	0,00089	0,04217	0,00089	0,08436
52	0,04250	0,00090	0,04246	0,00090	0,08494
54	0,04279	0,00091	0,04275	0,00091	0,08552
56	0,04308	0,00093	0,04304	0,00093	0,08610
58	0,04337	0,00094	0,04333	0,00094	0,08668
60	0,04366	0,00095	0,04362	0,00095	0,08727

Tafel I.

$\alpha = 5$ Grad.

Minuten.	Tangente *AB*. $\operatorname{tg}\frac{\alpha}{2}$	Scheitelabstand *BD*. $\sec\frac{\alpha}{2} - 1$	Abszisse *AE*. Halbe Sehne *AF*. $\sin\frac{\alpha}{2}$	Ordinate *ED*. Pfeilhöhe *DF*. $1 - \cos\frac{\alpha}{2}$	Bogenlänge *ADC*. $\frac{\pi\alpha}{180}$
0	0,04366	0,00095	0,04362	0,00095	0,08727
2	0,04395	0,00096	0,04391	0,00096	0,08785
4	0,04424	0,00098	0,04420	0,00098	0,08843
6	0,04454	0,00099	0,04449	0,00099	0,08901
8	0,04483	0,00100	0,04478	0,00100	0,08959
10	0,04512	0,00102	0,04507	0,00102	0,09018
12	0,04541	0,00103	0,04536	0,00103	0,09076
14	0,04570	0,00104	0,04565	0,00104	0,09134
16	0,04599	0,00106	0,04594	0,00106	0,09192
18	0,04628	0,00107	0,04623	0,00107	0,09250
20	0,04658	0,00108	0,04653	0,00108	0,09308
22	0,04687	0,00110	0,04682	0,00110	0,09367
24	0,04716	0,00111	0,04711	0,00111	0,09425
26	0,04745	0,00113	0,04740	0,00112	0,09483
28	0,04774	0,00114	0,04769	0,00114	0,09541
30	0,04803	0,00115	0,04798	0,00115	0,09599
32	0,04833	0,00117	0,04827	0,00117	0,09657
34	0,04862	0,00118	0,04856	0,00118	0,09716
36	0,04891	0,00120	0,04885	0,00119	0,09774
38	0,04920	0,00121	0,04914	0,00121	0,09832
40	0,04949	0,00122	0,04943	0,00122	0,09890
42	0,04978	0,00124	0,04972	0,00124	0,09948
44	0,05008	0,00125	0,05001	0,00125	0,10007
46	0,05037	0,00127	0,05030	0,00127	0,10065
48	0,05066	0,00128	0,05059	0,00128	0,10123
50	0,05095	0,00130	0,05088	0,00130	0,10181
52	0,05124	0,00131	0,05117	0,00131	0,10239
54	0,05153	0,00133	0,05146	0,00133	0,10297
56	0,05182	0,00134	0,05175	0,00134	0,10356
58	0,05212	0,00136	0,05205	0,00136	0,10414
60	0,05241	0,00137	0,05234	0,00137	0,10472

$\alpha = 6$ **Grad.**

Minuten.	Tangente *AB*.	Scheitel-abstand *BD*.	Abszisse *AE*. Halbe Sehne *AF*.	Ordinate *ED*. Pfeil-höhe *DF*.	Bogen-länge *ADC*.
	$\operatorname{tg}\frac{\alpha}{2}$	$\sec\frac{\alpha}{2}-1$	$\sin\frac{\alpha}{2}$	$1-\cos\frac{\alpha}{2}$	$\frac{\pi\alpha}{180}$
0	0,05241	0,00137	0,05234	0,00137	0,10472
2	0,05270	0,00139	0,05263	0,00139	0,10530
4	0,05299	0,00140	0,05292	0,00140	0,10588
6	0,05328	0,00142	0,05321	0,00142	0,10647
8	0,05357	0,00143	0,05350	0,00143	0,10705
10	0,05387	0,00145	0,05379	0,00145	0,10763
12	0,05416	0,00147	0,05408	0,00146	0,10821
14	0,05445	0,00148	0,05437	0,00148	0,10879
16	0,05474	0,00150	0,05466	0,00149	0,10937
18	0,05503	0,00151	0,05495	0,00151	0,10996
20	0,05533	0,00153	0,05524	0,00153	0,11054
22	0,05562	0,00155	0,05553	0,00154	0,11112
24	0,05591	0,00156	0,05582	0,00156	0,11170
26	0,05620	0,00158	0,05611	0,00158	0,11228
28	0,05649	0,00159	0,05640	0,00159	0,11286
30	0,05678	0,00161	0,05669	0,00161	0,11345
32	0,05708	0,00163	0,05698	0,00162	0,11403
34	0,05737	0,00164	0,05727	0,00164	0,11461
36	0,05766	0,00166	0,05756	0,00166	0,11519
38	0,05795	0,00168	0,05785	0,00167	0,11577
40	0,05824	0,00169	0,05814	0,00169	0,11636
42	0,05854	0,00171	0,05844	0,00171	0,11694
44	0,05883	0,00173	0,05873	0,00173	0,11752
46	0,05912	0,00175	0,05902	0,00174	0,11810
48	0,05941	0,00176	0,05931	0,00176	0,11868
50	0,05970	0,00178	0,05960	0,00178	0,11926
52	0,05999	0,00180	0,05989	0,00179	0,11985
54	0,06029	0,00182	0,06018	0,00181	0,12043
56	0,06058	0,00183	0,06047	0,00183	0,12101
58	0,06087	0,00185	0,06076	0,00185	0,12159
60	0,06116	0,00187	0,06105	0,00187	0,12217

Tafel I.

$\alpha = 7$ Grad.

Minuten.	Tangente AB. $\operatorname{tg}\frac{\alpha}{2}$	Scheitelabstand BD. $\sec\frac{\alpha}{2} - 1$	Abszisse AE. Halbe Sehne AF. $\sin\frac{\alpha}{2}$	Ordinate ED. Pfeilhöhe DF. $1 - \cos\frac{\alpha}{2}$	Bogenlänge ADC. $\frac{\pi\alpha}{180}$
0	0,06116	0,00187	0,06105	0,00187	0,12217
2	0,06145	0,00189	0,06134	0,00188	0,12275
4	0,06175	0,00190	0,06163	0,00190	0,12334
6	0,06204	0,00192	0,06192	0,00192	0,12392
8	0,06233	0,00194	0,06221	0,00194	0,12450
10	0,06262	0,00196	0,06250	0,00195	0,12508
12	0,06291	0,00198	0,06279	0,00197	0,12566
14	0,06321	0,00200	0,06308	0,00199	0,12625
16	0,06350	0,00201	0,06337	0,00201	0,12683
18	0,06379	0,00203	0,06366	0,00203	0,12741
20	0,06408	0,00205	0,06395	0,00205	0,12799
22	0,06438	0,00207	0,06424	0,00207	0,12857
24	0,06467	0,00209	0,06453	0,00208	0,12915
26	0,06496	0,00211	0,06482	0,00210	0,12974
28	0,06525	0,00213	0,06511	0,00212	0,13032
30	0,06554	0,00215	0,06540	0,00214	0,13090
32	0,06584	0,00216	0,06569	0,00216	0,13148
34	0,06613	0,00218	0,06598	0,00218	0,13206
36	0,06642	0,00220	0,06627	0,00220	0,13265
38	0,06671	0,00222	0,06656	0,00222	0,13323
40	0,06700	0,00224	0,06685	0,00224	0,13381
42	0,06730	0,00226	0,06714	0,00226	0,13439
44	0,06759	0,00228	0,06743	0,00228	0,13497
46	0,06788	0,00230	0,06773	0,00230	0,13555
48	0,06817	0,00232	0,06802	0,00232	0,13614
50	0,06847	0,00234	0,06831	0,00234	0,13672
52	0,06876	0,00236	0,06860	0,00236	0,13730
54	0,06905	0,00238	0,06889	0,00238	0,13788
56	0,06934	0,00240	0,06918	0,00240	0,13846
58	0,06963	0,00242	0,06947	0,00242	0,13904
60	0,06993	0,00244	0,06976	0,00244	0,13963

$\alpha = 8$ Grad.

Minuten.	Tangente AB.	Scheitelabstand BD.	Abszisse AE. Halbe Sehne AF.	Ordinate ED. Pfeilhöhe DF.	Bogenlänge ADC.
	$\operatorname{tg}\frac{\alpha}{2}$	$\sec\frac{\alpha}{2}-1$	$\sin\frac{\alpha}{2}$	$1-\cos\frac{\alpha}{2}$	$\frac{\pi\alpha}{180}$
0	0,06993	0,00244	0,06976	0,00244	0,13963
2	0,07022	0,00246	0,07005	0,00246	0,14021
4	0,07051	0,00248	0,07034	0,00248	0,14079
6	0,07080	0,00250	0,07063	0,00250	0,14137
8	0,07110	0,00252	0,07092	0,00252	0,14195
10	0,07139	0,00254	0,07121	0,00254	0,14254
12	0,07168	0,00257	0,07150	0,00256	0,14312
14	0,07197	0,00259	0,07179	0,00258	0,14370
16	0,07227	0,00261	0,07208	0,00260	0,14428
18	0,07256	0,00263	0,07237	0,00262	0,14486
20	0,07285	0,00265	0,07266	0,00264	0,14544
22	0,07314	0,00267	0,07295	0,00266	0,14603
24	0,07344	0,00269	0,07324	0,00269	0,14661
26	0,07373	0,00271	0,07353	0,00271	0,14719
28	0,07402	0,00274	0,07382	0,00273	0,14777
30	0,07431	0,00276	0,07411	0,00275	0,14835
32	0,07461	0,00278	0,07440	0,00277	0,14893
34	0,07490	0,00280	0,07469	0,00279	0,14952
36	0,07519	0,00282	0,07498	0,00281	0,15010
38	0,07548	0,00285	0,07527	0,00284	0,15068
40	0,07578	0,00287	0,07556	0,00286	0,15126
42	0,07607	0,00289	0,07585	0,00288	0,15184
44	0,07636	0,00291	0,07614	0,00290	0,15243
46	0,07665	0,00293	0,07643	0,00292	0,15301
48	0,07695	0,00296	0,07672	0,00295	0,15359
50	0,07724	0,00298	0,07701	0,00297	0,15417
52	0,07753	0,00300	0,07730	0,00299	0,15475
54	0,07782	0,00302	0,07759	0,00301	0,15533
56	0,07812	0,00305	0,07788	0,00304	0,15592
58	0,07841	0,00307	0,07817	0,00306	0,15650
60	0,07870	0,00309	0,07846	0,00308	0,15708

Tafel I.

$\alpha = 9$ Grad.

Minuten.	Tangente AB.	Scheitelabstand BD.	Abszisse AE. Halbe Sehne AF.	Ordinate ED. Pfeilhöhe DF.	Bogenlänge ADC.
	$\operatorname{tg}\frac{\alpha}{2}$	$\sec\frac{\alpha}{2}-1$	$\sin\frac{\alpha}{2}$	$1-\cos\frac{\alpha}{2}$	$\frac{\pi\alpha}{180}$
0	0,07870	0,00309	0,07846	0,00308	0,15708
2	0,07899	0,00312	0,07875	0,00311	0,15766
4	0,07929	0,00314	0,07904	0,00313	0,15824
6	0,07958	0,00316	0,07933	0,00315	0,15883
8	0,07987	0,00319	0,07962	0,00317	0,15941
10	0,08017	0,00321	0,07991	0,00320	0,15999
12	0,08046	0,00323	0,08020	0,00322	0,16057
14	0,08075	0,00325	0,08049	0,00324	0,16115
16	0,08104	0,00328	0,08078	0,00327	0,16173
18	0,08134	0,00330	0,08107	0,00329	0,16232
20	0,08163	0,00333	0,08136	0,00331	0,16290
22	0,08192	0,00335	0,08165	0,00334	0,16348
24	0,08222	0,00337	0,08194	0,00336	0,16406
26	0,08251	0,00340	0,08223	0,00339	0,16464
28	0,08280	0,00342	0,08252	0,00341	0,16522
30	0,08309	0,00345	0,08281	0,00343	0,16581
32	0,08339	0,00347	0,08310	0,00346	0,16639
34	0,08368	0,00349	0,08339	0,00348	0,16697
36	0,08397	0,00352	0,08368	0,00351	0,16755
38	0,08427	0,00354	0,08397	0,00353	0,16813
40	0,08456	0,00357	0,08426	0,00356	0,16872
42	0,08485	0,00359	0,08455	0,00358	0,16930
44	0,08514	0,00362	0,08484	0,00361	0,16988
46	0,08544	0,00364	0,08513	0,00363	0,17046
48	0,08573	0,00367	0,08542	0,00365	0,17104
50	0,08602	0,00369	0,08571	0,00368	0,17162
52	0,08632	0,00372	0,08600	0,00370	0,17221
54	0,08661	0,00374	0,08629	0,00373	0,17279
56	0,08690	0,00377	0,08658	0,00375	0,17337
58	0,08720	0,00379	0,08687	0,00378	0,17395
60	0,08749	0,00382	0,08716	0,00381	0,17453

$\alpha = 10$ Grad.

Minuten.	Tangente AB. $\mathrm{tg}\frac{\alpha}{2}$	Scheitelabstand BD. $\sec\frac{\alpha}{2} - 1$	Abszisse AE. Halbe Sehne AF. $\sin\frac{\alpha}{2}$	Ordinate ED. Pfeilhöhe DF. $1 - \cos\frac{\alpha}{2}$	Bogenlänge ADC. $\frac{\pi\alpha}{180}$
0	0,08749	0,00382	0,08716	0,00381	0,17453
2	0,08778	0,00385	0,08745	0,00383	0,17511
4	0,08807	0,00387	0,08774	0,00386	0,17570
6	0,08837	0,00390	0,08803	0,00388	0,17628
8	0,08866	0,00392	0,08831	0,00391	0,17686
10	0,08895	0,00395	0,08860	0,00393	0,17744
12	0,08925	0,00397	0,08889	0,00396	0,17802
14	0,08954	0,00400	0,08918	0,00398	0,17861
16	0,08983	0,00403	0,08947	0,00401	0,17919
18	0,09013	0,00405	0,08976	0,00404	0,17977
20	0,09042	0,00408	0,09005	0,00406	0,18035
22	0,09071	0,00411	0,09034	0,00409	0,18093
24	0,09101	0,00413	0,09063	0,00412	0,18151
26	0,09130	0,00416	0,09092	0,00414	0,18210
28	0,09159	0,00419	0,09121	0,00417	0,18268
30	0,09189	0,00421	0,09150	0,00419	0,18326
32	0,09218	0,00424	0,09179	0,00422	0,18384
34	0,09247	0,00427	0,09208	0,00425	0,18442
36	0,09277	0,00429	0,09237	0,00428	0,18500
38	0,09306	0,00432	0,09266	0,00430	0,18559
40	0,09335	0,00435	0,09295	0,00433	0,18617
42	0,09365	0,00438	0,09324	0,00436	0,18675
44	0,09394	0,00440	0,09353	0,00438	0,18733
46	0,09423	0,00443	0,09382	0,00441	0,18791
48	0,09453	0,00446	0,09411	0,00444	0,18850
50	0,09482	0,00449	0,09440	0,00447	0,18908
52	0,09511	0,00451	0,09469	0,00449	0,18966
54	0,09541	0,00454	0,09498	0,00452	0,19024
56	0,09570	0,00457	0,09527	0,00455	0,19082
58	0,09600	0,00460	0,09556	0,00458	0,19140
60	0,09629	0,00463	0,09585	0,00460	0,19199

$\alpha = 11$ Grad.

Minuten.	Tangente *AB*. $\operatorname{tg}\frac{\alpha}{2}$	Scheitelabstand *BD*. $\sec\frac{\alpha}{2}-1$	Abszisse *AE*. Halbe Sehne *AF*. $\sin\frac{\alpha}{2}$	Ordinate *ED*. Pfeilhöhe *DF*. $1-\cos\frac{\alpha}{2}$	Bogenlänge *ADC*. $\frac{\pi\alpha}{180}$
0	0,09629	0,00463	0,09585	0,00460	0,19199
2	0,09658	0,00465	0,09614	0,00463	0,19257
4	0,09688	0,00468	0,09642	0,00466	0,19315
6	0,09717	0,00471	0,09671	0,00469	0,19373
8	0,09746	0,00474	0,09700	0,00472	0,19431
10	0,09776	0,00477	0,09729	0,00474	0,19490
12	0,09805	0,00480	0,09758	0,00477	0,19548
14	0,09834	0,00482	0,09787	0,00480	0,19606
16	0,09864	0,00485	0,09816	0,00483	0,19664
18	0,09893	0,00488	0,09845	0,00486	0,19722
20	0,09923	0,00491	0,09874	0,00489	0,19780
22	0,09952	0,00494	0,09903	0,00492	0,19839
24	0,09981	0,00497	0,09932	0,00494	0,19897
26	0,10011	0,00500	0,09961	0,00497	0,19955
28	0,10040	0,00503	0,09990	0,00500	0,20013
30	0,10069	0,00506	0,10019	0,00503	0,20071
32	0,10099	0,00509	0,10048	0,00506	0,20129
34	0,10128	0,00512	0,10077	0,00509	0,20188
36	0,10158	0,00515	0,10106	0,00512	0,20246
38	0,10187	0,00518	0,10135	0,00515	0,20304
40	0,10216	0,00521	0,10164	0,00518	0,20362
42	0,10246	0,00524	0,10192	0,00521	0,20420
44	0,10275	0,00527	0,10221	0,00524	0,20479
46	0,10305	0,00529	0,10250	0,00527	0,20537
48	0,10334	0,00533	0,10279	0,00530	0,20595
50	0,10363	0,00536	0,10308	0,00533	0,20653
52	0,10393	0,00539	0,10337	0,00536	0,20711
54	0,10422	0,00542	0,10366	0,00539	0,20769
56	0,10452	0,00545	0,10395	0,00542	0,20828
58	0,10481	0,00548	0,10424	0,00545	0,20886
60	0,10510	0,00551	0,10453	0,00548	0,20944

$\alpha = 12$ Grad.

Minuten.	Tangente AB.	Scheitelabstand BD.	Abszisse AE. Halbe Sehne AF.	Ordinate ED. Pfeilhöhe DF.	Bogenlänge ADC.
	$\operatorname{tg}\frac{\alpha}{2}$	$\sec\frac{\alpha}{2}-1$	$\sin\frac{\alpha}{2}$	$1-\cos\frac{\alpha}{2}$	$\frac{\pi\alpha}{180}$
0	0,10510	0,00551	0,10453	0,00548	0,20944
2	0,10540	0,00554	0,10482	0,00551	0,21002
4	0,10569	0,00557	0,10511	0,00554	0,21060
6	0,10599	0,00560	0,10540	0,00557	0,21119
8	0,10628	0,00563	0,10569	0,00560	0,21177
10	0,10658	0,00566	0,10597	0,00563	0,21235
12	0,10687	0,00569	0,10626	0,00566	0,21293
14	0,10716	0,00573	0,10655	0,00569	0,21351
16	0,10746	0,00576	0,10684	0,00572	0,21409
18	0,10775	0,00579	0,10713	0,00576	0,21468
20	0,10805	0,00582	0,10742	0,00579	0,21526
22	0,10834	0,00585	0,10771	0,00582	0,21584
24	0,10863	0,00588	0,10800	0,00585	0,21642
26	0,10893	0,00591	0,10829	0,00588	0,21700
28	0,10922	0,00595	0,10858	0,00591	0,21758
30	0,10952	0,00598	0,10887	0,00594	0,21817
32	0,10981	0,00601	0,10916	0,00598	0,21875
34	0,11011	0,00604	0,10944	0,00601	0,21933
36	0,11040	0,00608	0,10973	0,00604	0,21991
38	0,11070	0,00611	0,11002	0,00607	0,22049
40	0,11099	0,00614	0,11031	0,00610	0,22108
42	0,11128	0,00617	0,11060	0,00614	0,22166
44	0,11158	0,00621	0,11089	0,00617	0,22224
46	0,11187	0,00624	0,11118	0,00620	0,22282
48	0,11217	0,00627	0,11147	0,00623	0,22340
50	0,11246	0,00630	0,11176	0,00626	0,22398
52	0,11276	0,00634	0,11205	0,00630	0,22457
54	0,11305	0,00637	0,11234	0,00633	0,22515
56	0,11335	0,00640	0,11263	0,00636	0,22573
58	0,11364	0,00644	0,11291	0,00640	0,22631
60	0,11394	0,00647	0,11320	0,00643	0,22689

$\alpha = 13$ Grad.

Minuten.	Tangente *AB*.	Scheitelabstand *BD*.	Abszisse *AE*. Halbe Sehne *AF*.	Ordinate *ED*. Pfeilhöhe *DF*.	Bogenlänge *ADC*.
	$\operatorname{tg}\frac{\alpha}{2}$	$\sec\frac{\alpha}{2} - 1$	$\sin\frac{\alpha}{2}$	$1 - \cos\frac{\alpha}{2}$	$\frac{\pi\alpha}{180}$
0	0,11394	0,00647	0,11320	0,00643	0,22689
2	0,11423	0,00650	0,11349	0,00646	0,22747
4	0,11453	0,00654	0,11378	0,00649	0,22806
6	0,11482	0,00657	0,11407	0,00653	0,22864
8	0,11511	0,00660	0,11436	0,00656	0,22922
10	0,11541	0,00664	0,11465	0,00659	0,22980
12	0,11570	0,00667	0,11494	0,00663	0,23038
14	0,11600	0,00671	0,11523	0,00666	0,23097
16	0,11629	0,00674	0,11552	0,00669	0,23155
18	0,11659	0,00677	0,11580	0,00673	0,23213
20	0,11688	0,00681	0,11609	0,00676	0,23271
22	0,11718	0,00684	0,11638	0,00680	0,23329
24	0,11747	0,00688	0,11667	0,00683	0,23387
26	0,11777	0,00691	0,11696	0,00686	0,23446
28	0,11806	0,00694	0,11725	0,00690	0,23504
30	0,11836	0,00698	0,11754	0,00693	0,23562
32	0,11865	0,00701	0,11783	0,00697	0,23620
34	0,11895	0,00705	0,11812	0,00700	0,23678
36	0,11924	0,00708	0,11840	0,00703	0,23736
38	0,11954	0,00712	0,11869	0,00707	0,23795
40	0,11983	0,00715	0,11898	0,00710	0,23853
42	0,12013	0,00719	0,11927	0,00714	0,23911
44	0,12042	0,00722	0,11956	0,00717	0,23969
46	0,12072	0,00726	0,11985	0,00721	0,24027
48	0,12101	0,00730	0,12014	0,00724	0,24086
50	0,12131	0,00733	0,12043	0,00728	0,24144
52	0,12160	0,00737	0,12071	0,00731	0,24202
54	0,12190	0,00740	0,12100	0,00735	0,24260
56	0,12219	0,00744	0,12129	0,00738	0,24318
58	0,12249	0,00747	0,12158	0,00742	0,24376
60	0,12278	0,00751	0,12187	0,00745	0,24435

$\alpha = 14$ Grad.

Minuten.	Tangente AB. $\operatorname{tg}\frac{\alpha}{2}$	Scheitelabstand BD. $\sec\frac{\alpha}{2} - 1$	Abszisse AE. Halbe Sehne AF. $\sin\frac{\alpha}{2}$	Ordinate ED. Pfeilhöhe DF. $1 - \cos\frac{\alpha}{2}$	Bogenlänge ADC. $\frac{\pi\alpha}{180}$
0	0,12278	0,00751	0,12187	0,00745	0,24435
2	0,12308	0,00755	0,12216	0,00749	0,24493
4	0,12338	0,00758	0,12245	0,00752	0,24551
6	0,12367	0,00762	0,12274	0,00756	0,24609
8	0,12397	0,00765	0,12302	0,00760	0,24667
10	0,12426	0,00769	0,12331	0,00763	0,24725
12	0,12456	0,00773	0,12360	0,00767	0,24784
14	0,12485	0,00776	0,12389	0,00770	0,24842
16	0,12515	0,00780	0,12418	0,00774	0,24900
18	0,12544	0,00784	0,12447	0,00778	0,24958
20	0,12574	0,00787	0,12476	0,00781	0,25016
22	0,12603	0,00791	0,12504	0,00785	0,25075
24	0,12633	0,00795	0,12533	0,00789	0,25133
26	0,12662	0,00798	0,12562	0,00792	0,25191
28	0,12692	0,00802	0,12591	0,00796	0,25249
30	0,12722	0,00806	0,12620	0,00800	0,25307
32	0,12751	0,00810	0,12649	0,00803	0,25365
34	0,12781	0,00813	0,12678	0,00807	0,25424
36	0,12810	0,00817	0,12706	0,00811	0,25482
38	0,12840	0,00821	0,12735	0,00814	0,25540
40	0,12869	0,00825	0,12764	0,00818	0,25598
42	0,12899	0,00829	0,12793	0,00822	0,25656
44	0,12929	0,00832	0,12822	0,00825	0,25715
46	0,12958	0,00836	0,12851	0,00829	0,25773
48	0,12988	0,00840	0,12880	0,00833	0,25831
50	0,13017	0,00844	0,12908	0,00837	0,25889
52	0,13047	0,00848	0,12937	0,00840	0,25947
54	0,13076	0,00851	0,12966	0,00844	0,26005
56	0,13106	0,00855	0,12995	0,00848	0,26064
58	0,13136	0,00859	0,13024	0,00852	0,26122
60	0,13165	0,00863	0,13053	0,00855	0,26180

Tafel I.

$\alpha = 15$ Grad.

Minuten.	Tangente AB.	Scheitelabstand BD.	Abszisse AE. Halbe Sehne AF.	Ordinate ED. Pfeilhöhe DF.	Bogenlänge ADC.
	$\operatorname{tg}\frac{\alpha}{2}$	$\sec\frac{\alpha}{2}-1$	$\sin\frac{\alpha}{2}$	$1-\cos\frac{\alpha}{2}$	$\frac{\pi\alpha}{180}$
0	0,13165	0,00863	0,13053	0,00855	0,26180
2	0,13195	0,00867	0,13081	0,00859	0,26238
4	0,13224	0,00871	0,13110	0,00863	0,26296
6	0,13254	0,00874	0,13139	0,00867	0,26354
8	0,13284	0,00878	0,13168	0,00871	0,26413
10	0,13313	0,00882	0,13197	0,00875	0,26471
12	0,13343	0,00886	0,13226	0,00878	0,26529
14	0,13372	0,00890	0,13254	0,00882	0,26587
16	0,13402	0,00894	0,13283	0,00886	0,26645
18	0,13432	0,00898	0,13312	0,00890	0,26704
20	0,13461	0,00902	0,13341	0,00894	0,26762
22	0,13491	0,00906	0,13370	0,00898	0,26820
24	0,13521	0,00910	0,13399	0,00902	0,26878
26	0,13550	0,00914	0,13427	0,00906	0,26936
28	0,13580	0,00918	0,13456	0,00909	0,26994
30	0,13609	0,00922	0,13485	0,00913	0,27053
32	0,13639	0,00926	0,13514	0,00917	0,27111
34	0,13669	0,00930	0,13543	0,00921	0,27169
36	0,13698	0,00934	0,13572	0,00925	0,27227
38	0,13728	0,00938	0,13600	0,00929	0,27285
40	0,13758	0,00942	0,13629	0,00933	0,27343
42	0,13787	0,00946	0,13658	0,00937	0,27402
44	0,13817	0,00950	0,13687	0,00941	0,27460
46	0,13847	0,00954	0,13716	0,00945	0,27518
48	0,13876	0,00958	0,13744	0,00949	0,27576
50	0,13906	0,00962	0,13773	0,00953	0,27634
52	0,13935	0,00966	0,13802	0,00957	0,27693
54	0,13965	0,00970	0,13831	0,00961	0,27751
56	0,13995	0,00975	0,13860	0,00965	0,27809
58	0,14024	0,00979	0,13889	0,00969	0,27867
60	0,14054	0,00983	0,13917	0,00973	0,27925

$\alpha = 16$ Grad.

Minuten.	Tangente AB.	Scheitelabstand BD.	Abszisse AE. Halbe Sehne AF.	Ordinate ED. Pfeilhöhe DF.	Bogenlänge ADC.
	$\operatorname{tg}\frac{\alpha}{2}$	$\sec\frac{\alpha}{2} - 1$	$\sin\frac{\alpha}{2}$	$1 - \cos\frac{\alpha}{2}$	$\frac{\pi\alpha}{180}$
0	0,14054	0,00983	0,13917	0,00973	0,27925
2	0,14084	0,00987	0,13946	0,00977	0,27983
4	0,14113	0,00991	0,13975	0,00981	0,28042
6	0,14143	0,00995	0,14004	0,00985	0,28100
8	0,14173	0,00999	0,14033	0,00989	0,28158
10	0,14202	0,01003	0,14061	0,00994	0,28216
12	0,14232	0,01008	0,14090	0,00998	0,28274
14	0,14262	0,01012	0,14119	0,01002	0,28333
16	0,14291	0,01016	0,14148	0,01006	0,28391
18	0,14321	0,01020	0,14177	0,01010	0,28449
20	0,14351	0,01024	0,14205	0,01014	0,28507
22	0,14381	0,01029	0,14234	0,01018	0,28565
24	0,14410	0,01033	0,14263	0,01022	0,28623
26	0,14440	0,01037	0,14292	0,01027	0,28682
28	0,14470	0,01041	0,14320	0,01031	0,28740
30	0,14499	0,01046	0,14349	0,01035	0,28798
32	0,14529	0,01050	0,14378	0,01039	0,28856
34	0,14559	0,01054	0,14407	0,01043	0,28914
36	0,14588	0,01058	0,14436	0,01047	0,28972
38	0,14618	0,01063	0,14464	0,01052	0,29031
40	0,14648	0,01067	0,14493	0,01056	0,29089
42	0,14678	0,01071	0,14522	0,01060	0,29147
44	0,14707	0,01076	0,14551	0,01064	0,29205
46	0,14737	0,01080	0,14580	0,01069	0,29263
48	0,14767	0,01084	0,14608	0,01073	0,29322
50	0,14796	0,01089	0,14637	0,01077	0,29380
52	0,14826	0,01093	0,14666	0,01081	0,29438
54	0,14856	0,01097	0,14695	0,01086	0,29496
56	0,14886	0,01102	0,14723	0,01090	0,29554
58	0,14915	0,01106	0,14752	0,01094	0,29612
60	0,14945	0,01111	0,14781	0,01098	0,29671

Tafel I.

$\alpha = 17$ Grad.

Minuten.	Tangente AB. $\operatorname{tg}\frac{\alpha}{2}$	Scheitelabstand BD. $\sec\frac{\alpha}{2} - 1$	Abszisse AE. Halbe Sehne AF. $\sin\frac{\alpha}{2}$	Ordinate ED. Pfeilhöhe DF. $1 - \cos\frac{\alpha}{2}$	Bogenlänge ADC. $\frac{\pi\alpha}{180}$
0	0,14945	0,01111	0,14781	0,01098	0,29671
2	0,14975	0,01115	0,14810	0,01103	0,29729
4	0,15005	0,01119	0,14838	0,01107	0,29787
6	0,15034	0,01124	0,14867	0,01111	0,29845
8	0,15064	0,01128	0,14896	0,01116	0,29903
10	0,15094	0,01133	0,14925	0,01120	0,29961
12	0,15124	0,01137	0,14954	0,01124	0,30020
14	0,15153	0,01142	0,14982	0,01129	0,30078
16	0,15183	0,01146	0,15011	0,01133	0,30136
18	0,15213	0,01151	0,15040	0,01137	0,30194
20	0,15243	0,01155	0,15069	0,01142	0,30252
22	0,15272	0,01159	0,15097	0,01146	0,30311
24	0,15302	0,01164	0,15126	0,01151	0,30369
26	0,15332	0,01168	0,15155	0,01155	0,30427
28	0,15362	0,01173	0,15184	0,01159	0,30485
30	0,15391	0,01178	0,15212	0,01164	0,30543
32	0,15421	0,01182	0,15241	0,01168	0,30601
34	0,15451	0,01187	0,15270	0,01173	0,30660
36	0,15481	0,01191	0,15299	0,01177	0,30718
38	0,15511	0,01196	0,15327	0,01182	0,30776
40	0,15540	0,01200	0,15356	0,01186	0,30834
42	0,15570	0,01205	0,15385	0,01191	0,30892
44	0,15600	0,01209	0,15414	0,01195	0,30951
46	0,15630	0,01214	0,15442	0,01199	0,31009
48	0,15660	0,01219	0,15471	0,01204	0,31067
50	0,15689	0,01223	0,15500	0,01209	0,31125
52	0,15719	0,01228	0,15529	0,01213	0,31183
54	0,15749	0,01233	0,15557	0,01218	0,31241
56	0,15779	0,01237	0,15586	0,01222	0,31300
58	0,15809	0,01242	0,15615	0,01227	0,31358
60	0,15838	0,01246	0,15643	0,01231	0,31416

$\alpha = 18$ Grad.

Minuten.	Tangente AB.	Scheitelabstand BD.	Abszisse AE. Halbe Sehne AF.	Ordinate ED. Pfeilhöhe DF.	Bogenlänge ADC.
	$\operatorname{tg}\frac{\alpha}{2}$	$\sec\frac{\alpha}{2} - 1$	$\sin\frac{\alpha}{2}$	$1 - \cos\frac{\alpha}{2}$	$\frac{\pi\alpha}{180}$
0	0,15838	0,01246	0,15643	0,01231	0,31416
2	0,15868	0,01251	0,15672	0,01236	0,31474
4	0,15898	0,01256	0,15701	0,01240	0,31532
6	0,15928	0,01260	0,15730	0,01245	0,31590
8	0,15958	0,01265	0,15758	0,01249	0,31649
10	0,15988	0,01270	0,15787	0,01254	0,31707
12	0,16017	0,01275	0,15816	0,01259	0,31765
14	0,16047	0,01279	0,15845	0,01263	0,31823
16	0,16077	0,01284	0,15873	0,01268	0,31881
18	0,16107	0,01289	0,15902	0,01272	0,31940
20	0,16137	0,01294	0,15931	0,01277	0,31998
22	0,16167	0,01298	0,15959	0,01282	0,32056
24	0,16196	0,01303	0,15988	0,01286	0,32114
26	0,16226	0,01308	0,16017	0,01291	0,32172
28	0,16256	0,01313	0,16046	0,01296	0,32230
30	0,16286	0,01317	0,16074	0,01300	0,32289
32	0,16316	0,01322	0,16103	0,01305	0,32347
34	0,16346	0,01327	0,16132	0,01310	0,32405
36	0,16376	0,01332	0,16160	0,01314	0,32463
38	0,16406	0,01337	0,16189	0,01319	0,32521
40	0,16435	0,01342	0,16218	0,01324	0,32579
42	0,16465	0,01346	0,16246	0,01329	0,32638
44	0,16495	0,01351	0,16275	0,01333	0,32696
46	0,16525	0,01356	0,16304	0,01338	0,32754
48	0,16555	0,01361	0,16333	0,01343	0,32812
50	0,16585	0,01366	0,16361	0,01348	0,32870
52	0,16615	0,01371	0,16390	0,01352	0,32929
54	0,16645	0,01376	0,16419	0,01357	0,32987
56	0,16674	0,01381	0,16447	0,01362	0,33045
58	0,16704	0,01386	0,16476	0,01367	0,33103
60	0,16734	0,01390	0,16505	0,01371	0,33161

Tafel I.

$\alpha = 19$ Grad.

Minuten.	Tangente AB.	Scheitelabstand BD.	Abszisse AE. Halbe Sehne AF.	Ordinate ED. Pfeilhöhe DF.	Bogenlänge ADC.
	$\operatorname{tg}\frac{\alpha}{2}$	$\sec\frac{\alpha}{2}-1$	$\sin\frac{\alpha}{2}$	$1-\cos\frac{\alpha}{2}$	$\frac{\pi\alpha}{180}$
0	0,16734	0,01390	0,16505	0,01371	0,33161
2	0,16764	0,01395	0,16533	0,01376	0,33219
4	0,16794	0,01400	0,16562	0,01381	0,33278
6	0,16824	0,01405	0,16591	0,01386	0,33336
8	0,16854	0,01410	0,16620	0,01391	0,33394
10	0,16884	0,01415	0,16648	0,01396	0,33452
12	0,16914	0,01420	0,16677	0,01400	0,33510
14	0,16944	0,01425	0,16706	0,01405	0,33569
16	0,16974	0,01430	0,16734	0,01410	0,33627
18	0,17004	0,01435	0,16763	0,01415	0,33685
20	0,17033	0,01440	0,16792	0,01420	0,33743
22	0,17063	0,01445	0,16820	0,01425	0,33801
24	0,17093	0,01450	0,16849	0,01430	0,33859
26	0,17123	0,01455	0,16878	0,01435	0,33918
28	0,17153	0,01460	0,16906	0,01439	0,33976
30	0,17183	0,01465	0,16935	0,01444	0,34034
32	0,17213	0,01471	0,16964	0,01449	0,34092
34	0,17243	0,01476	0,16992	0,01454	0,34150
36	0,17273	0,01481	0,17021	0,01459	0,34208
38	0,17303	0,01486	0,17050	0,01464	0,34267
40	0,17333	0,01491	0,17078	0,01469	0,34325
42	0,17363	0,01496	0,17107	0,01474	0,34383
44	0,17393	0,01501	0,17136	0,01479	0,34441
46	0,17423	0,01506	0,17164	0,01484	0,34499
48	0,17453	0,01512	0,17193	0,01489	0,34558
50	0,17483	0,01517	0,17222	0,01494	0,34616
52	0,17513	0,01522	0,17250	0,01499	0,34674
54	0,17543	0,01527	0,17279	0,01504	0,34732
56	0,17573	0,01532	0,17308	0,01509	0,34790
58	0,17603	0,01537	0,17336	0,01514	0,34848
60	0,17633	0,01543	0,17365	0,01519	0,34907

$\alpha = 20$ Grad.

Minuten.	Tangente AB.	Scheitelabstand BD.	Abszisse AE. Halbe Sehne AF.	Ordinate ED. Pfeilhöhe DF.	Bogenlänge ADC.
	$\mathrm{tg}\,\frac{\alpha}{2}$	$\sec\frac{\alpha}{2} - 1$	$\sin\frac{\alpha}{2}$	$1 - \cos\frac{\alpha}{2}$	$\frac{\pi\alpha}{180}$
0	0,17633	0,01543	0,17365	0,01519	0,34907
2	0,17663	0,01548	0,17393	0,01524	0,34965
4	0,17693	0,01553	0,17422	0,01529	0,35023
6	0,17723	0,01558	0,17451	0,01534	0,35081
8	0,17753	0,01564	0,17479	0,01539	0,35139
10	0,17783	0,01569	0,17508	0,01545	0,35197
12	0,17813	0,01574	0,17537	0,01550	0,35256
14	0,17843	0,01579	0,17565	0,01555	0,35314
16	0,17873	0,01585	0,17594	0,01560	0,35372
18	0,17903	0,01590	0,17623	0,01565	0,35430
20	0,17933	0,01595	0,17651	0,01570	0,35488
22	0,17963	0,01600	0,17680	0,01575	0,35547
24	0,17993	0,01606	0,17708	0,01580	0,35605
26	0,18023	0,01611	0,17737	0,01586	0,35663
28	0,18053	0,01616	0,17766	0,01591	0,35721
30	0,18083	0,01622	0,17794	0,01596	0,35779
32	0,18113	0,01627	0,17823	0,01601	0,35837
34	0,18143	0,01633	0,17852	0,01606	0,35896
36	0,18173	0,01638	0,17880	0,01611	0,35954
38	0,18203	0,01643	0,17909	0,01617	0,36012
40	0,18233	0,01649	0,17937	0,01622	0,36070
42	0,18263	0,01654	0,17966	0,01627	0,36128
44	0,18293	0,01659	0,17995	0,01632	0,36186
46	0,18323	0,01665	0,18023	0,01638	0,36245
48	0,18353	0,01670	0,18052	0,01643	0,36303
50	0,18384	0,01676	0,18081	0,01648	0,36361
52	0,18414	0,01681	0,18109	0,01653	0,36419
54	0,18444	0,01687	0,18138	0,01659	0,36477
56	0,18474	0,01692	0,18166	0,01664	0,36536
58	0,18504	0,01698	0,18195	0,01669	0,36594
60	0,18534	0,01703	0,18224	0,01675	0,36652

Tafel I.

$\alpha = 21$ Grad.

Minuten.	Tangente *AB*.	Scheitelabstand *BD*.	Abszisse *AE*. Halbe Sehne *AF*.	Ordinate *ED*. Pfeilhöhe *DF*.	Bogenlänge *ADC*.
	$\operatorname{tg}\frac{\alpha}{2}$	$\sec\frac{\alpha}{2}-1$	$\sin\frac{\alpha}{2}$	$1-\cos\frac{\alpha}{2}$	$\frac{\pi\alpha}{180}$
0	0,18534	0,01703	0,18224	0,01675	0,36652
2	0,18564	0,01708	0,18252	0,01680	0,36710
4	0,18594	0,01714	0,18281	0,01685	0,36768
6	0,18624	0,01719	0,18309	0,01690	0,36826
8	0,18654	0,01725	0,18338	0,01696	0,36885
10	0,18684	0,01731	0,18367	0,01701	0,36943
12	0,18714	0,01736	0,18395	0,01706	0,37001
14	0,18745	0,01742	0,18424	0,01712	0,37059
16	0,18775	0,01747	0,18452	0,01717	0,37117
18	0,18805	0,01753	0,18481	0,01723	0,37176
20	0,18835	0,01758	0,18509	0,01728	0,37234
22	0,18865	0,01764	0,18538	0,01733	0,37292
24	0,18895	0,01770	0,18567	0,01739	0,37350
26	0,18925	0,01775	0,18595	0,01744	0,37408
28	0,18955	0,01781	0,18624	0,01750	0,37466
30	0,18986	0,01786	0,18652	0,01755	0,37525
32	0,19016	0,01792	0,18681	0,01760	0,37583
34	0,19046	0,01798	0,18710	0,01766	0,37641
36	0,19076	0,01803	0,18738	0,01771	0,37699
38	0,19106	0,01809	0,18767	0,01777	0,37757
40	0,19136	0,01815	0,18795	0,01782	0,37815
42	0,19166	0,01820	0,18824	0,01788	0,37874
44	0,19197	0,01826	0,18852	0,01793	0,37932
46	0,19227	0,01832	0,18881	0,01799	0,37990
48	0,19257	0,01837	0,18910	0,01804	0,38048
50	0,19287	0,01843	0,18938	0,01810	0,38106
52	0,19317	0,01849	0,18967	0,01815	0,38165
54	0,19347	0,01854	0,18995	0,01821	0,38223
56	0,19378	0,01860	0,19024	0,01826	0,38281
58	0,19408	0,01866	0,19052	0,01832	0,38339
60	0,19438	0,01872	0,19081	0,01837	0,38397

$\alpha = 22$ Grad.

Minuten.	Tangente AB.	Scheitelabstand BD.	Abszisse AE. Halbe Sehne AF.	Ordinate ED. Pfeilhöhe DF.	Bogenlänge ADC.
	$\text{tg}\,\frac{\alpha}{2}$	$\sec\frac{\alpha}{2} - 1$	$\sin\frac{\alpha}{2}$	$1 - \cos\frac{\alpha}{2}$	$\frac{\pi\alpha}{180}$
0	0,19438	0,01872	0,19081	0,01837	0,38397
2	0,19468	0,01877	0,19109	0,01843	0,38455
4	0,19498	0,01883	0,19138	0,01848	0,38514
6	0,19529	0,01889	0,19167	0,01854	0,38572
8	0,19559	0,01895	0,19195	0,01860	0,38630
10	0,19589	0,01901	0,19224	0,01865	0,38688
12	0,19619	0,01906	0,19252	0,01871	0,38746
14	0,19649	0,01912	0,19281	0,01876	0,38804
16	0,19680	0,01918	0,19309	0,01882	0,38863
18	0,19710	0,01924	0,19338	0,01888	0,38921
20	0,19740	0,01930	0,19366	0,01893	0,38979
22	0,19770	0,01936	0,19395	0,01899	0,39037
24	0,19801	0,01941	0,19423	0,01904	0,39095
26	0,19831	0,01947	0,19452	0,01910	0,39154
28	0,19861	0,01953	0,19481	0,01916	0,39212
30	0,19891	0,01959	0,19509	0,01921	0,39270
32	0,19921	0,01965	0,19538	0,01927	0,39328
34	0,19952	0,01971	0,19566	0,01933	0,39386
36	0,19982	0,01977	0,19595	0,01939	0,39444
38	0,20012	0,01983	0,19623	0,01944	0,39503
40	0,20042	0,01989	0,19652	0,01950	0,39561
42	0,20073	0,01995	0,19680	0,01956	0,39619
44	0,20103	0,02001	0,19709	0,01961	0,39677
46	0,20133	0,02007	0,19737	0,01967	0,39735
48	0,20164	0,02013	0,19766	0,01973	0,39794
50	0,20194	0,02019	0,19794	0,01979	0,39852
52	0,20224	0,02025	0,19823	0,01984	0,39910
54	0,20254	0,02031	0,19851	0,01990	0,39968
56	0,20285	0,02037	0,19880	0,01996	0,40026
58	0,20315	0,02043	0,19908	0,02002	0,40084
60	0,20345	0,02049	0,19937	0,02008	0,40143

Tafel I.

$\alpha = 23$ Grad.

Minuten.	Tangente AB. $\operatorname{tg}\frac{\alpha}{2}$	Scheitelabstand BD. $\sec\frac{\alpha}{2}-1$	Abszisse AE. Halbe Sehne AF. $\sin\frac{\alpha}{2}$	Ordinate ED. Pfeilhöhe DF. $1-\cos\frac{\alpha}{2}$	Bogenlänge ADC. $\frac{\pi\alpha}{180}$
0	0,20345	0,02049	0,19937	0,02008	0,40143
2	0,20376	0,02055	0,19965	0,02013	0,40201
4	0,20406	0,02061	0,19994	0,02019	0,40259
6	0,20436	0,02067	0,20022	0,02025	0,40317
8	0,20466	0,02073	0,20051	0,02031	0,40375
10	0,20497	0,02079	0,20079	0,02037	0,40433
12	0,20527	0,02085	0,20108	0,02042	0,40492
14	0,20557	0,02091	0,20136	0,02048	0,40550
16	0,20588	0,02097	0,20165	0,02054	0,40608
18	0,20618	0,02103	0,20193	0,02060	0,40666
20	0,20648	0,02109	0,20222	0,02066	0,40724
22	0,20679	0,02116	0,20250	0,02072	0,40783
24	0,20709	0,02122	0,20279	0,02078	0,40841
26	0,20739	0,02128	0,20307	0,02084	0,40899
28	0,20770	0,02134	0,20336	0,02090	0,40957
30	0,20800	0,02140	0,20364	0,02095	0,41015
32	0,20830	0,02146	0,20393	0,02101	0,41073
34	0,20861	0,02153	0,20421	0,02107	0,41132
36	0,20891	0,02159	0,20450	0,02113	0,41190
38	0,20921	0,02165	0,20478	0,02119	0,41248
40	0,20952	0,02171	0,20507	0,02125	0,41306
42	0,20982	0,02178	0,20535	0,02131	0,41364
44	0,21013	0,02184	0,20563	0,02137	0,41422
46	0,21043	0,02190	0,20592	0,02143	0,41481
48	0,21073	0,02196	0,20620	0,02149	0,41539
50	0,21104	0,02203	0,20649	0,02155	0,41597
52	0,21134	0,02209	0,20677	0,02161	0,41655
54	0,21164	0,02215	0,20706	0,02167	0,41713
56	0,21195	0,02221	0,20734	0,02173	0,41772
58	0,21225	0,02228	0,20763	0,02179	0,41830
60	0,21256	0,02234	0,20791	0,02185	0,41888

$\alpha = 24$ Grad.

Minuten.	Tangente AB. $\operatorname{tg}\frac{\alpha}{2}$	Scheitelabstand BD. $\sec\frac{\alpha}{2} - 1$	Abszisse AE. Halbe Sehne AF. $\sin\frac{\alpha}{2}$	Ordinate ED. Pfeilhöhe DF. $1 - \cos\frac{\alpha}{2}$	Bogenlänge ADC. $\frac{\pi\alpha}{180}$
0	0,21256	0,02234	0,20791	0,02185	0,41888
2	0,21286	0,02240	0,20820	0,02191	0,41946
4	0,21316	0,02247	0,20848	0,02197	0,42004
6	0,21347	0,02253	0,20877	0,02203	0,42062
8	0,21377	0,02259	0,20905	0,02210	0,42121
10	0,21408	0,02266	0,20933	0,02216	0,42179
12	0,21438	0,02272	0,20962	0,02222	0,42237
14	0,21469	0,02279	0,20990	0,02228	0,42295
16	0,21499	0,02285	0,21019	0,02234	0,42353
18	0,21529	0,02291	0,21047	0,02240	0,42411
20	0,21560	0,02298	0,21076	0,02246	0,42470
22	0,21590	0,02304	0,21104	0,02252	0,42528
24	0,21621	0,02311	0,21132	0,02258	0,42586
26	0,21651	0,02317	0,21161	0,02265	0,42644
28	0,21682	0,02323	0,21189	0,02271	0,42702
30	0,21712	0,02330	0,21218	0,02277	0,42761
32	0,21743	0,02336	0,21246	0,02283	0,42819
34	0,21773	0,02343	0,21275	0,02289	0,42877
36	0,21804	0,02349	0,21303	0,02295	0,42935
38	0,21834	0,02356	0,21331	0,02302	0,42993
40	0,21864	0,02362	0,21360	0,02308	0,43051
42	0,21895	0,02369	0,21388	0,02314	0,43110
44	0,21925	0,02375	0,21417	0,02320	0,43168
46	0,21956	0,02382	0,21445	0,02327	0,43226
48	0,21986	0,02389	0,21474	0,02333	0,43284
50	0,22017	0,02395	0,21502	0,02339	0,43342
52	0,22047	0,02402	0,21530	0,02345	0,43401
54	0,22078	0,02408	0,21559	0,02351	0,43459
56	0,22108	0,02415	0,21587	0,02358	0,43517
58	0,22139	0,02421	0,21616	0,02364	0,43575
60	0,22169	0,02428	0,21644	0,02370	0,43633

$\alpha = 25$ Grad.

Minuten.	Tangente AB.	Scheitelabstand BD.	Abszisse AE. Halbe Sehne AF.	Ordinate ED. Pfeilhöhe DF.	Bogenlänge ADC.
	$\operatorname{tg}\frac{\alpha}{2}$	$\sec\frac{\alpha}{2}-1$	$\sin\frac{\alpha}{2}$	$1-\cos\frac{\alpha}{2}$	$\frac{\pi\alpha}{180}$
0	0,22169	0,02428	0,21644	0,02370	0,43633
2	0,22200	0,02435	0,21672	0,02377	0,43691
4	0,22231	0,02441	0,21701	0,02383	0,43750
6	0,22261	0,02448	0,21729	0,02389	0,43808
8	0,22292	0,02454	0,21758	0,02396	0,43866
10	0,22322	0,02461	0,21786	0,02402	0,43924
12	0,22353	0,02468	0,21814	0,02408	0,43982
14	0,22383	0,02474	0,21843	0,02415	0,44040
16	0,22414	0,02481	0,21871	0,02421	0,44099
18	0,22444	0,02488	0,21899	0,02427	0,44157
20	0,22475	0,02495	0,21928	0,02434	0,44215
22	0,22505	0,02501	0,21956	0,02440	0,44273
24	0,22536	0,02508	0,21985	0,02447	0,44331
26	0,22567	0,02515	0,22013	0,02453	0,44390
28	0,22597	0,02521	0,22041	0,02459	0,44448
30	0,22628	0,02528	0,22070	0,02466	0,44506
32	0,22658	0,02535	0,22098	0,02472	0,44564
34	0,22689	0,02542	0,22126	0,02479	0,44622
36	0,22719	0,02548	0,22155	0,02485	0,44680
38	0,22750	0,02555	0,22183	0,02492	0,44739
40	0,22781	0,02562	0,22212	0,02498	0,44797
42	0,22811	0,02569	0,22240	0,02504	0,44855
44	0,22842	0,02576	0,22268	0,02511	0,44913
46	0,22872	0,02582	0,22297	0,02517	0,44971
48	0,22903	0,02589	0,22325	0,02524	0,45030
50	0,22934	0,02596	0,22353	0,02530	0,45088
52	0,22964	0,02603	0,22382	0,02537	0,45146
54	0,22995	0,02610	0,22410	0,02543	0,45204
56	0,23026	0,02617	0,22438	0,02550	0,45262
58	0,23056	0,02623	0,22467	0,02556	0,45320
60	0,23087	0,02630	0,22495	0,02563	0,45379

$\alpha = 26$ Grad.

Minuten.	Tangente *AB*. $\operatorname{tg}\frac{\alpha}{2}$	Scheitelabstand *BD*. $\sec\frac{\alpha}{2} - 1$	Abszisse *AE*. Halbe Sehne *AF*. $\sin\frac{\alpha}{2}$	Ordinate *ED*. Pfeilhöhe *DF*. $1 - \cos\frac{\alpha}{2}$	Bogenlänge *ADC*. $\frac{\pi\alpha}{180}$
0	0,23087	0,02630	0,22495	0,02563	0,45379
2	0,23117	0,02637	0,22523	0,02570	0,45437
4	0,23148	0,02644	0,22552	0,02576	0,45495
6	0,23179	0,02651	0,22580	0,02583	0,45553
8	0,23209	0,02658	0,22608	0,02589	0,45611
10	0,23240	0,02665	0,22637	0,02596	0,45669
12	0,23271	0,02672	0,22665	0,02602	0,45728
14	0,23301	0,02679	0,22693	0,02609	0,45786
16	0,23332	0,02686	0,22722	0,02616	0,45844
18	0,23363	0,02693	0,22750	0,02622	0,45902
20	0,23393	0,02700	0,22778	0,02629	0,45960
22	0,23424	0,02707	0,22807	0,02635	0,46019
24	0,23455	0,02714	0,22835	0,02642	0,46077
26	0,23485	0,02721	0,22863	0,02649	0,46135
28	0,23516	0,02728	0,22892	0,02655	0,46193
30	0,23547	0,02735	0,22920	0,02662	0,46251
32	0,23578	0,02742	0,22948	0,02669	0,46309
34	0,23608	0,02749	0,22977	0,02675	0,46368
36	0,23639	0,02756	0,23005	0,02682	0,46426
38	0,23670	0,02763	0,23033	0,02689	0,46484
40	0,23700	0,02770	0,23062	0,02696	0,46542
42	0,23731	0,02777	0,23090	0,02702	0,46600
44	0,23762	0,02784	0,23118	0,02709	0,46658
46	0,23793	0,02792	0,23146	0,02716	0,46717
48	0,23823	0,02799	0,23175	0,02722	0,46775
50	0,23854	0,02806	0,23203	0,02729	0,46833
52	0,23885	0,02813	0,23231	0,02736	0,46891
54	0,23916	0,02820	0,23260	0,02743	0,46949
56	0,23946	0,02827	0,23288	0,02749	0,47008
58	0,23977	0,02834	0,23316	0,02756	0,47066
60	0,24008	0,02842	0,23344	0,02763	0,47124

Tafel I.

$\alpha = 27$ Grad.

Minuten.	Tangente *AB*. $\operatorname{tg}\frac{\alpha}{2}$	Scheitelabstand *BD*. $\sec\frac{\alpha}{2}-1$	Abszisse *AE*. Halbe Sehne *AF*. $\sin\frac{\alpha}{2}$	Ordinate *ED*. Pfeilhöhe *DF*. $1-\cos\frac{\alpha}{2}$	Bogenlänge *ADC*. $\frac{\pi\alpha}{180}$
0	0,24008	0,02842	0,23344	0,02763	0,47124
2	0,24039	0,02849	0,23373	0,02770	0,47182
4	0,24069	0,02856	0,23401	0,02777	0,47240
6	0,24100	0,02863	0,23429	0,02783	0,47298
8	0,24131	0,02870	0,23458	0,02790	0,47357
10	0,24162	0,02878	0,23486	0,02797	0,47415
12	0,24193	0,02885	0,23514	0,02804	0,47473
14	0,24223	0,02892	0,23542	0,02811	0,47531
16	0,24254	0,02899	0,23571	0,02818	0,47589
18	0,24285	0,02907	0,23599	0,02824	0,47647
20	0,24316	0,02914	0,23627	0,02831	0,47706
22	0,24347	0,02921	0,23656	0,02838	0,47764
24	0,24377	0,02928	0,23684	0,02845	0,47822
26	0,24408	0,02936	0,23712	0,02852	0,47880
28	0,24439	0,02943	0,23740	0,02859	0,47938
30	0,24470	0,02950	0,23769	0,02866	0,47997
32	0,24501	0,02958	0,23797	0,02873	0,48055
34	0,24532	0,02965	0,23825	0,02880	0,48113
36	0,24562	0,02972	0,23853	0,02887	0,48171
38	0,24593	0,02980	0,23882	0,02894	0,48229
40	0,24624	0,02987	0,23910	0,02900	0,48287
42	0,24655	0,02994	0,23938	0,02907	0,48346
44	0,24686	0,03002	0,23966	0,02914	0,48404
46	0,24717	0,03009	0,23995	0,02921	0,48462
48	0,24748	0,03017	0,24023	0,02928	0,48520
50	0,24778	0,03024	0,24051	0,02935	0,48578
52	0,24809	0,03031	0,24079	0,02942	0,48637
54	0,24840	0,03039	0,24108	0,02949	0,48695
56	0,24871	0,03046	0,24136	0,02956	0,48753
58	0,24902	0,03054	0,24164	0,02963	0,48811
60	0,24933	0,03061	0,24192	0,02970	0,48869

$\alpha = 28$ Grad.

Minuten.	Tangente AB.	Scheitelabstand BD.	Abszisse AE. Halbe Sehne AF.	Ordinate ED. Pfeilhöhe DF.	Bogenlänge ADC.
	$\operatorname{tg}\frac{\alpha}{2}$	$\sec\frac{\alpha}{2}-1$	$\sin\frac{\alpha}{2}$	$1-\cos\frac{\alpha}{2}$	$\frac{\pi\alpha}{180}$
0	0,24933	0,03061	0,24192	0,02970	0,48869
2	0,24964	0,03069	0,24220	0,02977	0,48927
4	0,24995	0,03076	0,24249	0,02985	0,48986
6	0,25026	0,03084	0,24277	0,02992	0,49044
8	0,25056	0,03091	0,24305	0,02999	0,49102
10	0,25087	0,03099	0,24333	0,03006	0,49160
12	0,25118	0,03106	0,24362	0,03013	0,49218
14	0,25149	0,03114	0,24390	0,03020	0,49276
16	0,25180	0,03121	0,24418	0,03027	0,49335
18	0,25211	0,03129	0,24446	0,03034	0,49393
20	0,25242	0,03137	0,24474	0,03041	0,49451
22	0,25273	0,03144	0,24503	0,03048	0,49509
24	0,25304	0,03152	0,24531	0,03055	0,49567
26	0,25335	0,03159	0,24559	0,03063	0,49626
28	0,25366	0,03167	0,24587	0,03070	0,49684
30	0,25397	0,03175	0,24615	0,03077	0,49742
32	0,25428	0,03182	0,24644	0,03084	0,49800
34	0,25459	0,03190	0,24672	0,03091	0,49858
36	0,25490	0,03197	0,24700	0,03098	0,49916
38	0,25521	0,03205	0,24728	0,03106	0,49975
40	0,25552	0,03213	0,24756	0,03113	0,50033
42	0,25583	0,03220	0,24784	0,03120	0,50091
44	0,25614	0,03228	0,24813	0,03127	0,50149
46	0,25645	0,03236	0,24841	0,03134	0,50207
48	0,25676	0,03244	0,24869	0,03142	0,50265
50	0,25707	0,03251	0,24897	0,03149	0,50324
52	0,25738	0,03259	0,24925	0,03156	0,50382
54	0,25769	0,03267	0,24954	0,03163	0,50440
56	0,25800	0,03275	0,24982	0,03171	0,50498
58	0,25831	0,03282	0,25010	0,03178	0,50556
60	0,25862	0,03290	0,25038	0,03185	0,50615

Tafel I.

$\alpha = 29$ Grad.

Minuten.	Tangente AB. $\operatorname{tg}\frac{\alpha}{2}$	Scheitelabstand BD. $\sec\frac{\alpha}{2} - 1$	Abszisse AE. Halbe Sehne AF. $\sin\frac{\alpha}{2}$	Ordinate ED. Pfeilhöhe DF. $1 - \cos\frac{\alpha}{2}$	Bogenlänge ADC. $\frac{\pi\alpha}{180}$
0	0,25862	0,03290	0,25038	0,03185	0,50615
2	0,25893	0,03298	0,25066	0,03193	0,50673
4	0,25924	0,03306	0,25094	0,03200	0,50731
6	0,25955	0,03313	0,25122	0,03207	0,50789
8	0,25986	0,03321	0,25151	0,03214	0,50847
10	0,26017	0,03329	0,25179	0,03222	0,50905
12	0,26048	0,03337	0,25207	0,03229	0,50964
14	0,26079	0,03345	0,25235	0,03236	0,51022
16	0,26110	0,03352	0,25263	0,03244	0,51080
18	0,26141	0,03360	0,25291	0,03251	0,51138
20	0,26172	0,03368	0,25320	0,03258	0,51196
22	0,26203	0,03376	0,25348	0,03266	0,51255
24	0,26235	0,03384	0,25376	0,03273	0,51313
26	0,26266	0,03392	0,25404	0,03281	0,51371
28	0,26297	0,03400	0,25432	0,03288	0,51429
30	0,26328	0,03408	0,25460	0,03295	0,51487
32	0,26359	0,03416	0,25488	0,03303	0,51545
34	0,26390	0,03424	0,25516	0,03310	0,51604
36	0,26421	0,03432	0,25545	0,03318	0,51662
38	0,26452	0,03439	0,25573	0,03325	0,51720
40	0,26483	0,03447	0,25601	0,03333	0,51778
42	0,26515	0,03455	0,25629	0,03340	0,51836
44	0,26546	0,03463	0,25657	0,03347	0,51894
46	0,26577	0,03471	0,25685	0,03355	0,51953
48	0,26608	0,03479	0,25713	0,03362	0,52011
50	0,26639	0,03487	0,25741	0,03370	0,52069
52	0,26670	0,03495	0,25769	0,03377	0,52127
54	0,26701	0,03503	0,25798	0,03385	0,52185
56	0,26733	0,03512	0,25826	0,03392	0,52244
58	0,26764	0,03520	0,25854	0,03400	0,52302
60	0,26795	0,03528	0,25882	0,03407	0,52360

$\alpha = 30$ Grad

Minuten.	Tangente AB.	Scheitelabstand BD.	Abszisse AE. Halbe Sehne AF.	Ordinate ED. Pfeilhöhe DF.	Bogenlänge ADC.
	$\operatorname{tg} \frac{\alpha}{2}$	$\sec \frac{\alpha}{2} - 1$	$\sin \frac{\alpha}{2}$	$1 - \cos \frac{\alpha}{2}$	$\frac{\pi \alpha}{180}$
0	0,26795	0,03528	0,25882	0,03407	0,52360
2	0,26826	0,03536	0,25910	0,03415	0,52418
4	0,26857	0,03544	0,25938	0,03423	0,52476
6	0,26888	0,03552	0,25966	0,03430	0,52534
8	0,26920	0,03560	0,25994	0,03438	0,52593
10	0,26951	0,03568	0,26022	0,03445	0,52651
12	0,26982	0,03576	0,26050	0,03453	0,52709
14	0,27013	0,03584	0,26079	0,03460	0,52767
16	0,27044	0,03592	0,26107	0,03468	0,52825
18	0,27076	0,03601	0,26135	0,03476	0,52883
20	0,27107	0,03609	0,26163	0,03483	0,52942
22	0,27138	0,03617	0,26191	0,03491	0,53000
24	0,27169	0,03625	0,26219	0,03498	0,53058
26	0,27201	0,03633	0,26247	0,03506	0,53116
28	0,27232	0,03642	0,26275	0,03514	0,53174
30	0,27263	0,03650	0,26303	0,03521	0,53233
32	0,27294	0,03658	0,26331	0,03529	0,53291
34	0,27326	0,03666	0,26359	0,03537	0,53349
36	0,27357	0,03675	0,26387	0,03544	0,53407
38	0,27388	0,03683	0,26415	0,03552	0,53465
40	0,27419	0,03691	0,26443	0,03560	0,53523
42	0,27451	0,03699	0,26471	0,03567	0,53582
44	0,27482	0,03708	0,26500	0,03575	0,53640
46	0,27513	0,03716	0,26528	0,03583	0,53698
48	0,27545	0,03724	0,26556	0,03590	0,53756
50	0,27576	0,03732	0,26584	0,03598	0,53814
52	0,27607	0,03741	0,26612	0,03606	0,53872
54	0,27639	0,03749	0,26640	0,03614	0,53931
56	0,27670	0,03757	0,26668	0,03621	0,53989
58	0,27701	0,03766	0,26696	0,03629	0,54047
60	0,27732	0,03774	0,26724	0,03637	0,54105

Tafel I.

$\alpha = 31$ Grad.

Minuten.	Tangente AB. $\operatorname{tg}\frac{\alpha}{2}$	Scheitelabstand BD. $\sec\frac{\alpha}{2} - 1$	Abszisse AE. Halbe Sehne AF. $\sin\frac{\alpha}{2}$	Ordinate ED. Pfeilhöhe DF. $1 - \cos\frac{\alpha}{2}$	Bogenlänge ADC. $\frac{\pi\alpha}{180}$
0	0,27732	0,03774	0,26724	0,03637	0,54105
2	0,27764	0,03783	0,26752	0,03645	0,54163
4	0,27795	0,03791	0,26780	0,03653	0,54222
6	0,27826	0,03799	0,26808	0,03660	0,54280
8	0,27858	0,03808	0,26836	0,03668	0,54338
10	0,27889	0,03816	0,26864	0,03676	0,54396
12	0,27921	0,03825	0,26892	0,03684	0,54454
14	0,27952	0,03833	0,26920	0,03692	0,54512
16	0,27983	0,03842	0,26948	0,03699	0,54571
18	0,28015	0,03850	0,26976	0,03707	0,54629
20	0,28046	0,03858	0,27004	0,03715	0,54687
22	0,28077	0,03867	0,27032	0,03723	0,54745
24	0,28109	0,03875	0,27060	0,03731	0,54803
26	0,28140	0,03884	0,27088	0,03739	0,54862
28	0,28172	0,03892	0,27116	0,03747	0,54920
30	0,28203	0,03901	0,27144	0,03754	0,54978
32	0,28234	0,03909	0,27172	0,03762	0,55036
34	0,28266	0,03918	0,27200	0,03770	0,55094
36	0,28297	0,03927	0,27228	0,03778	0,55152
38	0,28329	0,03935	0,27256	0,03786	0,55211
40	0,28360	0,03944	0,27284	0,03794	0,55269
42	0,28391	0,03952	0,27312	0,03802	0,55327
44	0,28423	0,03961	0,27340	0,03810	0,55385
46	0,28454	0,03969	0,27368	0,03818	0,55443
48	0,28486	0,03978	0,27396	0,03826	0,55501
50	0,28517	0,03987	0,27424	0,03834	0,55560
52	0,28549	0,03995	0,27452	0,03842	0,55618
54	0,28580	0,04004	0,27480	0,03850	0,55676
56	0,28612	0,04013	0,27508	0,03858	0,55734
58	0,28643	0,04021	0,27536	0,03866	0,55792
60	0,28675	0,04030	0,27564	0,03874	0,55851

$\alpha = 32$ Grad.

Minuten.	Tangente AB. $\operatorname{tg}\frac{\alpha}{2}$	Scheitelabstand BD. $\sec\frac{\alpha}{2}-1$	Abszisse AE. Halbe Sehne AF. $\sin\frac{\alpha}{2}$	Ordinate ED. Pfeilhöhe DF. $1-\cos\frac{\alpha}{2}$	Bogenlänge ADC. $\frac{\pi\alpha}{180}$
0	0,28674	0,04030	0,27564	0,03874	0,55851
2	0,28706	0,04039	0,27592	0,03882	0,55909
4	0,28738	0,04047	0,27620	0,03890	0,55967
6	0,28769	0,04056	0,27648	0,03898	0,56025
8	0,28801	0,04065	0,27676	0,03906	0,56083
10	0,28832	0,04073	0,27704	0,03914	0,56141
12	0,28864	0,04082	0,27731	0,03922	0,56200
14	0,28895	0,04091	0,27759	0,03930	0,56258
16	0,28927	0,04100	0,27787	0,03938	0,56316
18	0,28958	0,04108	0,27815	0,03946	0,56374
20	0,28990	0,04117	0,27843	0,03954	0,56432
22	0,29021	0,04126	0,27871	0,03963	0,56490
24	0,29053	0,04135	0,27899	0,03971	0,56549
26	0,29084	0,04144	0,27927	0,03979	0,56607
28	0,29116	0,04152	0,27955	0,03987	0,56665
30	0,29147	0,04161	0,27983	0,03995	0,56723
32	0,29179	0,04170	0,28011	0,04003	0,56781
34	0,29210	0,04179	0,28039	0,04011	0,56840
36	0,29242	0,04188	0,28067	0,04019	0,56898
38	0,29274	0,04197	0,28095	0,04028	0,56956
40	0,29305	0,04206	0,28123	0,04036	0,57014
42	0,29337	0,04214	0,28150	0,04044	0,57072
44	0,29368	0,04223	0,28178	0,04052	0,57130
46	0,29400	0,04232	0,28206	0,04060	0,57189
48	0,29432	0,04241	0,28234	0,04069	0,57247
50	0,29463	0,04250	0,28262	0,04077	0,57305
52	0,29495	0,04259	0,28290	0,04085	0,57363
54	0,29526	0,04268	0,28318	0,04093	0,57421
56	0,29558	0,04277	0,28346	0,04102	0,57480
58	0,29590	0,04286	0,28374	0,04110	0,57538
60	0,29621	0,04295	0,28402	0,04118	0,57596

Tafel I.

$\alpha = 33$ Grad.

Minuten.	Tangente *AB*.	Scheitel-abstand *BD*.	Abszisse *AE*. Halbe Sehne *AF*.	Ordinate *ED*. Pfeilhöhe *DF*.	Bogenlänge *ADC*.
	$\operatorname{tg}\frac{\alpha}{2}$	$\sec\frac{\alpha}{2} - 1$	$\sin\frac{\alpha}{2}$	$1 - \cos\frac{\alpha}{2}$	$\frac{\pi\alpha}{180}$
0	0,29621	0,04295	0,28402	0,04118	0,57596
2	0,29653	0,04304	0,28429	0,04126	0,57654
4	0,29685	0,04313	0,28457	0,04135	0,57712
6	0,29716	0,04322	0,28485	0,04143	0,57770
8	0,29748	0,04331	0,28513	0,04151	0,57829
10	0,29780	0,04340	0,28541	0,04159	0,57887
12	0,29811	0,04349	0,28569	0,04168	0,57945
14	0,29843	0,04358	0,28597	0,04176	0,58003
16	0,29875	0,04367	0,28625	0,04184	0,58061
18	0,29906	0,04376	0,28652	0,04193	0,58119
20	0,29938	0,04385	0,28680	0,04201	0,58178
22	0,29970	0,04394	0,28708	0,04209	0,58236
24	0,30001	0,04404	0,28736	0,04218	0,58294
26	0,30033	0,04413	0,28764	0,04226	0,58352
28	0,30065	0,04422	0,28792	0,04234	0,58410
30	0,30097	0,04431	0,28820	0,04243	0,58469
32	0,30128	0,04440	0,28847	0,04251	0,58527
34	0,30160	0,04449	0,28875	0,04260	0,58585
36	0,30192	0,04458	0,28903	0,04268	0,58643
38	0,30224	0,04468	0,28931	0,04276	0,58701
40	0,30255	0,04477	0,28959	0,04285	0,58759
42	0,30287	0,04486	0,28987	0,04293	0,58818
44	0,30319	0,04495	0,29015	0,04302	0,58876
46	0,30351	0,04504	0,29042	0,04310	0,58934
48	0,30382	0,04514	0,29070	0,04319	0,58992
50	0,30414	0,04523	0,29098	0,04327	0,59050
52	0,30446	0,04532	0,29126	0,04336	0,59108
54	0,30478	0,04541	0,29154	0,04344	0,59167
56	0,30509	0,04551	0,29182	0,04353	0,59225
58	0,30541	0,04560	0,29209	0,04361	0,59283
60	0,30573	0,04569	0,29237	0,04370	0,59341

$\alpha = 34$ Grad.

Minuten.	Tangente AB. $\operatorname{tg}\frac{\alpha}{2}$	Scheitel-abstand BD. $\sec\frac{\alpha}{2}-1$	Abszisse AE. Halbe Sehne AF. $\sin\frac{\alpha}{2}$	Ordinate ED. Pfeilhöhe DF. $1-\cos\frac{\alpha}{2}$	Bogenlänge ADC. $\frac{\pi\alpha}{180}$
0	0,30573	0,04569	0,29237	0,04370	0,59341
2	0,30605	0,04578	0,29265	0,04378	0,59399
4	0,30637	0,04588	0,29293	0,04387	0,59458
6	0,30669	0,04597	0,29321	0,04395	0,59516
8	0,30700	0,04606	0,29348	0,04404	0,59574
10	0,30732	0,04616	0,29376	0,04412	0,59632
12	0,30764	0,04625	0,29404	0,04421	0,59690
14	0,30796	0,04634	0,29432	0,04429	0,59748
16	0,30828	0,04644	0,29460	0,04438	0,59807
18	0,30860	0,04653	0,29487	0,04446	0,59865
20	0,30891	0,04663	0,29515	0,04455	0,59923
22	0,30923	0,04672	0,29543	0,04464	0,59981
24	0,30955	0,04682	0,29571	0,04472	0,60039
26	0,30987	0,04691	0,29599	0,04481	0,60097
28	0,31019	0,04700	0,29626	0,04489	0,60156
30	0,31051	0,04710	0,29654	0,04498	0,60214
32	0,31083	0,04719	0,29682	0,04507	0,60272
34	0,31115	0,04729	0,29710	0,04515	0,60330
36	0,31147	0,04738	0,29737	0,04524	0,60388
38	0,31178	0,04748	0,29765	0,04533	0,60447
40	0,31210	0,04757	0,29793	0,04541	0,60505
42	0,31242	0,04767	0,29821	0,04550	0,60563
44	0,31274	0,04776	0,29849	0,04559	0,60621
46	0,31306	0,04786	0,29876	0,04567	0,60679
48	0,31338	0,04795	0,29904	0,04576	0,60737
50	0,31370	0,04805	0,29932	0,04585	0,60796
52	0,31402	0,04815	0,29960	0,04593	0,60854
54	0,31434	0,04824	0,29987	0,04602	0,60912
56	0,31466	0,04834	0,30015	0,04611	0,60970
58	0,31498	0,04843	0,30043	0,04620	0,61028
60	0,31530	0,04853	0,30071	0,04628	0,61087

Tafel I.

$\alpha = 35$ Grad.

Minuten.	Tangente *AB*.	Scheitelabstand *BD*.	Abszisse *AE*. Halbe Sehne *AF*.	Ordinate *ED*. Pfeilhöhe *DF*.	Bogenlänge *ADC*.
	$\operatorname{tg}\frac{\alpha}{2}$	$\sec\frac{\alpha}{2} - 1$	$\sin\frac{\alpha}{2}$	$1 - \cos\frac{\alpha}{2}$	$\frac{\pi\alpha}{180}$
0	0,31530	0,04853	0,30071	0,04628	0,61087
2	0,31562	0,04862	0,30098	0,04637	0,61145
4	0,31594	0,04872	0,30126	0,04646	0,61203
6	0,31626	0,04882	0,30154	0,04655	0,61261
8	0,31658	0,04891	0,30182	0,04663	0,61319
10	0,31690	0,04901	0,30209	0,04672	0,61377
12	0,31722	0,04911	0,30237	0,04681	0,61436
14	0,31754	0,04920	0,30265	0,04690	0,61494
16	0,31786	0,04930	0,30292	0,04699	0,61552
18	0,31818	0,04940	0,30320	0,04707	0,61610
20	0,31850	0,04950	0,30348	0,04716	0,61668
22	0,31882	0,04959	0,30376	0,04725	0,61726
24	0,31914	0,04969	0,30403	0,04734	0,61785
26	0,31946	0,04979	0,30431	0,04743	0,61843
28	0,31978	0,04989	0,30459	0,04752	0,61901
30	0,32010	0,04998	0,30486	0,04760	0,61959
32	0,32042	0,05008	0,30514	0,04769	0,62017
34	0,32074	0,05018	0,30542	0,04778	0,62076
36	0,32106	0,05028	0,30570	0,04787	0,62134
38	0,32139	0,05038	0,30597	0,04796	0,62192
40	0,32171	0,05047	0,30625	0,04805	0,62250
42	0,32203	0,05057	0,30653	0,04814	0,62308
44	0,32235	0,05067	0,30680	0,04823	0,62366
46	0,32267	0,05077	0,30708	0,04832	0,62425
48	0,32299	0,05087	0,30736	0,04841	0,62483
50	0,32331	0,05097	0,30763	0,04849	0,62541
52	0,32363	0,05107	0,30791	0,04858	0,62599
54	0,32396	0,05116	0,30819	0,04867	0,62657
56	0,32428	0,05126	0,30846	0,04876	0,62715
58	0,32460	0,05136	0,30874	0,04885	0,62774
60	0,32492	0,05146	0,30902	0,04894	0,62832

$\alpha = 36$ Grad.

Minuten.	Tangente *AB*.	Scheitelabstand *BD*.	Abszisse *AE*. Halbe Sehne *AF*.	Ordinate *ED*. Pfeilhöhe *DF*.	Bogenlänge *ADC*.
	$\operatorname{tg}\frac{\alpha}{2}$	$\sec\frac{\alpha}{2}-1$	$\sin\frac{\alpha}{2}$	$1-\cos\frac{\alpha}{2}$	$\frac{\pi\alpha}{180}$
0	0,32492	0,05146	0,30902	0,04894	0,62832
2	0,32524	0,05156	0,30929	0,04903	0,62890
4	0,32556	0,05166	0,30957	0,04912	0,62948
6	0,32588	0,05176	0,30985	0,04921	0,63006
8	0,32621	0,05186	0,31012	0,04930	0,63065
10	0,32653	0,05196	0,31040	0,04939	0,63123
12	0,32685	0,05206	0,31068	0,04948	0,63181
14	0,32717	0,05216	0,31095	0,04957	0,63239
16	0,32749	0,05226	0,31123	0,04967	0,63297
18	0,32782	0,05236	0,31151	0,04976	0,63355
20	0,32814	0,05246	0,31178	0,04985	0,63414
22	0,32846	0,05256	0,31206	0,04994	0,63472
24	0,32878	0,05266	0,31233	0,05003	0,63530
26	0,32911	0,05276	0,31261	0,05012	0,63588
28	0,32943	0,05286	0,31289	0,05021	0,63646
30	0,32975	0,05297	0,31316	0,05030	0,63705
32	0,33007	0,05307	0,31344	0,05039	0,63763
34	0,33040	0,05317	0,31372	0,05048	0,63821
36	0,33072	0,05327	0,31399	0,05057	0,63879
38	0,33104	0,05337	0,31427	0,05067	0,63937
40	0,33136	0,05347	0,31454	0,05076	0,63995
42	0,33169	0,05357	0,31482	0,05085	0,64054
44	0,33201	0,05368	0,31510	0,05094	0,64112
46	0,33233	0,05378	0,31537	0,05103	0,64170
48	0,33266	0,05388	0,31565	0,05112	0,64228
50	0,33298	0,05398	0,31593	0,05122	0,64286
52	0,33330	0,05408	0,31620	0,05131	0,64344
54	0,33363	0,05419	0,31648	0,05140	0,64403
56	0,33395	0,05429	0,31675	0,05149	0,64461
58	0,33427	0,05439	0,31703	0,05158	0,64519
60	0,33460	0,05449	0,31730	0,05168	0,64577

Tafel I.

$\alpha = 37$ Grad.

Minuten.	Tangente AB. $\operatorname{tg}\frac{\alpha}{2}$	Scheitelabstand BD. $\sec\frac{\alpha}{2} - 1$	Abszisse AE. Halbe Sehne AF. $\sin\frac{\alpha}{2}$	Ordinate ED. Pfeilhöhe DF. $1 - \cos\frac{\alpha}{2}$	Bogenlänge ADC. $\frac{\pi\alpha}{180}$
0	0,33460	0,05449	0,31730	0,05168	0,64577
2	0,33492	0,05460	0,31758	0,05177	0,64635
4	0,33524	0,05470	0,31786	0,05186	0,64694
6	0,33557	0,05480	0,31813	0,05195	0,64752
8	0,33589	0,05490	0,31841	0,05205	0,64810
10	0,33621	0,05501	0,31868	0,05214	0,64868
12	0,33654	0,05511	0,31896	0,05223	0,64926
14	0,33686	0,05521	0,31924	0,05232	0,64984
16	0,33718	0,05532	0,31951	0,05242	0,65043
18	0,33751	0,05542	0,31979	0,05251	0,65101
20	0,33783	0,05552	0,32006	0,05260	0,65159
22	0,33816	0,05563	0,32034	0,05270	0,65217
24	0,33848	0,05573	0,32061	0,05279	0,65275
26	0,33881	0,05584	0,32089	0,05288	0,65334
28	0,33913	0,05594	0,32116	0,05298	0,65392
30	0,33945	0,05604	0,32144	0,05307	0,65450
32	0,33978	0,05615	0,32171	0,05316	0,65508
34	0,34010	0,05625	0,32199	0,05326	0,65566
36	0,34043	0,05636	0,32227	0,05335	0,65624
38	0,34075	0,05646	0,32254	0,05344	0,65683
40	0,34108	0,05657	0,32282	0,05354	0,65741
42	0,34140	0,05667	0,32309	0,05363	0,65799
44	0,34173	0,05678	0,32337	0,05373	0,65857
46	0,34205	0,05688	0,32364	0,05382	0,65915
48	0,34238	0,05699	0,32392	0,05391	0,65973
50	0,34270	0,05709	0,32419	0,05401	0,66032
52	0,34303	0,05720	0,32447	0,05410	0,66090
54	0,34335	0,05730	0,32474	0,05420	0,66148
56	0,34368	0,05741	0,32502	0,05429	0,66206
58	0,34400	0,05752	0,32529	0,05439	0,66264
60	0,34433	0,05762	0,32557	0,05448	0,66323

$\alpha = 38$ Grad.

Minuten.	Tangente *AB*.	Scheitel-abstand *BD*.	Abszisse *AE*. Halbe Sehne *AF*.	Ordinate *ED*. Pfeil-höhe *DF*.	Bogen-länge *ADC*.
	$\operatorname{tg}\frac{\alpha}{2}$	$\sec\frac{\alpha}{2} - 1$	$\sin\frac{\alpha}{2}$	$1 - \cos\frac{\alpha}{2}$	$\frac{\pi\alpha}{180}$
0	0,34433	0,05762	0,32557	0,05448	0,66323
2	0,34465	0,05773	0,32584	0,05458	0,66381
4	0,34498	0,05783	0,32612	0,05467	0,66439
6	0,34530	0,05794	0,32639	0,05477	0,66497
8	0,34563	0,05805	0,32667	0,05486	0,66555
10	0,34595	0,05815	0,32694	0,05496	0,66613
12	0,34628	0,05826	0,32722	0,05505	0,66672
14	0,34661	0,05836	0,32749	0,05515	0,66730
16	0,34693	0,05847	0,32777	0,05524	0,66788
18	0,34726	0,05858	0,32804	0,05534	0,66846
20	0,34758	0,05869	0,32832	0,05543	0,66904
22	0,34791	0,05879	0,32859	0,05553	0,66962
24	0,34824	0,05890	0,32887	0,05562	0,67021
26	0,34856	0,05901	0,32914	0,05572	0,67079
28	0,34889	0,05911	0,32942	0,05582	0,67137
30	0,34922	0,05922	0,32969	0,05591	0,67195
32	0,34954	0,05933	0,32997	0,05601	0,67253
34	0,34987	0,05944	0,33024	0,05610	0,67312
36	0,35020	0,05955	0,33051	0,05620	0,67370
38	0,35052	0,05965	0,33079	0,05630	0,67428
40	0,35085	0,05976	0,33106	0,05639	0,67486
42	0,35118	0,05987	0,33134	0,05649	0,67544
44	0,35150	0,05998	0,33161	0,05658	0,67602
46	0,35183	0,06009	0,33189	0,05668	0,67661
48	0,35216	0,06019	0,33216	0,05678	0,67719
50	0,35248	0,06030	0,33244	0,05687	0,67777
52	0,35281	0,06041	0,33271	0,05697	0,67835
54	0,35314	0,06052	0,33298	0,05707	0,67893
56	0,35346	0,06063	0,33326	0,05716	0,67951
58	0,35379	0,06074	0,33353	0,05726	0,68010
60	0,35412	0,06085	0,33381	0,05736	0,68068

Tafel I.

$\alpha = 39$ Grad

Minuten.	Tangente AB. $\operatorname{tg}\frac{\alpha}{2}$	Scheitel-abstand BD. $\sec\frac{\alpha}{2} - 1$	Abszisse AE. Halbe Sehne AF. $\sin\frac{\alpha}{2}$	Ordinate ED. Pfeilhöhe DF. $1 - \cos\frac{\alpha}{2}$	Bogenlänge ADC. $\frac{\pi\alpha}{180}$
0	0,35412	0,06085	0,33381	0,05736	0,68068
2	0,35445	0,06096	0,33408	0,05746	0,68126
4	0,35477	0,06107	0,33436	0,05755	0,68184
6	0,35510	0,06118	0,33463	0,05765	0,68242
8	0,35543	0,06129	0,33490	0,05775	0,68301
10	0,35576	0,06140	0,33518	0,05784	0,68359
12	0,35608	0,06151	0,33545	0,05794	0,68417
14	0,35641	0,06162	0,33573	0,05804	0,68475
16	0,35674	0,06173	0,33600	0,05814	0,68533
18	0,35707	0,06184	0,33627	0,05824	0,68591
20	0,35740	0,06195	0,33655	0,05833	0,68650
22	0,35772	0,06206	0,33682	0,05843	0,68708
24	0,35805	0,06217	0,33710	0,05853	0,68766
26	0,35838	0,06228	0,33737	0,05863	0,68824
28	0,35871	0,06239	0,33764	0,05873	0,68882
30	0,35904	0,06250	0,33792	0,05882	0,68941
32	0,35937	0,06261	0,33819	0,05892	0,68999
34	0,35969	0,06272	0,33846	0,05902	0,69057
36	0,36002	0,06283	0,33874	0,05912	0,69115
38	0,36035	0,06294	0,33901	0,05922	0,69173
40	0,36068	0,06306	0,33929	0,05932	0,69231
42	0,36101	0,06317	0,33956	0,05942	0,69290
44	0,36134	0,06328	0,33983	0,05951	0,69348
46	0,36167	0,06339	0,34011	0,05961	0,69406
48	0,36199	0,06350	0,34038	0,05971	0,69464
50	0,36232	0,06362	0,34065	0,05981	0,69522
52	0,36265	0,06373	0,34093	0,05991	0,69580
54	0,36298	0,06384	0,34120	0,06001	0,69639
56	0,36331	0,06395	0,34147	0,06011	0,69697
58	0,36364	0,06407	0,34175	0,06021	0,69755
60	0,36397	0,06418	0,34202	0,06031	0,69813

$\alpha = 40$ Grad.

Minuten.	Tangente *AB*. $\operatorname{tg}\frac{\alpha}{2}$	Scheitelabstand *BD*. $\sec\frac{\alpha}{2} - 1$	Abszisse *AE*. Halbe Sehne *AF*. $\sin\frac{\alpha}{2}$	Ordinate *ED*. Pfeilhöhe *DF*. $1 - \cos\frac{\alpha}{2}$	Bogenlänge *ADC*. $\frac{\pi\alpha}{180}$
0	0,36397	0,06418	0,34202	0,06031	0,69813
2	0,36430	0,06429	0,34229	0,06041	0,69871
4	0,36463	0,06440	0,34257	0,06051	0,69930
6	0,36496	0,06452	0,34284	0,06061	0,69988
8	0,36529	0,06463	0,34311	0,06071	0,70046
10	0,36562	0,06474	0,34339	0,06081	0,70104
12	0,36595	0,06486	0,34366	0,06091	0,70162
14	0,36628	0,06497	0,34393	0,06101	0,70220
16	0,36661	0,06508	0,34421	0,06111	0,70279
18	0,36694	0,06520	0,34448	0,06121	0,70337
20	0,36727	0,06531	0,34475	0,06131	0,70395
22	0,36760	0,06542	0,34503	0,06141	0,70453
24	0,36793	0,06554	0,34530	0,06151	0,70511
26	0,36826	0,06565	0,34557	0,06161	0,70570
28	0,36859	0,06577	0,34584	0,06171	0,70628
30	0,36892	0,06588	0,34612	0,06181	0,70686
32	0,36925	0,06599	0,34639	0,06191	0,70744
34	0,36958	0,06611	0,34666	0,06201	0,70802
36	0,36991	0,06622	0,34694	0,06211	0,70860
38	0,37024	0,06634	0,34721	0,06221	0,70919
40	0,37057	0,06645	0,34748	0,06231	0,70977
42	0,37090	0,06657	0,34775	0,06241	0,71035
44	0,37123	0,06668	0,34803	0,06252	0,71093
46	0,37157	0,06680	0,34830	0,06262	0,71151
48	0,37190	0,06691	0,34857	0,06272	0,71209
50	0,37223	0,06703	0,34884	0,06282	0,71268
52	0,37256	0,06715	0,34912	0,06292	0,71326
54	0,37289	0,06726	0,34939	0,06302	0,71384
56	0,37322	0,06738	0,34966	0,06312	0,71442
58	0,37355	0,06749	0,34993	0,06323	0,71500
60	0,37388	0,06761	0,35021	0,06333	0,71558

$\alpha = 41$ Grad.

Minuten.	Tangente AB.	Scheitelabstand BD.	Abszisse AE. Halbe Sehne AF.	Ordinate ED. Pfeilhöhe DF.	Bogenlänge ADC.
	$\mathrm{tg}\,\frac{\alpha}{2}$	$\sec\frac{\alpha}{2} - 1$	$\sin\frac{\alpha}{2}$	$1 - \cos\frac{\alpha}{2}$	$\frac{\pi\alpha}{180}$
0	0,37388	0,06761	0,35021	0,06333	0,71558
2	0,37422	0,06773	0,35048	0,06343	0,71617
4	0,37455	0,06784	0,35075	0,06353	0,71675
6	0,37488	0,06796	0,35102	0,06363	0,71733
8	0,37521	0,06807	0,35130	0,06374	0,71791
10	0,37554	0,06819	0,35157	0,06384	0,71849
12	0,37588	0,06831	0,35184	0,06394	0,71908
14	0,37621	0,06843	0,35211	0,06404	0,71966
16	0,37654	0,06854	0,35239	0,06415	0,72024
18	0,37687	0,06866	0,35266	0,06425	0,72082
20	0,37720	0,06878	0,35293	0,06435	0,72140
22	0,37754	0,06889	0,35320	0,06445	0,72198
24	0,37787	0,06901	0,35347	0,06456	0,72257
26	0,37820	0,06913	0,35375	0,06466	0,72315
28	0,37853	0,06925	0,35402	0,06476	0,72373
30	0,37887	0,06936	0,35429	0,06486	0,72431
32	0,37920	0,06948	0,35456	0,06497	0,72489
34	0,37953	0,06960	0,35484	0,06507	0,72548
36	0,37986	0,06972	0,35511	0,06517	0,72606
38	0,38020	0,06984	0,35538	0,06528	0,72664
40	0,38053	0,06995	0,35565	0,06538	0,72722
42	0,38086	0,07007	0,35592	0,06548	0,72780
44	0,38120	0,07019	0,35619	0,06559	0,72838
46	0,38153	0,07031	0,35647	0,06569	0,72897
48	0,38186	0,07043	0,35674	0,06580	0,72955
50	0,38220	0,07055	0,35701	0,06590	0,73013
52	0,38253	0,07067	0,35728	0,06600	0,73071
54	0,38286	0,07079	0,35755	0,06611	0,73129
56	0,38320	0,07091	0,35782	0,06621	0,73187
58	0,38353	0,07103	0,35810	0,06632	0,73246
60	0,38386	0,07115	0,35837	0,06642	0,73304

$\alpha = 42$ Grad.

Minuten.	Tangente AB.	Scheitelabstand BD.	Abszisse AE. Halbe Sehne AF.	Ordinate ED. Pfeilhöhe DF.	Bogenlänge ADC.
	$\operatorname{tg}\frac{\alpha}{2}$	$\sec\frac{\alpha}{2}-1$	$\sin\frac{\alpha}{2}$	$1-\cos\frac{\alpha}{2}$	$\frac{\pi\alpha}{180}$
0	0,38386	0,07115	0,35837	0,06642	0,73304
2	0,38420	0,07126	0,35864	0,06652	0,73362
4	0,38453	0,07138	0,35891	0,06663	0,73420
6	0,38487	0,07150	0,35918	0,06673	0,73478
8	0,38520	0,07162	0,35945	0,06684	0,73537
10	0,38553	0,07174	0,35973	0,06694	0,73595
12	0,38587	0,07187	0,36000	0,06705	0,73653
14	0,38620	0,07198	0,36027	0,06715	0,73711
16	0,38654	0,07211	0,36054	0,06726	0,73769
18	0,38687	0,07223	0,36081	0,06736	0,73827
20	0,38721	0,07235	0,36108	0,06747	0,73886
22	0,38754	0,07247	0,36135	0,06757	0,73944
24	0,38787	0,07259	0,36162	0,06768	0,74002
26	0,38821	0,07271	0,36190	0,06778	0,74060
28	0,38854	0,07283	0,36217	0,06789	0,74118
30	0,38888	0,07295	0,36244	0,06799	0,74176
32	0,38921	0,07307	0,36271	0,06810	0,74235
34	0,38955	0,07320	0,36298	0,06820	0,74293
36	0,38988	0,07332	0,36325	0,06831	0,74351
38	0,39022	0,07344	0,36352	0,06841	0,74409
40	0,39055	0,07356	0,36379	0,06852	0,74467
42	0,39089	0,07368	0,36406	0,06863	0,74526
44	0,39122	0,07380	0,36434	0,06873	0,74584
46	0,39156	0,07393	0,36461	0,06884	0,74642
48	0,39190	0,07405	0,36488	0,06894	0,74700
50	0,39223	0,07417	0,36515	0,06905	0,74758
52	0,39257	0,07429	0,36542	0,06916	0,74816
54	0,39290	0,07442	0,36569	0,06926	0,74875
56	0,39324	0,07454	0,36596	0,06937	0,74933
58	0,39357	0,07466	0,36623	0,06948	0,74991
60	0,39391	0,07479	0,36650	0,06958	0,75049

$\alpha = 43$ Grad.

Minuten.	Tangente *AB*. $\operatorname{tg}\frac{\alpha}{2}$	Scheitelabstand *BD*. $\sec\frac{\alpha}{2} - 1$	Abszisse *AE*. Halbe Sehne *AF*. $\sin\frac{\alpha}{2}$	Ordinate *ED*. Pfeilhöhe *DF*. $1 - \cos\frac{\alpha}{2}$	Bogenlänge *ADC*. $\frac{\pi\alpha}{180}$
0	0,39391	0,07479	0,36650	0,06958	0,75049
2	0,39425	0,07491	0,36677	0,06969	0,75107
4	0,39458	0,07503	0,36704	0,06980	0,75166
6	0,39492	0,07516	0,36731	0,06990	0,75224
8	0,39526	0,07528	0,36758	0,07001	0,75282
10	0,39559	0,07540	0,36785	0,07012	0,75340
12	0,39593	0,07553	0,36812	0,07022	0,75398
14	0,39626	0,07565	0,36840	0,07033	0,75456
16	0,39660	0,07578	0,36867	0,07044	0,75515
18	0,39694	0,07590	0,36894	0,07054	0,75573
20	0,39727	0,07602	0,36921	0,07065	0,75631
22	0,39761	0,07615	0,36948	0,07076	0,75689
24	0,39795	0,07627	0,36975	0,07087	0,75747
26	0,39829	0,07640	0,37002	0,07097	0,75806
28	0,39862	0,07652	0,37029	0,07108	0,75864
30	0,39896	0,07665	0,37056	0,07119	0,75922
32	0,39930	0,07677	0,37083	0,07130	0,75980
34	0,39963	0,07690	0,37110	0,07141	0,76038
36	0,39997	0,07702	0,37137	0,07151	0,76096
38	0,40031	0,07715	0,37164	0,07162	0,76155
40	0,40065	0,07727	0,37191	0,07173	0,76213
42	0,40098	0,07740	0,37218	0,07184	0,76271
44	0,40132	0,07752	0,37245	0,07195	0,76329
46	0,40166	0,07765	0,37272	0,07205	0,76387
48	0,40200	0,07778	0,37299	0,07216	0,76445
50	0,40234	0,07790	0,37326	0,07227	0,76504
52	0,40267	0,07803	0,37353	0,07238	0,76562
54	0,40301	0,07816	0,37380	0,07249	0,76620
56	0,40335	0,07828	0,37407	0,07260	0,76678
58	0,40369	0,07841	0,37434	0,07271	0,76736
60	0,40403	0,07853	0,37461	0,07282	0,76794

$\alpha = 44$ Grad.

Minuten.	Tangente AB.	Scheitelabstand BD.	Abszisse AE. Halbe Sehne AF.	Ordinate ED. Pfeilhöhe DF.	Bogenlänge ADC.
	$\operatorname{tg}\frac{\alpha}{2}$	$\sec\frac{\alpha}{2}-1$	$\sin\frac{\alpha}{2}$	$1-\cos\frac{\alpha}{2}$	$\frac{\pi\alpha}{180}$
0	0,40403	0,07853	0,37461	0,07282	0,76794
2	0,40436	0,07866	0,37488	0,07293	0,76853
4	0,40470	0,07879	0,37515	0,07303	0,76911
6	0,40504	0,07892	0,37542	0,07314	0,76969
8	0,40538	0,07904	0,37569	0,07325	0,77027
10	0,40572	0,07917	0,37595	0,07336	0,77085
12	0,40606	0,07930	0,37622	0,07347	0,77144
14	0,40640	0,07943	0,37649	0,07358	0,77202
16	0,40674	0,07955	0,37676	0,07369	0,77260
18	0,40707	0,07968	0,37703	0,07380	0,77318
20	0,40741	0,07981	0,37730	0,07391	0,77376
22	0,40775	0,07994	0,37757	0,07402	0,77434
24	0,40809	0,08006	0,37784	0,07413	0,77493
26	0,40843	0,08019	0,37811	0,07424	0,77551
28	0,40877	0,08032	0,37838	0,07435	0,77609
30	0,40911	0,08045	0,37865	0,07446	0,77667
32	0,40945	0,08058	0,37892	0,07457	0,77725
34	0,40979	0,08071	0,37919	0,07468	0,77784
36	0,41013	0,08084	0,37946	0,07479	0,77842
38	0,41047	0,08097	0,37973	0,07490	0,77900
40	0,41081	0,08109	0,37999	0,07501	0,77958
42	0,41115	0,08122	0,38026	0,07512	0,78016
44	0,41149	0,08135	0,38053	0,07523	0,78074
46	0,41183	0,08148	0,38080	0,07534	0,78133
48	0,41217	0,08161	0,38107	0,07545	0,78191
50	0,41251	0,08174	0,38134	0,07556	0,78249
52	0,41285	0,08187	0,38161	0,07568	0,78307
54	0,41319	0,08200	0,38188	0,07579	0,78365
56	0,41353	0,08213	0,38215	0,07590	0,78424
58	0,41387	0,08226	0,38241	0,07601	0,78482
60	0,41421	0,08239	0,38268	0,07612	0,78540

Tafel I.

$\alpha = 45$ Grad.

Minuten.	Tangente *AB*.	Scheitel-abstand *BD*.	Abszisse *AE*. Halbe Sehne *AF*.	Ordinate *ED*. Pfeilhöhe *DF*.	Bogenlänge *ADC*.
	$\operatorname{tg}\frac{\alpha}{2}$	$\sec\frac{\alpha}{2}-1$	$\sin\frac{\alpha}{2}$	$1-\cos\frac{\alpha}{2}$	$\frac{\pi\alpha}{180}$
0	0,41421	0,08239	0,38268	0,07612	0,78540
2	0,41455	0,08252	0,38295	0,07623	0,78598
4	0,41490	0,08265	0,38322	0,07634	0,78656
6	0,41524	0,08278	0,38349	0,07645	0,78714
8	0,41558	0,08291	0,38376	0,07657	0,78773
10	0,41592	0,08305	0,38403	0,07668	0,78831
12	0,41626	0,08318	0,38430	0,07679	0,78889
14	0,41660	0,08331	0,38456	0,07690	0,78947
16	0,41694	0,08344	0,38483	0,07701	0,79005
18	0,41728	0,08357	0,38510	0,07713	0,79063
20	0,41763	0,08370	0,38537	0,07724	0,79122
22	0,41797	0,08383	0,38564	0,07735	0,79180
24	0,41831	0,08397	0,38591	0,07746	0,79238
26	0,41865	0,08410	0,38617	0,07757	0,79296
28	0,41899	0,08423	0,38644	0,07769	0,79354
30	0,41933	0,08436	0,38671	0,07780	0,79413
32	0,41968	0,08449	0,38698	0,07791	0,79471
34	0,42002	0,08463	0,38725	0,07802	0,79529
36	0,42036	0,08476	0,38752	0,07814	0,79587
38	0,42070	0,08489	0,38778	0,07825	0,79645
40	0,42105	0,08503	0,38805	0,07836	0,79703
42	0,42139	0,08516	0,38832	0,07848	0,79762
44	0,42173	0,08529	0,38859	0,07859	0,79820
46	0,42207	0,08542	0,38886	0,07870	0,79878
48	0,42242	0,08556	0,38912	0,07881	0,79936
50	0,42276	0,08569	0,38939	0,07893	0,79994
52	0,42310	0,08582	0,38966	0,07904	0,80052
54	0,42344	0,08596	0,38993	0,07915	0,80111
56	0,42379	0,08609	0,39020	0,07927	0,80169
58	0,42413	0,08623	0,39046	0,07938	0,80227
60	0,42447	0,08636	0,39073	0,07950	0,80285

$\alpha = 46$ Grad.

Minuten.	Tangente AB.	Scheitelabstand BD.	Abszisse AE. Halbe Sehne AF.	Ordinate ED. Pfeilhöhe DF.	Bogenlänge ABC.
	$\operatorname{tg}\frac{\alpha}{2}$	$\sec\frac{\alpha}{2}-1$	$\sin\frac{\alpha}{2}$	$1-\cos\frac{\alpha}{2}$	$\frac{\pi\alpha}{180}$
0	0,42447	0,08636	0,39073	0,07950	0,80285
2	0,42482	0,08649	0,39100	0,07961	0,80343
4	0,42516	0,08663	0,39127	0,07972	0,80401
6	0,42551	0,08676	0,39153	0,07984	0,80460
8	0,42585	0,08690	0,39180	0,07995	0,80518
10	0,42619	0,08703	0,39207	0,08006	0,80576
12	0,42654	0,08717	0,39234	0,08018	0,80634
14	0,42688	0,08730	0,39260	0,08029	0,80692
16	0,42722	0,08744	0,39287	0,08041	0,80751
18	0,42757	0,08757	0,39314	0,08052	0,80809
20	0,42791	0,08771	0,39341	0,08064	0,80867
22	0,42826	0,08784	0,39367	0,08075	0,80925
24	0,42860	0,08798	0,39394	0,08086	0,80983
26	0,42894	0,08811	0,39421	0,08098	0,81041
28	0,42929	0,08825	0,39448	0,08109	0,81100
30	0,42963	0,08839	0,39474	0,08121	0,81158
32	0,42998	0,08852	0,39501	0,08132	0,81216
34	0,43032	0,08866	0,39528	0,08144	0,81274
36	0,43067	0,08880	0,39555	0,08155	0,81332
38	0,43101	0,08893	0,39581	0,08167	0,81391
40	0,43136	0,08907	0,39608	0,08178	0,81449
42	0,43170	0,08920	0,39635	0,08190	0,81507
44	0,43205	0,08934	0,39661	0,08201	0,81565
46	0,43239	0,08948	0,39688	0,08213	0,81623
48	0,43274	0,08962	0,39715	0,08225	0,81681
50	0,43308	0,08975	0,39741	0,08236	0,81740
52	0,43343	0,08989	0,39768	0,08248	0,81798
54	0,43378	0,09003	0,39795	0,08259	0,81856
56	0,43412	0,09017	0,39822	0,08271	0,81914
58	0,43447	0,09030	0,39848	0,08282	0,81972
60	0,43481	0,09044	0,39875	0,08294	0,82030

Tafel I.

$\alpha = 47$ Grad.

Minuten.	Tangente AB.	Scheitelabstand BD.	Abszisse AE. Halbe Sehne AF.	Ordinate ED. Pfeilhöhe DF.	Bogenlänge ADC.
	$\operatorname{tg}\frac{\alpha}{2}$	$\sec\frac{\alpha}{2}-1$	$\sin\frac{\alpha}{2}$	$1-\cos\frac{\alpha}{2}$	$\frac{\pi\alpha}{180}$
0	0,43481	0,09044	0,39875	0,08294	0,82030
2	0,43516	0,09058	0,39902	0,08306	0,82089
4	0,43550	0,09072	0,39928	0,08317	0,82147
6	0,43585	0,09086	0,39955	0,08329	0,82205
8	0,43620	0,09099	0,39982	0,08340	0,82263
10	0,43654	0,09113	0,40008	0,08352	0,82321
12	0,43689	0,09127	0,40035	0,08364	0,82380
14	0,43724	0,09141	0,40062	0,08375	0,82438
16	0,43758	0,09155	0,40088	0,08387	0,82496
18	0,43793	0,09169	0,40115	0,08399	0,82554
20	0,43828	0,09183	0,40142	0,08410	0,82612
22	0,43862	0,09197	0,40168	0,08422	0,82670
24	0,43897	0,09210	0,40195	0,08434	0,82729
26	0,43932	0,09224	0,40221	0,08445	0,82787
28	0,43966	0,09238	0,40248	0,08457	0,82845
30	0,44001	0,09252	0,40275	0,08469	0,82903
32	0,44036	0,09266	0,40301	0,08481	0,82961
34	0,44071	0,09280	0,40328	0,08492	0,83019
36	0,44105	0,09294	0,40355	0,08504	0,83078
38	0,44140	0,09308	0,40381	0,08516	0,83136
40	0,44175	0,09322	0,40408	0,08528	0,83194
42	0,44210	0,09337	0,40434	0,08539	0,83252
44	0,44244	0,09351	0,40461	0,08551	0,83310
46	0,44279	0,09365	0,40488	0,08563	0,83369
48	0,44314	0,09379	0,40514	0,08575	0,83427
50	0,44349	0,09393	0,40541	0,08586	0,83485
52	0,44384	0,09407	0,40567	0,08598	0,83543
54	0,44418	0,09421	0,40594	0,08610	0,83601
56	0,44453	0,09435	0,40621	0,08622	0,83659
58	0,44488	0,09449	0,40647	0,08634	0,83718
60	0,44523	0,09464	0,40674	0,08645	0,83776

$\alpha = 48$ Grad.

Minuten.	Tangente *AB*. $\operatorname{tg}\frac{\alpha}{2}$	Scheitel-abstand *BD*. $\sec\frac{\alpha}{2} - 1$	Abszisse *AE*. Halbe Sehne *AF*. $\sin\frac{\alpha}{2}$	Ordinate *ED*. Pfeil-höhe *DF*. $1 - \cos\frac{\alpha}{2}$	Bogen-länge *ADC*. $\frac{\pi\alpha}{180}$
0	0,44523	0,09464	0,40674	0,08645	0,83776
2	0,44558	0,09478	0,40700	0,08657	0,83834
4	0,44593	0,09492	0,40727	0,08669	0,83892
6	0,44627	0,09506	0,40753	0,08681	0,83950
8	0,44662	0,09520	0,40780	0,08693	0,84009
10	0,44697	0,09535	0,40806	0,08705	0,84067
12	0,44732	0,09549	0,40833	0,08717	0,84125
14	0,44767	0,09563	0,40860	0,08728	0,84183
16	0,44802	0,09577	0,40886	0,08740	0,84241
18	0,44837	0,09592	0,40913	0,08752	0,84299
20	0,44872	0,09606	0,40939	0,08764	0,84358
22	0,44907	0,09620	0,40966	0,08776	0,84416
24	0,44942	0,09635	0,40992	0,08788	0,84474
26	0,44977	0,09649	0,41019	0,08800	0,84532
28	0,45012	0,09663	0,41045	0,08812	0,84590
30	0,45047	0,09678	0,41072	0,08824	0,84648
32	0,45082	0,09692	0,41098	0,08836	0,84707
34	0,45117	0,09707	0,41125	0,08848	0,84765
36	0,45152	0,09721	0,41151	0,08860	0,84823
38	0,45187	0,09735	0,41178	0,08872	0,84881
40	0,45222	0,09750	0,41204	0,08884	0,84939
42	0,45257	0,09764	0,41231	0,08896	0,84998
44	0,45292	0,09779	0,41257	0,08908	0,85056
46	0,45327	0,09793	0,41284	0,08920	0,85114
48	0,45362	0,09808	0,41310	0,08932	0,85172
50	0,45397	0,09822	0,41337	0,08944	0,85230
52	0,45432	0,09837	0,41363	0,08956	0,85288
54	0,45467	0,09851	0,41390	0,08968	0,85347
56	0,45502	0,09866	0,41416	0,08980	0,85405
58	0,45538	0,09880	0,41443	0,08992	0,85463
60	0,45573	0,09895	0,41469	0,09004	0,85521

$\alpha = 49$ Grad.

Minuten.	Tangente AB.	Scheitelabstand BD.	Abszisse AE. Halbe Sehne AF.	Ordinate ED. Pfeilhöhe DF.	Bogenlänge ADC.
	$\mathrm{tg}\,\frac{\alpha}{2}$	$\sec\frac{\alpha}{2} - 1$	$\sin\frac{\alpha}{2}$	$1 - \cos\frac{\alpha}{2}$	$\frac{\pi\alpha}{180}$
0	0,45573	0,09895	0,41469	0,09004	0,85521
2	0,45608	0,09909	0,41496	0,09016	0,85579
4	0,45643	0,09924	0,41522	0,09028	0,85637
6	0,45678	0,09939	0,41549	0,09040	0,85696
8	0,45713	0,09953	0,41575	0,09052	0,85754
10	0,45748	0,09968	0,41602	0,09064	0,85812
12	0,45784	0,09982	0,41628	0,09076	0,85870
14	0,45819	0,09997	0,41655	0,09088	0,85928
16	0,45854	0,10012	0,41681	0,09101	0,85987
18	0,45889	0,10026	0,41707	0,09113	0,86045
20	0,45924	0,10041	0,41734	0,09125	0,86103
22	0,45960	0,10056	0,41760	0,09137	0,86161
24	0,45995	0,10071	0,41787	0,09149	0,86219
26	0,46030	0,10085	0,41813	0,09161	0,86277
28	0,46065	0,10100	0,41840	0,09174	0,86336
30	0,46101	0,10115	0,41866	0,09186	0,86394
32	0,46136	0,10130	0,41892	0,09198	0,86452
34	0,46171	0,10144	0,41919	0,09210	0,86510
36	0,46206	0,10159	0,41945	0,09222	0,86568
38	0,46242	0,10174	0,41972	0,09234	0,86627
40	0,46277	0,10189	0,41998	0,09247	0,86685
42	0,46312	0,10204	0,42024	0,09259	0,86743
44	0,46348	0,10218	0,42051	0,09271	0,86801
46	0,46383	0,10233	0,42077	0,09283	0,86859
48	0,46418	0,10248	0,42104	0,09296	0,86917
50	0,46454	0,10263	0,42130	0,09308	0,86976
52	0,46489	0,10278	0,42156	0,09320	0,87034
54	0,46525	0,10293	0,42183	0,09332	0,87092
56	0,46560	0,10308	0,42209	0,09345	0,87150
58	0,46595	0,10323	0,42235	0,09357	0,87208
60	0,46631	0,10338	0,42262	0,09369	0,87266

$\alpha = 50$ Grad.

Minuten.	Tangente AB.	Scheitelabstand BD.	Abszisse AE. Halbe Sehne AF.	Ordinate ED. Pfeilhöhe DF.	Bogenlänge ADC.
	$\operatorname{tg}\frac{\alpha}{2}$	$\sec\frac{\alpha}{2} - 1$	$\sin\frac{\alpha}{2}$	$1 - \cos\frac{\alpha}{2}$	$\frac{\pi\alpha}{180}$
0	0,46631	0,10338	0,42262	0,09369	0,87266
2	0,46666	0,10353	0,42288	0,09382	0,87325
4	0,46702	0,10368	0,42315	0,09394	0,87383
6	0,46737	0,10383	0,42341	0,09406	0,87441
8	0,46773	0,10398	0,42367	0,09418	0,87499
10	0,46808	0,10413	0,42394	0,09431	0,87557
12	0,46843	0,10428	0,42420	0,09443	0,87616
14	0,46879	0,10443	0,42446	0,09455	0,87674
16	0,46914	0,10458	0,42473	0,09468	0,87732
18	0,46950	0,10473	0,42499	0,09480	0,87790
20	0,46985	0,10488	0,42525	0,09493	0,87848
22	0,47021	0,10503	0,42552	0,09505	0,87906
24	0,47056	0,10518	0,42578	0,09517	0,87965
26	0,47092	0,10534	0,42604	0,09530	0,88023
28	0,47128	0,10549	0,42631	0,09542	0,88081
30	0,47163	0,10564	0,42657	0,09554	0,88139
32	0,47199	0,10579	0,42683	0,09567	0,88197
34	0,47234	0,10594	0,42710	0,09579	0,88255
36	0,47270	0,10609	0,42736	0,09592	0,88314
38	0,47305	0,10625	0,42762	0,09604	0,88372
40	0,47341	0,10640	0,42788	0,09617	0,88430
42	0,47377	0,10655	0,42815	0,09629	0,88488
44	0,47412	0,10670	0,42841	0,09642	0,88546
46	0,47448	0,10686	0,42867	0,09654	0,88605
48	0,47483	0,10701	0,42894	0,09666	0,88663
50	0,47519	0,10716	0,42920	0,09679	0,88721
52	0,47555	0,10732	0,42946	0,09691	0,88779
54	0,47590	0,10747	0,42972	0,09704	0,88837
56	0,47626	0,10762	0,42999	0,09716	0,88895
58	0,47662	0,10777	0,43025	0,09729	0,88954
60	0,47698	0,10793	0,43051	0,09741	0,89012

Tafel I.

$\alpha = 51$ Grad.

Minuten.	Tangente AB. $\operatorname{tg}\frac{\alpha}{2}$	Scheitelabstand BD. $\sec\frac{\alpha}{2} - 1$	Abszisse AE. Halbe Sehne AF. $\sin\frac{\alpha}{2}$	Ordinate ED. Pfeilhöhe DF. $1 - \cos\frac{\alpha}{2}$	Bogenlänge ADC. $\frac{\pi\alpha}{180}$
0	0,47698	0,10793	0,43051	0,09741	0,89012
2	0,47733	0,10808	0,43077	0,09754	0,89070
4	0,47769	0,10824	0,43104	0,09767	0,89128
6	0,47805	0,10839	0,43130	0,09779	0,89186
8	0,47840	0,10854	0,43156	0,09792	0,89245
10	0,47876	0,10870	0,43182	0,09804	0,89303
12	0,47912	0,10885	0,43209	0,09817	0,89361
14	0,47948	0,10901	0,43235	0,09829	0,89419
16	0,47984	0,10916	0,43261	0,09842	0,89477
18	0,48019	0,10932	0,43287	0,09854	0,89535
20	0,48055	0,10947	0,43313	0,09867	0,89594
22	0,48091	0,10963	0,43340	0,09880	0,89652
24	0,48127	0,10978	0,43366	0,09892	0,89710
26	0,48163	0,10994	0,43392	0,09905	0,89768
28	0,48198	0,11009	0,43418	0,09918	0,89826
30	0,48234	0,11025	0,43445	0,09930	0,89884
32	0,48270	0,11041	0,43471	0,09943	0,89943
34	0,48306	0,11056	0,43497	0,09955	0,90001
36	0,48342	0,11072	0,43523	0,09968	0,90059
38	0,48378	0,11087	0,43549	0,09981	0,90117
40	0,48414	0,11103	0,43575	0,09993	0,90175
42	0,48450	0,11119	0,43602	0,10006	0,90234
44	0,48486	0,11134	0,43628	0,10019	0,90292
46	0,48521	0,11150	0,43654	0,10032	0,90350
48	0,48557	0,11166	0,43680	0,10044	0,90408
50	0,48593	0,11181	0,43706	0,10057	0,90466
52	0,48629	0,11197	0,43733	0,10070	0,90524
54	0,48665	0,11213	0,43759	0,10082	0,90583
56	0,48701	0,11229	0,43785	0,10095	0,90641
58	0,48737	0,11244	0,43811	0,10108	0,90699
60	0,48773	0,11260	0,43837	0,10121	0,90757

$\alpha = 52$ Grad.

Minuten.	Tangente AB.	Scheitelabstand BD.	Abszisse AE. Halbe Sehne AF.	Ordinate ED. Pfeilhöhe DF.	Bogenlänge ADC.
	$\operatorname{tg}\frac{\alpha}{2}$	$\sec\frac{\alpha}{2}-1$	$\sin\frac{\alpha}{2}$	$1-\cos\frac{\alpha}{2}$	$\frac{\pi\alpha}{180}$
0	0,48773	0,11260	0,43837	0,10121	0,90757
2	0,48809	0,11276	0,43863	0,10133	0,90815
4	0,48845	0,11292	0,43889	0,10146	0,90873
6	0,48881	0,11308	0,43916	0,10159	0,90932
8	0,48917	0,11323	0,43942	0,10172	0,90990
10	0,48953	0,11339	0,43968	0,10184	0,91048
12	0,48989	0,11355	0,43994	0,10197	0,91106
14	0,49026	0,11371	0,44020	0,10210	0,91164
16	0,49062	0,11387	0,44046	0,10223	0,91223
18	0,49098	0,11403	0,44072	0,10236	0,91281
20	0,49134	0,11419	0,44098	0,10248	0,91339
22	0,49170	0,11435	0,44124	0,10261	0,91397
24	0,49206	0,11451	0,44151	0,10274	0,91455
26	0,49242	0,11467	0,44177	0,10287	0,91513
28	0,49278	0,11483	0,44203	0,10300	0,91572
30	0,49315	0,11499	0,44229	0,10313	0,91630
32	0,49351	0,11515	0,44255	0,10326	0,91688
34	0,49387	0,11531	0,44281	0,10338	0,91746
36	0,49423	0,11547	0,44307	0,10351	0,91804
38	0,49459	0,11563	0,44333	0,10364	0,91862
40	0,49495	0,11579	0,44359	0,10377	0,91921
42	0,49532	0,11595	0,44385	0,10390	0,91979
44	0,49568	0,11611	0,44411	0,10403	0,92037
46	0,49604	0,11627	0,44437	0,10416	0,92095
48	0,49640	0,11643	0,44464	0,10429	0,92153
50	0,49677	0,11659	0,44490	0,10442	0,92212
52	0,49713	0,11675	0,44516	0,10455	0,92270
54	0,49749	0,11691	0,44542	0,10468	0,92328
56	0,49786	0,11708	0,44568	0,10481	0,92386
58	0,49822	0,11724	0,44594	0,10494	0,92444
60	0,49858	0,11740	0,44620	0,10507	0,92502

Tafel I.

$\alpha = 53$ Grad.

Minuten.	Tangente AB.	Scheitelabstand BD.	Abszisse AE. Halbe Sehne AF.	Ordinate ED. Pfeilhöhe DF.	Bogenlänge ADC.
	$\operatorname{tg}\frac{\alpha}{2}$	$\sec\frac{\alpha}{2} - 1$	$\sin\frac{\alpha}{2}$	$1 - \cos\frac{\alpha}{2}$	$\frac{\pi\alpha}{180}$
0	0,49858	0,11740	0,44620	0,10507	0,92502
2	0,49894	0,11756	0,44646	0,10520	0,92561
4	0,49931	0,11772	0,44672	0,10533	0,92619
6	0,49967	0,11789	0,44698	0,10546	0,92677
8	0,50004	0,11805	0,44724	0,10559	0,92735
10	0,50040	0,11821	0,44750	0,10572	0,92793
12	0,50076	0,11838	0,44776	0,10585	0,92852
14	0,50113	0,11854	0,44802	0,10598	0,92910
16	0,50149	0,11870	0,44828	0,10611	0,92968
18	0,50185	0,11886	0,44854	0,10624	0,93026
20	0,50222	0,11903	0,44880	0,10637	0,93084
22	0,50258	0,11919	0,44906	0,10650	0,93142
24	0,50295	0,11936	0,44932	0,10663	0,93201
26	0,50331	0,11952	0,44958	0,10676	0,93259
28	0,50368	0,11968	0,44984	0,10689	0,93317
30	0,50404	0,11985	0,45010	0,10702	0,93375
32	0,50441	0,12001	0,45036	0,10715	0,93433
34	0,50477	0,12018	0,45062	0,10728	0,93491
36	0,50514	0,12034	0,45088	0,10741	0,93550
38	0,50550	0,12050	0,45114	0,10755	0,93608
40	0,50587	0,12067	0,45140	0,10768	0,93666
42	0,50623	0,12083	0,45166	0,10781	0,93724
44	0,50660	0,12100	0,45192	0,10794	0,93782
46	0,50696	0,12117	0,45218	0,10807	0,93841
48	0,50733	0,12133	0,45243	0,10820	0,93899
50	0,50769	0,12150	0,45269	0,10833	0,93957
52	0,50806	0,12166	0,45295	0,10847	0,94015
54	0,50843	0,12183	0,45321	0,10860	0,94073
56	0,50879	0,12199	0,45347	0,10873	0,94131
58	0,50916	0,12216	0,45373	0,10886	0,94190
60	0,50953	0,12233	0,45399	0,10899	0,94248

$\alpha = 54$ Grad.

Minuten.	Tangente *AB*. $\operatorname{tg}\frac{\alpha}{2}$	Scheitelabstand *BD*. $\sec\frac{\alpha}{2}-1$	Abszisse *AE*. Halbe Sehne *AF*. $\sin\frac{\alpha}{2}$	Ordinate *ED*. Pfeilhöhe *DF*. $1-\cos\frac{\alpha}{2}$	Bogenlänge *ADC*. $\frac{\pi\alpha}{180}$
0	0,50953	0,12233	0,45399	0,10899	0,94248
2	0,50989	0,12249	0,45425	0,10913	0,94306
4	0,51026	0,12266	0,45451	0,10926	0,94364
6	0,51063	0,12283	0,45477	0,10939	0,94422
8	0,51099	0,12299	0,45503	0,10952	0,94481
10	0,51136	0,12316	0,45529	0,10965	0,94539
12	0,51173	0,12333	0,45554	0,10979	0,94597
14	0,51209	0,12349	0,45580	0,10992	0,94655
16	0,51246	0,12366	0,45606	0,11005	0,94713
18	0,51283	0,12383	0,45632	0,11018	0,94771
20	0,51319	0,12400	0,45658	0,11032	0,94830
22	0,51356	0,12416	0,45684	0,11045	0,94888
24	0,51393	0,12433	0,45710	0,11058	0,94946
26	0,51430	0,12450	0,45736	0,11072	0,95004
28	0,51467	0,12467	0,45762	0,11085	0,95062
30	0,51503	0,12484	0,45787	0,11098	0,95120
32	0,51540	0,12501	0,45813	0,11112	0,95179
34	0,51577	0,12517	0,45839	0,11125	0,95237
36	0,51614	0,12534	0,45865	0,11138	0,95295
38	0,51651	0,12551	0,45891	0,11152	0,95353
40	0,51688	0,12568	0,45917	0,11165	0,95411
42	0,51724	0,12585	0,45942	0,11178	0,95470
44	0,51761	0,12602	0,45968	0,11192	0,95528
46	0,51798	0,12619	0,45994	0,11205	0,95586
48	0,51835	0,12636	0,46020	0,11218	0,95644
50	0,51872	0,12653	0,46046	0,11232	0,95702
52	0,51909	0,12670	0,46072	0,11245	0,95760
54	0,51946	0,12687	0,46097	0,11259	0,95819
56	0,51983	0,12704	0,46123	0,11272	0,95877
58	0,52020	0,12721	0,46149	0,11285	0,95935
60	0,52057	0,12738	0,46175	0,11299	0,95993

Tafel I.

$\alpha = 55$ Grad.

Minuten.	Tangente AB. $\operatorname{tg}\frac{\alpha}{2}$	Scheitelabstand BD. $\sec\frac{\alpha}{2} - 1$	Abszisse AE. Halbe Sehne AF. $\sin\frac{\alpha}{2}$	Ordinate ED. Pfeilhöhe DF. $1 - \cos\frac{\alpha}{2}$	Bogenlänge ADC. $\frac{\pi\alpha}{180}$
0	0,52057	0,12738	0,46175	0,11299	0,95993
2	0,52094	0,12755	0,46201	0,11312	0,96051
4	0,52131	0,12772	0,46226	0,11326	0,96109
6	0,52168	0,12789	0,46252	0,11339	0,96168
8	0,52205	0,12807	0,46278	0,11353	0,96226
10	0,52242	0,12824	0,46304	0,11366	0,96284
12	0,52279	0,12841	0,46330	0,11380	0,96342
14	0,52316	0,12858	0,46355	0,11393	0,96400
16	0,52353	0,12875	0,46381	0,11407	0,96458
18	0,52390	0,12892	0,46407	0,11420	0,96517
20	0,52427	0,12910	0,46433	0,11434	0,96575
22	0,52464	0,12927	0,46458	0,11447	0,96633
24	0,52501	0,12944	0,46484	0,11461	0,96691
26	0,52538	0,12961	0,46510	0,11474	0,96749
28	0,52575	0,12979	0,46536	0,11488	0,96808
30	0,52613	0,12996	0,46561	0,11501	0,96866
32	0,52650	0,13013	0,46587	0,11515	0,96924
34	0,52687	0.13031	0,46613	0,11528	0,96982
36	0,52724	0,13048	0,46639	0,11542	0,97040
38	0,52761	0,13065	0,46664	0,11555	0,97098
40	0,52798	0,13083	0,46690	0,11569	0,97157
42	0,52836	0,13100	0,46716	0,11583	0,97215
44	0,52873	0,13117	0,46742	0,11596	0,97273
46	0,52910	0,13135	0,46767	0,11610	0,97331
48	0,52947	0,13152	0,46793	0,11623	0,97389
50	0,52985	0,13170	0,46819	0,11637	0,97448
52	0,53022	0,13187	0,46844	0,11651	0,97506
54	0,53059	0,13205	0,46870	0,11664	0,97564
56	0,53096	0,13222	0,46896	0,11678	0,97622
58	0,53134	0,13240	0,46921	0,11692	0,97680
60	0,53171	0,13257	0,46947	0,11705	0,97738

$\alpha = 56$ Grad.

Minuten.	Tangente AB.	Scheitelabstand BD.	Abszisse AE. Halbe Sehne AF.	Ordinate ED. Pfeilhöhe DF.	Bogenlänge ADC.
	$\operatorname{tg}\frac{\alpha}{2}$	$\sec\frac{\alpha}{2}-1$	$\sin\frac{\alpha}{2}$	$1-\cos\frac{\alpha}{2}$	$\frac{\pi\alpha}{180}$
0	0,53171	0,13257	0,46947	0,11705	0,97738
2	0,53208	0,13275	0,46973	0,11719	0,97797
4	0,53246	0,13292	0,46999	0,11733	0,97855
6	0,53283	0,13310	0,47024	0,11746	0,97913
8	0,53320	0,13327	0,47050	0,11760	0,97971
10	0,53358	0,13345	0,47076	0,11774	0,98029
12	0,53395	0,13362	0,47101	0,11787	0,98087
14	0,53432	0,13380	0,47127	0,11801	0,98146
16	0,53470	0,13398	0,47153	0,11815	0,98204
18	0,53507	0,13415	0,47178	0,11828	0,98262
20	0,53545	0,13433	0,47204	0,11842	0,98320
22	0,53582	0,13451	0,47229	0,11856	0,98378
24	0,53620	0,13468	0,47255	0,11870	0,98437
26	0,53657	0,13486	0,47281	0,11883	0,98495
28	0,53694	0,13504	0,47306	0,11897	0,98553
30	0,53732	0,13522	0,47332	0,11911	0,98611
32	0,53769	0,13539	0,47358	0,11925	0,98669
34	0,53807	0,13557	0,47383	0,11938	0,98727
36	0,53844	0,13575	0,47409	0,11952	0,98786
38	0,53882	0,13593	0,47434	0,11966	0,98844
40	0,53920	0,13610	0,47460	0,11980	0,98902
42	0,53957	0,13628	0,47486	0,11994	0,98960
44	0,53995	0,13646	0,47511	0,12007	0,99018
46	0,54032	0,13664	0,47537	0,12021	0,99077
48	0,54070	0,13682	0,47562	0,12035	0,99135
50	0,54107	0,13700	0,47588	0,12049	0,99193
52	0,54145	0,13718	0,47614	0,12063	0,99251
54	0,54183	0,13735	0,47639	0,12077	0,99309
56	0,54220	0,13753	0,47665	0,12090	0,99367
58	0,54258	0,13771	0,47690	0,12104	0,99426
60	0,54296	0,13789	0,47716	0,12118	0,99484

Tafel I.

$\alpha = 57$ Grad.

Minuten.	Tangente *AB*.	Scheitelabstand *BD*.	Abszisse *AE*. Halbe Sehne *AF*.	Ordinate *ED*. Pfeilhöhe *DF*.	Bogenlänge *ADC*.
	$\operatorname{tg}\frac{\alpha}{2}$	$\sec\frac{\alpha}{2}-1$	$\sin\frac{\alpha}{2}$	$1-\cos\frac{\alpha}{2}$	$\frac{\pi\alpha}{180}$
0	0,54296	0,13789	0,47716	0,12118	0,99484
2	0,54333	0,13807	0,47741	0,12132	0,99542
4	0,54371	0,13825	0,47767	0,12146	0,99600
6	0,54409	0,13843	0,47793	0,12160	0,99658
8	0,54446	0,13861	0,47818	0,12174	0,99717
10	0,54484	0,13879	0,47844	0,12188	0,99775
12	0,54522	0,13897	0,47869	0,12202	0,99833
14	0,54560	0,13915	0,47895	0,12216	0,99891
16	0,54597	0,13934	0,47920	0,12230	0,99949
18	0,54635	0,13952	0,47946	0,12243	1,00007
20	0,54673	0,13970	0,47971	0,12257	1,00066
22	0,54711	0,13988	0,47997	0,12271	1,00124
24	0,54748	0,14006	0,48022	0,12285	1,00182
26	0,54786	0,14024	0,48048	0,12299	1,00240
28	0,54824	0,14042	0,48073	0,12313	1,00298
30	0,54862	0,14061	0,48099	0,12327	1,00356
32	0,54900	0,14079	0,48124	0,12341	1,00415
34	0,54938	0,14097	0,48150	0,12355	1,00473
36	0,54975	0,14115	0,48175	0,12369	1,00531
38	0,55013	0,14134	0,48201	0,12383	1,00589
40	0,55051	0,14152	0,48226	0,12397	1,00647
42	0,55089	0,14170	0,48252	0,12411	1,00705
44	0,55127	0,14188	0,48277	0,12425	1,00764
46	0,55165	0,14207	0,48303	0,12439	1,00822
48	0,55203	0,14225	0,48328	0,12454	1,00880
50	0,55241	0,14243	0,48354	0,12468	1,00938
52	0,55279	0,14262	0,48379	0,12482	1,00996
54	0,55317	0,14280	0,48405	0,12496	1,01055
56	0,55355	0,14299	0,48430	0,12510	1,01113
58	0,55393	0,14317	0,48456	0,12524	1,01171
60	0,55431	0,14335	0,48481	0,12538	1,01229

$\alpha = 58$ Grad.

Minuten.	Tangente *AB*.	Scheitelabstand *BD*.	Abszisse *AE*. Halbe Sehne *AF*.	Ordinate *ED*. Pfeilhöhe *DF*.	Bogenlänge *ADC*.
	$\operatorname{tg}\frac{\alpha}{2}$	$\sec\frac{\alpha}{2}-1$	$\sin\frac{\alpha}{2}$	$1-\cos\frac{\alpha}{2}$	$\frac{\pi\alpha}{180}$
0	0,55431	0,14335	0,48481	0,12538	1,01229
2	0,55469	0,14354	0,48506	0,12552	1,01287
4	0,55507	0,14372	0,48532	0,12566	1,01345
6	0,55545	0,14391	0,48557	0,12580	1,01404
8	0,55583	0,14409	0,48583	0,12594	1,01462
10	0,55621	0,14428	0,48608	0,12609	1,01520
12	0,55659	0,14446	0,48634	0,12623	1,01578
14	0,55697	0,14465	0,48659	0,12637	1,01636
16	0,55736	0,14483	0,48684	0,12651	1,01695
18	0,55774	0,14502	0,48710	0,12665	1,01753
20	0,55812	0,14521	0,48735	0,12679	1,01811
22	0,55850	0,14539	0,48761	0,12694	1,01869
24	0,55888	0,14558	0,48786	0,12708	1,01927
26	0,55926	0,14576	0,48811	0,12722	1,01985
28	0,55964	0,14595	0,48837	0,12736	1,02044
30	0,56003	0,14614	0,48862	0,12750	1,02102
32	0,56041	0,14632	0,48887	0,12765	1,02160
34	0,56079	0,14651	0,48913	0,12779	1,02218
36	0,56117	0,14670	0,48938	0,12793	1,02276
38	0,56156	0,14689	0,48964	0,12807	1,02334
40	0,56194	0,14707	0,48989	0,12822	1,02393
42	0,56232	0,14726	0,49014	0,12836	1,02451
44	0,56270	0,14745	0,49040	0,12850	1,02509
46	0,56309	0,14764	0,49065	0,12864	1,02567
48	0,56347	0,14782	0,49090	0,12879	1,02625
50	0,56385	0,14801	0,49116	0,12893	1,02684
52	0,56424	0,14820	0,49141	0,12907	1,02742
54	0,56462	0,14839	0,49166	0,12921	1,02800
56	0,56501	0,14858	0,49192	0,12936	1,02858
58	0,56539	0,14877	0,49217	0,12950	1,02916
60	0,56577	0,14896	0,49242	0,12964	1,02974

Tafel I.

$\alpha = 59$ Grad.

Minuten.	Tangente *AB*. $\operatorname{tg}\frac{\alpha}{2}$	Scheitel-abstand *BD*. $\sec\frac{\alpha}{2} - 1$	Abszisse *AE*. Halbe Sehne *AF*. $\sin\frac{\alpha}{2}$	Ordinate *ED*. Pfeil-höhe *DF*. $1 - \cos\frac{\alpha}{2}$	Bogen-länge *ADC*. $\frac{\pi\alpha}{180}$
0	0,56577	0,14896	0,49242	0,12964	1,02974
2	0,56616	0,14915	0,49268	0,12979	1,03033
4	0,56654	0,14933	0,49293	0,12993	1,03091
6	0,56693	0,14952	0,49318	0,13007	1,03149
8	0,56731	0,14971	0,49344	0,13022	1,03207
10	0,56769	0,14990	0,49369	0,13036	1,03265
12	0,56808	0,15009	0,49394	0,13050	1,03323
14	0,56846	0,15028	0,49419	0,13065	1,03382
16	0,56885	0,15047	0,49445	0,13079	1,03440
18	0,56923	0,15066	0,49470	0,13094	1,03498
20	0,56962	0,15085	0,49495	0,13108	1,03556
22	0,57000	0,15104	0,49521	0,13122	1,03614
24	0,57039	0,15124	0,49546	0,13137	1,03673
26	0,57078	0,15143	0,49571	0,13151	1,03731
28	0,57116	0,15162	0,49596	0,13166	1,03789
30	0,57155	0,15181	0,49622	0,13180	1,03847
32	0,57193	0,15200	0,49647	0,13195	1,03905
34	0,57232	0,15219	0,49672	0,13209	1,03963
36	0,57271	0,15239	0,49697	0,13223	1,04022
38	0,57309	0,15258	0,49723	0,13238	1,04080
40	0,57348	0,15277	0,49748	0,13252	1,04138
42	0,57386	0,15296	0,49773	0,13267	1,04196
44	0,57425	0,15315	0,49798	0,13281	1,04254
46	0,57464	0,15335	0,49824	0,13296	1,04313
48	0,57503	0,15354	0,49849	0,13310	1,04371
50	0,57541	0,15373	0,49874	0,13325	1,04429
52	0,57580	0,15393	0,49899	0,13339	1,04487
54	0,57619	0,15412	0,49924	0,13354	1,04545
56	0,57657	0,15431	0,49950	0,13368	1,04603
58	0,57696	0,15451	0,49975	0,13383	1,04662
60	0,57735	0,15470	0,50000	0,13397	1,04720

$\alpha = 60$ Grad.

Minuten.	Tangente *AB*.	Scheitel-abstand *BD*.	Abszisse *AE*. Halbe Sehne *AF*.	Ordinate *ED*. Pfeilhöhe *DF*.	Bogenlänge *ADC*.
	$\operatorname{tg}\frac{\alpha}{2}$	$\sec\frac{\alpha}{2} - 1$	$\sin\frac{\alpha}{2}$	$1 - \cos\frac{\alpha}{2}$	$\frac{\pi\alpha}{180}$
0	0,57735	0,15470	0,50000	0,13397	1,04720
2	0,57774	0,15489	0,50025	0,13412	1,04778
4	0,57813	0,15509	0,50050	0,13427	1,04836
6	0,57851	0,15528	0,50076	0,13441	1,04894
8	0,57890	0,15548	0,50101	0,13456	1,04952
10	0,57929	0,15567	0,50126	0,13470	1,05011
12	0,57968	0,15587	0,50151	0,13485	1,05069
14	0,58007	0,15606	0,50176	0,13499	1,05127
16	0,58046	0,15626	0,50201	0,13514	1,05185
18	0,58085	0,15645	0,50227	0,13529	1,05243
20	0,58124	0,15665	0,50252	0,13543	1,05302
22	0,58162	0,15684	0,50277	0,13558	1,05360
24	0,58201	0,15704	0,50302	0,13573	1,05418
26	0,58240	0,15724	0,50327	0,13587	1,05476
28	0,58279	0,15743	0,50352	0,13602	1,05534
30	0,58318	0,15763	0,50377	0,13616	1,05592
32	0,58357	0,15782	0,50403	0,13631	1,05651
34	0,58396	0,15802	0,50428	0,13646	1,05709
36	0,58435	0,15822	0,50453	0,13660	1,05767
38	0,58474	0,15841	0,50478	0,13675	1,05825
40	0,58513	0,15861	0,50503	0,13690	1,05883
42	0,58552	0,15881	0,50528	0,13705	1,05941
44	0,58591	0,15901	0,50553	0,13719	1,06000
46	0,58631	0,15920	0,50578	0,13734	1,06058
48	0,58670	0,15940	0,50603	0,13749	1,06116
50	0,58709	0,15960	0,50628	0,13763	1,06174
52	0,58748	0,15980	0,50654	0,13778	1,06232
54	0,58787	0,16000	0,50679	0,13793	1,06291
56	0,58826	0,16020	0,50704	0,13808	1,06349
58	0,58865	0,16039	0,50729	0,13822	1,06407
60	0,58905	0,16059	0,50754	0,13837	1,06465

Tafel I.

$\alpha = 61$ Grad.

Minuten.	Tangente *AB*. $\operatorname{tg}\frac{\alpha}{2}$	Scheitelabstand *BD*. $\sec\frac{\alpha}{2} - 1$	Abszisse *AE*. Halbe Sehne *AF*. $\sin\frac{\alpha}{2}$	Ordinate *ED*. Pfeilhöhe *DF*. $1 - \cos\frac{\alpha}{2}$	Bogenlänge *ADC*. $\frac{\pi\alpha}{180}$
0	0,58905	0,16059	0,50754	0,13837	1,06465
2	0,58944	0,16079	0,50779	0,13852	1,06523
4	0,58983	0,16099	0,50804	0,13867	1,06581
6	0,59022	0,16119	0,50829	0,13881	1,06640
8	0,59061	0,16139	0,50854	0,13896	1,06698
10	0,59101	0,16159	0,50879	0,13911	1,06756
12	0,59140	0,16179	0,50904	0,13926	1,06814
14	0,59179	0,16199	0,50929	0,13941	1,06872
16	0,59218	0,16219	0,50954	0,13955	1,06931
18	0,59258	0,16239	0,50979	0,13970	1,06989
20	0,59297	0,16259	0,51004	0,13985	1,07047
22	0,59336	0,16279	0,51029	0,14000	1,07105
24	0,59376	0,16299	0,51054	0,14015	1,07163
26	0,59415	0,16319	0,51079	0,14030	1,07221
28	0,59454	0,16339	0,51104	0,14044	1,07280
30	0,59494	0,16359	0,51129	0,14059	1,07338
32	0,59533	0,16379	0,51154	0,14074	1,07396
34	0,59573	0,16400	0,51179	0,14089	1,07454
36	0,59612	0,16420	0,51204	0,14104	1,07512
38	0,59651	0,16440	0,51229	0,14119	1,07570
40	0,59691	0,16460	0,51254	0,14134	1,07629
42	0,59730	0,16480	0,51279	0,14149	1,07687
44	0,59770	0,16501	0,51304	0,14164	1,07745
46	0,59809	0,16521	0,51329	0,14179	1,07803
48	0,59849	0,16541	0,51354	0,14194	1,07861
50	0,59888	0,16562	0,51379	0,14208	1,07919
52	0,59928	0,16582	0,51404	0,14223	1,07978
54	0,59967	0,16602	0,51429	0,14238	1,08036
56	0,60007	0,16623	0,51454	0,14253	1,08094
58	0,60046	0,16643	0,51479	0,14268	1,08152
60	0,60086	0,16663	0,51504	0,14283	1,08210

$\alpha = 62$ Grad.

Minuten.	Tangente *AB*.	Scheitel-abstand *BD*.	Abszisse *AE*. Halbe Sehne *AF*.	Ordinate *ED*. Pfeil-höhe *DF*.	Bogen-länge *ADC*.
	$\operatorname{tg}\frac{\alpha}{2}$	$\sec\frac{\alpha}{2} - 1$	$\sin\frac{\alpha}{2}$	$1 - \cos\frac{\alpha}{2}$	$\frac{\pi\alpha}{180}$
0	0,60086	0,16663	0,51504	0,14283	1,08210
2	0,60126	0,16684	0,51529	0,14298	1,08269
4	0,60165	0,16704	0,51554	0,14313	1,08327
6	0,60205	0,16725	0,51579	0,14328	1,08385
8	0,60245	0,16745	0,51604	0,14343	1,08443
10	0,60284	0,16766	0,51628	0,14358	1,08501
12	0,60324	0,16786	0,51653	0,14373	1,08559
14	0,60364	0,16807	0,51678	0,14388	1,08618
16	0,60403	0,16827	0,51703	0,14403	1,08676
18	0,60443	0,16848	0,51728	0,14418	1,08734
20	0,60483	0,16868	0,51753	0,14433	1,08792
22	0,60522	0,16889	0,51778	0,14449	1,08850
24	0,60562	0,16909	0,51803	0,14464	1,08909
26	0,60602	0,16930	0,51828	0,14479	1,08967
28	0,60642	0,16950	0,51852	0,14494	1,09025
30	0,60681	0,16971	0,51877	0,14509	1,09083
32	0,60721	0,16992	0,51902	0,14524	1,09141
34	0,60761	0,17012	0,51927	0,14539	1,09199
36	0,60801	0,17033	0,51952	0,14554	1,09258
38	0,60841	0,17054	0,51977	0,14569	1,09316
40	0,60881	0,17075	0,52002	0,14584	1,09374
42	0,60921	0,17095	0,52026	0,14599	1,09432
44	0,60960	0,17116	0,52051	0,14615	1,09490
46	0,61000	0,17137	0,52076	0,14630	1,09549
48	0,61040	0,17158	0,52101	0,14645	1,09607
50	0,61080	0,17178	0,52126	0,14660	1,09665
52	0,61120	0,17199	0,52151	0,14675	1,09723
54	0,61160	0,17220	0,52175	0,14690	1,09781
56	0,61200	0,17241	0,52200	0,14706	1,09839
58	0,61240	0,17262	0,52225	0,14721	1,09898
60	0,61280	0,17283	0,52250	0,14736	1,09956

$\alpha = 63$ Grad.

Minuten.	Tangente AB. $\operatorname{tg}\frac{\alpha}{2}$	Scheitelabstand BD. $\sec\frac{\alpha}{2} - 1$	Abszisse AE. Halbe Sehne AF. $\sin\frac{\alpha}{2}$	Ordinate ED. Pfeilhöhe DF. $1 - \cos\frac{\alpha}{2}$	Bogenlänge ADC. $\frac{\pi\alpha}{180}$
0	0,61280	0,17283	0,52250	0,14736	1,09956
2	0,61320	0,17304	0,52275	0,14751	1,10014
4	0,61360	0,17325	0,52299	0,14766	1,10072
6	0,61400	0,17346	0,52324	0,14782	1,10130
8	0,61440	0,17367	0,52349	0,14797	1,10188
10	0,61480	0,17387	0,52374	0,14812	1,10247
12	0,61520	0,17408	0,52399	0,14827	1,10305
14	0,61561	0,17430	0,52423	0,14843	1,10363
16	0,61601	0,17451	0,52448	0,14858	1,10421
18	0,61641	0,17472	0,52473	0,14873	1,10479
20	0,61681	0,17493	0,52498	0,14888	1,10538
22	0,61721	0,17514	0,52522	0,14904	1,10596
24	0,61761	0,17535	0,52547	0,14919	1,10654
26	0,61801	0,17556	0,52572	0,14934	1,10712
28	0,61842	0,17577	0,52597	0,14949	1,10770
30	0,61882	0,17598	0,52621	0,14965	1,10828
32	0,61922	0,17620	0,52646	0,14980	1,10887
34	0,61962	0,17641	0,52671	0,14995	1,10945
36	0,62003	0,17662	0,52696	0,15011	1,11003
38	0,62043	0,17683	0,52720	0,15026	1,11061
40	0,62083	0,17704	0,52745	0,15041	1,11119
42	0,62124	0,17726	0,52770	0,15057	1,11177
44	0,62164	0,17747	0,52794	0,15072	1,11236
46	0,62204	0,17768	0,52819	0,15087	1,11294
48	0,62245	0,17790	0,52844	0,15103	1,11352
50	0,62285	0,17811	0,52869	0,15118	1,11410
52	0,62325	0,17832	0,52893	0,15134	1,11468
54	0,62366	0,17854	0,52918	0,15149	1,11527
56	0,62406	0,17875	0,52943	0,15164	1,11585
58	0,62447	0,17896	0,52967	0,15180	1,11643
60	0,62487	0,17918	0,52992	0,15195	1,11701

$\alpha = 64$ Grad.

Minuten.	Tangente *AB*.	Scheitelabstand *BD*.	Abszisse *AE*. Halbe Sehne *AF*.	Ordinate *ED*. Pfeilhöhe *DF*.	Bogenlänge *ADC*.
	$\operatorname{tg}\frac{\alpha}{2}$	$\sec\frac{\alpha}{2}-1$	$\sin\frac{\alpha}{2}$	$1-\cos\frac{\alpha}{2}$	$\frac{\pi\alpha}{180}$
0	0,62487	0,17918	0,52992	0,15195	1,11701
2	0,62527	0,17939	0,53017	0,15211	1,11759
4	0,62568	0,17961	0,53041	0,15226	1,11817
6	0,62608	0,17982	0,53066	0,15241	1,11876
8	0,62649	0,18004	0,53091	0,15257	1,11934
10	0,62689	0,18025	0,53115	0,15272	1,11992
12	0,62730	0,18047	0,53140	0,15288	1,12050
14	0,62770	0,18068	0,53165	0,15303	1,12108
16	0,62811	0,18090	0,53189	0,15319	1,12167
18	0,62852	0,18111	0,53214	0,15334	1,12225
20	0,62892	0,18133	0,53238	0,15350	1,12283
22	0,62933	0,18155	0,53263	0,15365	1,12341
24	0,62973	0,18176	0,53288	0,15381	1,12399
26	0,63014	0,18198	0,53312	0,15396	1,12457
28	0,63055	0,18220	0,53337	0,15412	1,12516
30	0,63095	0,18241	0,53361	0,15427	1,12574
32	0,63136	0,18263	0,53386	0,15443	1,12632
34	0,63177	0,18285	0,53411	0,15458	1,12690
36	0,63217	0,18307	0,53435	0,15474	1,12748
38	0,63258	0,18328	0,53460	0,15489	1,12807
40	0,63299	0,18350	0,53484	0,15505	1,12865
42	0,63340	0,18372	0,53509	0,15520	1,12923
44	0,63380	0,18394	0,53534	0,15536	1,12981
46	0,63421	0,18416	0,53558	0,15552	1,13039
48	0,63462	0,18437	0,53583	0,15567	1,13097
50	0,63503	0,18459	0,53607	0,15583	1,13156
52	0,63544	0,18481	0,53632	0,15598	1,13214
54	0,63584	0,18503	0,53656	0,15614	1,13272
56	0,63625	0,18525	0,53681	0,15630	1,13330
58	0,63666	0,18547	0,53705	0,15645	1,13388
60	0,63707	0,18569	0,53730	0,15661	1,13446

$\alpha = 65$ Grad.

Minuten.	Tangente AB. $\operatorname{tg}\frac{\alpha}{2}$	Scheitelabstand BD. $\sec\frac{\alpha}{2} - 1$	Abszisse AE. Halbe Sehne AF. $\sin\frac{\alpha}{2}$	Ordinate ED. Pfeilhöhe DF. $1 - \cos\frac{\alpha}{2}$	Bogenlänge ADC. $\frac{\pi\alpha}{180}$
0	0,63707	0,18569	0,53730	0,15661	1,13446
2	0,63748	0,18591	0,53755	0,15676	1,13505
4	0,63789	0,18613	0,53779	0,15692	1,13563
6	0,63830	0,18635	0,53804	0,15708	1,13621
8	0,63871	0,18657	0,53828	0,15723	1,13679
10	0,63912	0,18679	0,53853	0,15739	1,13737
12	0,63953	0,18701	0,53877	0,15755	1,13795
14	0,63994	0,18723	0,53902	0,15770	1,13854
16	0,64035	0,18745	0,53926	0,15786	1,13912
18	0,64076	0,18767	0,53951	0,15802	1,13970
20	0,64117	0,18790	0,53975	0,15818	1,14028
22	0,64158	0,18812	0,54000	0,15833	1,14086
24	0,64199	0,18834	0,54024	0,15849	1,14145
26	0,64240	0,18856	0,54049	0,15865	1,14203
28	0,64281	0,18878	0,54073	0,15880	1,14261
30	0,64322	0,18901	0,54097	0,15896	1,14319
32	0,64363	0,18923	0,54122	0,15912	1,14377
34	0,64404	0,18945	0,54146	0,15928	1,14435
36	0,64446	0,18967	0,54171	0,15943	1,14494
38	0,64487	0,18990	0,54195	0,15959	1,14552
40	0,64528	0,19012	0,54220	0,15975	1,14610
42	0,64569	0,19034	0,54244	0,15991	1,14668
44	0,64610	0,19057	0,54269	0,16006	1,14726
46	0,64652	0,19079	0,54293	0,16022	1,14785
48	0,64693	0,19102	0,54317	0,16038	1,14843
50	0,64734	0,19124	0,54342	0,16054	1,14901
52	0,64775	0,19146	0,54366	0,16070	1,14959
54	0,64817	0,19169	0,54391	0,16085	1,15017
56	0,64858	0,19191	0,54415	0,16101	1,15075
58	0,64899	0,19214	0,54440	0,16117	1,15134
60	0,64941	0,19236	0,54464	0,16133	1,15192

$\alpha = 66$ Grad.

Minuten.	Tangente *AB*. $\operatorname{tg}\frac{\alpha}{2}$	Scheitel-abstand *BD*. $\sec\frac{\alpha}{2}-1$	Abszisse *AE*. Halbe Sehne *AF*. $\sin\frac{\alpha}{2}$	Ordinate *ED*. Pfeilhöhe *DF*. $1-\cos\frac{\alpha}{2}$	Bogenlänge *ADC*. $\frac{\pi\alpha}{180}$
0	0,64941	0,19236	0,54464	0,16133	1,15192
2	0,64982	0,19259	0,54488	0,16149	1,15250
4	0,65024	0,19281	0,54513	0,16165	1,15308
6	0,65065	0,19304	0,54537	0,16180	1,15366
8	0,65106	0,19327	0,54561	0,16196	1,15424
10	0,65148	0,19349	0,54586	0,16212	1,15483
12	0,65189	0,19372	0,54610	0,16228	1,15541
14	0,65231	0,19394	0,54635	0,16244	1,15599
16	0,65272	0,19417	0,54659	0,16260	1,15657
18	0,65314	0,19440	0,54683	0,16276	1,15715
20	0,65355	0,19463	0,54708	0,16292	1,15774
22	0,65397	0,19485	0,54732	0,16308	1,15832
24	0,65438	0,19508	0,54756	0,16324	1,15890
26	0,65480	0,19531	0,54781	0,16339	1,15948
28	0,65521	0,19554	0,54805	0,16355	1,16006
30	0,65563	0,19576	0,54829	0,16371	1,16064
32	0,65604	0,19599	0,54854	0,16387	1,16123
34	0,65646	0,19622	0,54878	0,16403	1,16181
36	0,65688	0,19645	0,54902	0,16419	1,16239
38	0,65729	0,19668	0,54927	0,16435	1,16297
40	0,65771	0,19691	0,54951	0,16451	1,16355
42	0,65813	0,19713	0,54975	0,16467	1,16413
44	0,65854	0,19736	0,54999	0,16483	1,16472
46	0,65896	0,19759	0,55024	0,16499	1,16530
48	0,65938	0,19782	0,55048	0,16515	1,16588
50	0,65980	0,19805	0,55072	0,16531	1,16646
52	0,66021	0,19828	0,55097	0,16547	1,16704
54	0,66063	0,19851	0,55121	0,16563	1,16763
56	0,66105	0,19874	0,55145	0,16579	1,16821
58	0,66147	0,19897	0,55169	0,16595	1,16879
60	0,66189	0,19920	0,55194	0,16611	1,16937

Tafel I.

$\alpha = 67$ Grad.

Minuten.	Tangente *AB*.	Scheitel-abstand *BD*.	Abszisse *AE*. Halbe Sehne *AF*.	Ordinate *ED*. Pfeil-höhe *DF*.	Bogen-länge *ADC*.
	$\operatorname{tg}\frac{\alpha}{2}$	$\sec\frac{\alpha}{2} - 1$	$\sin\frac{\alpha}{2}$	$1 - \cos\frac{\alpha}{2}$	$\frac{\pi\alpha}{180}$
0	0,66189	0,19920	0,55194	0,16611	1,16937
2	0,66230	0,19944	0,55218	0,16627	1,16995
4	0,66272	0,19967	0,55242	0,16644	1,17053
6	0,66314	0,19990	0,55266	0,16660	1,17112
8	0,66356	0,20013	0,55291	0,16676	1,17170
10	0,66398	0,20036	0,55315	0,16692	1,17228
12	0,66440	0,20059	0,55339	0,16708	1,17286
14	0,66482	0,20083	0,55363	0,16724	1,17344
16	0,66524	0,20106	0,55388	0,16740	1,17403
18	0,66566	0,20129	0,55412	0,16756	1,17461
20	0,66608	0,20152	0,55436	0,16772	1,17519
22	0,66650	0,20176	0,55460	0,16788	1,17577
24	0,66692	0,20199	0,55484	0,16805	1,17635
26	0,66734	0,20222	0,55509	0,16821	1,17693
28	0,66776	0,20246	0,55533	0,16837	1,17752
30	0,66818	0,20269	0,55557	0,16853	1,17810
32	0,66860	0,20292	0,55581	0,16869	1,17868
34	0,66902	0,20316	0,55605	0,16885	1,17926
36	0,66944	0,20339	0,55630	0,16902	1,17984
38	0,66986	0,20363	0,55654	0,16918	1,18042
40	0,67028	0,20386	0,55678	0,16934	1,18101
42	0,67071	0,20410	0,55702	0,16950	1,18159
44	0,67113	0,20433	0,55726	0,16966	1,18217
46	0,67155	0,20457	0,55750	0,16983	1,18275
48	0,67197	0,20480	0,55775	0,16999	1,18333
50	0,67239	0,20504	0,55799	0,17015	1,18392
52	0,67282	0,20527	0,55823	0,17031	1,18450
54	0,67324	0,20551	0,55847	0,17047	1,18508
56	0,67366	0,20575	0,55871	0,17064	1,18566
58	0,67409	0,20598	0,55895	0,17080	1,18624
60	0,67451	0,20622	0,55919	0,17096	1,18682

$\alpha = 68$ Grad.

Minuten.	Tangente AB. $\operatorname{tg}\frac{\alpha}{2}$	Scheitelabstand BD. $\sec\frac{\alpha}{2} - 1$	Abszisse AE. Halbe Sehne AF. $\sin\frac{\alpha}{2}$	Ordinate ED. Pfeilhöhe DF. $1 - \cos\frac{\alpha}{2}$	Bogenlänge ADC. $\frac{\pi\alpha}{180}$
0	0,67451	0,20622	0,55919	0,17096	1,18682
2	0,67493	0,20645	0,55943	0,17113	1,18741
4	0,67536	0,20669	0,55968	0,17129	1,18799
6	0,67578	0,20693	0,55992	0,17145	1,18857
8	0,67620	0,20717	0,56016	0,17161	1,18915
10	0,67663	0,20740	0,56040	0,17178	1,18973
12	0,67705	0,20764	0,56064	0,17194	1,19031
14	0,67748	0,20788	0,56088	0,17210	1,19090
16	0,67790	0,20812	0,56112	0,17227	1,19148
18	0,67832	0,20836	0,56136	0,17243	1,19206
20	0,67875	0,20859	0,56160	0,17259	1,19264
22	0,67917	0,20883	0,56184	0,17276	1,19322
24	0,67960	0,20907	0,56208	0,17292	1,19381
26	0,68002	0,20931	0,56232	0,17308	1,19439
28	0,68045	0,20955	0,56256	0,17325	1,19497
30	0,68088	0,20979	0,56281	0,17341	1,19555
32	0,68130	0,21003	0,56305	0,17357	1,19613
34	0,68173	0,21027	0,56329	0,17374	1,19671
36	0,68215	0,21051	0,56353	0,17390	1,19730
38	0,68258	0,21075	0,56377	0,17407	1,19788
40	0,68301	0,21099	0,56401	0,17423	1,19846
42	0,68343	0,21123	0,56425	0,17439	1,19904
44	0,68386	0,21147	0,56449	0,17456	1,19962
46	0,68429	0,21171	0,56473	0,17472	1,20021
48	0,68471	0,21195	0,56497	0,17489	1,20079
50	0,68514	0,21220	0,56521	0,17505	1,20137
52	0,68557	0,21244	0,56545	0,17522	1,20195
54	0,68600	0,21268	0,56569	0,17538	1,20253
56	0,68642	0,21292	0,56593	0,17554	1,20311
58	0,68685	0,21316	0,56617	0,17571	1,20370
60	0,68728	0,21341	0,56641	0,17587	1,20428

Tafel I.

$\alpha = 69$ Grad.

Minuten.	Tangente *AB.* $\operatorname{tg}\frac{\alpha}{2}$	Scheitelabstand *BD.* $\sec\frac{\alpha}{2} - 1$	Abszisse *AE.* Halbe Sehne *AF.* $\sin\frac{\alpha}{2}$	Ordinate *ED.* Pfeilhöhe *DF.* $1 - \cos\frac{\alpha}{2}$	Bogenlänge *ADC.* $\frac{\pi\alpha}{180}$
0	0,68728	0,21341	0,56641	0,17587	1,20428
2	0,68771	0,21365	0,56665	0,17604	1,20486
4	0,68814	0,21389	0,56689	0,17620	1,20544
6	0,68857	0,21413	0,56713	0,17637	1,20602
8	0,68900	0,21438	0,56736	0,17653	1,20660
10	0,68942	0,21462	0,56760	0,17670	1,20719
12	0,68985	0,21487	0,56784	0,17686	1,20777
14	0,69028	0,21511	0,56808	0,17703	1,20835
16	0,69071	0,21535	0,56832	0,17719	1,20893
18	0,69114	0,21560	0,56856	0,17736	1,20951
20	0,69157	0,21584	0,56880	0,17752	1,21009
22	0,69200	0,21609	0,56904	0,17769	1,21068
24	0,69243	0,21633	0,56928	0,17786	1,21126
26	0,69286	0,21658	0,56952	0,17802	1,21184
28	0,69329	0,21682	0,56976	0,17819	1,21242
30	0,69372	0,21707	0,57000	0,17835	1,21300
32	0,69416	0,21731	0,57024	0,17852	1,21359
34	0,69458	0,21756	0,57047	0,17868	1,21417
36	0,69502	0,21781	0,57071	0,17885	1,21475
38	0,69545	0,21805	0,57095	0,17902	1,21533
40	0,69588	0,21830	0,57119	0,17918	1,21591
42	0,69631	0,21855	0,57143	0,17935	1,21649
44	0,69675	0,21879	0,57167	0,17952	1,21708
46	0,69718	0,21904	0,57191	0,17968	1,21766
48	0,69761	0,21929	0,57215	0,17985	1,21824
50	0,69804	0,21953	0,57238	0,18001	1,21882
52	0,69847	0,21978	0,57262	0,18018	1,21940
54	0,69891	0,22003	0,57286	0,18035	1,21999
56	0,69934	0,22028	0,57310	0,18051	1,22057
58	0,69977	0,22053	0,57334	0,18068	1,22115
60	0,70021	0,22078	0,57358	0,18085	1,22173

$\alpha = 70$ Grad.

Minuten.	Tangente AB. $\operatorname{tg}\frac{\alpha}{2}$	Scheitel-abstand BD. $\sec\frac{\alpha}{2} - 1$	Abszisse AE. Halbe Sehne AF. $\sin\frac{\alpha}{2}$	Ordinate ED. Pfeilhöhe DF. $1 - \cos\frac{\alpha}{2}$	Bogenlänge ADC. $\frac{\pi\alpha}{180}$
0	0,70021	0,22078	0,57358	0,18085	1,22173
2	0,70064	0,22102	0,57381	0,18101	1,22231
4	0,70107	0,22127	0,57405	0,18118	1,22289
6	0,70151	0,22152	0,57429	0,18135	1,22348
8	0,70194	0,22177	0,57453	0,18152	1,22406
10	0,70238	0,22202	0,57477	0,18168	1,22464
12	0,70281	0,22227	0,57501	0,18185	1,22522
14	0,70325	0,22252	0,57524	0,18202	1,22580
16	0,70368	0,22277	0,57548	0,18218	1,22638
18	0,70412	0,22302	0,57572	0,18235	1,22697
20	0,70455	0,22327	0,57596	0,18252	1,22755
22	0,70499	0,22352	0,57619	0,18269	1,22813
24	0,70542	0,22377	0,57643	0,18286	1,22871
26	0,70586	0,22402	0,57667	0,18302	1,22929
28	0,70629	0,22428	0,57691	0,18319	1,22988
30	0,70673	0,22453	0,57715	0,18336	1,23046
32	0,70717	0,22478	0,57738	0,18353	1,23104
34	0,70760	0,22503	0,57762	0,18369	1,23162
36	0,70804	0,22528	0,57786	0,18386	1,23220
38	0,70848	0,22554	0,57809	0,18403	1,23278
40	0,70891	0,22579	0,57833	0,18420	1,23337
42	0,70935	0,22604	0,57857	0,18437	1,23395
44	0,70979	0,22629	0,57881	0,18454	1,23453
46	0,71023	0,22655	0,57904	0,18470	1,23511
48	0,71066	0,22680	0,57928	0,18487	1,23569
50	0,71110	0,22706	0,57952	0,18504	1,23627
52	0,71154	0,22731	0,57976	0,18521	1,23686
54	0,71198	0,22756	0,57999	0,18538	1,23744
56	0,71242	0,22782	0,58023	0,18555	1,23802
58	0,71285	0,22807	0,58047	0,18572	1,23860
60	0,71329	0,22833	0,58070	0,18588	1,23918

$\alpha = 71$ Grad.

Minuten.	Tangente AB. $\operatorname{tg}\frac{\alpha}{2}$	Scheitelabstand BD. $\sec\frac{\alpha}{2} - 1$	Abszisse AE. Halbe Sehne AF. $\sin\frac{\alpha}{2}$	Ordinate ED. Pfeilhöhe DF. $1 - \cos\frac{\alpha}{2}$	Bogenlänge ADC. $\frac{\pi\alpha}{180}$
0	0,71329	0,22833	0,58070	0,18588	1,23918
2	0,71373	0,22858	0,58094	0,18605	1,23977
4	0,71417	0,22884	0,58118	0,18622	1,24035
6	0,71461	0,22909	0,58141	0,18639	1,24093
8	0,71505	0,22935	0,58165	0,18656	1,24151
10	0,71549	0,22960	0,58189	0,18673	1,24209
12	0,71593	0,22986	0,58212	0,18690	1,24267
14	0,71637	0,23012	0,58236	0,18707	1,24326
16	0,71681	0,23037	0,58260	0,18724	1,24384
18	0,71725	0,23063	0,58283	0,18741	1,24442
20	0,71769	0,23089	0,58307	0,18758	1,24500
22	0,71813	0,23114	0,58331	0,18775	1,24558
24	0,71857	0,23140	0,58354	0,18792	1,24617
26	0,71901	0,23166	0,58378	0,18809	1,24675
28	0,71946	0,23192	0,58401	0,18826	1,24733
30	0,71990	0,23217	0,58425	0,18843	1,24791
32	0,72034	0,23243	0,58449	0,18860	1,24849
34	0,72078	0,23269	0,58472	0,18877	1,24907
36	0,72122	0,23295	0,58496	0,18894	1,24966
38	0,72167	0,23321	0,58519	0,18911	1,25024
40	0,72211	0,23347	0,58543	0,18928	1,25082
42	0,72255	0,23373	0,58567	0,18945	1,25140
44	0,72299	0,23398	0,58590	0,18962	1,25198
46	0,72344	0,23424	0,58614	0,18979	1,25257
48	0,72388	0,23450	0,58637	0,18996	1,25315
50	0,72432	0,23476	0,58661	0,19013	1,25373
52	0,72477	0,23502	0,58684	0,19030	1,25431
54	0,72521	0,23529	0,58708	0,19047	1,25489
56	0,72565	0,23555	0,58731	0,19064	1,25547
58	0,72610	0,23581	0,58755	0,19081	1,25606
60	0,72654	0,23607	0,58779	0,19098	1,25664

$\alpha = 72$ Grad.

Minuten.	Tangente *AB*.	Scheitelabstand *BD*.	Abszisse *AE*. Halbe Sehne *AF*.	Ordinate *ED*. Pfeilhöhe *DF*.	Bogenlänge *ADC*.
	$\operatorname{tg}\frac{\alpha}{2}$	$\sec\frac{\alpha}{2}-1$	$\sin\frac{\alpha}{2}$	$1-\cos\frac{\alpha}{2}$	$\frac{\pi\alpha}{180}$
0	0,72654	0,23607	0,58779	0,19098	1,25664
2	0,72699	0,23633	0,58802	0,19115	1,25722
4	0,72743	0,23659	0,58826	0,19133	1,25780
6	0,72788	0,23685	0,58849	0,19150	1,25838
8	0,72832	0,23711	0,58873	0,19167	1,25896
10	0,72877	0,23738	0,58896	0,19184	1,25955
12	0,72921	0,23764	0,58920	0,19201	1,26013
14	0,72966	0,23790	0,58943	0,19218	1,26071
16	0,73010	0,23816	0,58967	0,19235	1,26129
18	0,73055	0,23843	0,58990	0,19252	1,26187
20	0,73100	0,23869	0,59014	0,19270	1,26245
22	0,73144	0,23895	0,59037	0,19287	1,26304
24	0,73189	0,23922	0,59061	0,19304	1,26362
26	0,73234	0,23948	0,59084	0,19321	1,26420
28	0,73278	0,23975	0,59108	0,19338	1,26478
30	0,73323	0,24001	0,59131	0,19356	1,26536
32	0,73368	0,24028	0,59154	0,19373	1,26595
34	0,73413	0,24054	0,59178	0,19390	1,26653
36	0,73457	0,24081	0,59201	0,19407	1,26711
38	0,73502	0,24107	0,59225	0,19424	1,26769
40	0,73547	0,24134	0,59248	0,19442	1,26827
42	0,73592	0,24160	0,59272	0,19459	1,26885
44	0,73637	0,24187	0,59295	0,19476	1,26944
46	0,73681	0,24213	0,59318	0,19493	1,27002
48	0,73726	0,24240	0,59342	0,19511	1,27060
50	0,73771	0,24267	0,59365	0,19528	1,27118
52	0,73816	0,24293	0,59389	0,19545	1,27176
54	0,73861	0,24320	0,59412	0,19562	1,27235
56	0,73906	0,24347	0,59435	0,19580	1,27293
58	0,73951	0,24373	0,59459	0,19597	1,27351
60	0,73996	0,24400	0,59482	0,19614	1,27409

$\alpha = 73$ Grad.

Minuten.	Tangente AB.	Scheitelabstand BD.	Abszisse AE. Halbe Sehne AF.	Ordinate ED. Pfeilhöhe DF.	Bogenlänge ADC.
	$\operatorname{tg}\frac{\alpha}{2}$	$\sec\frac{\alpha}{2}-1$	$\sin\frac{\alpha}{2}$	$1-\cos\frac{\alpha}{2}$	$\frac{\pi\alpha}{180}$
0	0,73996	0,24400	0,59482	0,19614	1,27409
2	0,74041	0,24427	0,59506	0,19632	1,27467
4	0,74086	0,24454	0,59529	0,19649	1,27525
6	0,74131	0,24481	0,59552	0,19666	1,27584
8	0,74176	0,24508	0,59576	0,19684	1,27642
10	0,74221	0,24534	0,59599	0,19701	1,27700
12	0,74267	0,24561	0,59622	0,19718	1,27758
14	0,74312	0,24588	0,59646	0,19736	1,27816
16	0,74357	0,24615	0,59669	0,19753	1,27874
18	0,74402	0,24642	0,59693	0,19770	1,27933
20	0,74447	0,24669	0,59716	0,19788	1,27991
22	0,74492	0,24696	0,59739	0,19805	1,28049
24	0,74538	0,24723	0,59763	0,19822	1,28107
26	0,74583	0,24750	0,59786	0,19840	1,28165
28	0,74628	0,24777	0,59809	0,19857	1,28224
30	0,74674	0,24804	0,59832	0,19875	1,28282
32	0,74719	0,24831	0,59856	0,19892	1,28340
34	0,74764	0,24859	0,59879	0,19909	1,28398
36	0,74810	0,24886	0,59902	0,19927	1,28456
38	0,74855	0,24913	0,59926	0,19944	1,28514
40	0,74900	0,24940	0,59949	0,19962	1,28573
42	0,74946	0,24967	0,59972	0,19979	1,28631
44	0,74991	0,24995	0,59995	0,19997	1,28689
46	0,75037	0,25022	0,60019	0,20014	1,28747
48	0,75082	0,25049	0,60042	0,20032	1,28805
50	0,75128	0,25077	0,60065	0,20049	1,28863
52	0,75173	0,25104	0,60089	0,20066	1,28922
54	0,75219	0,25131	0,60112	0,20084	1,28980
56	0,75264	0,25159	0,60135	0,20101	1,29038
58	0,75310	0,25186	0,60158	0,20119	1,29096
60	0,75355	0,25214	0,60182	0,20136	1,29154

$\alpha = 74$ Grad.

Minuten.	Tangente *AB*.	Scheitelabstand *BD*.	Abszisse *AE*. Halbe Sehne *AF*.	Ordinate *ED*. Pfeilhöhe *DF*.	Bogenlänge *ADC*.
	$\operatorname{tg}\frac{\alpha}{2}$	$\sec\frac{\alpha}{2}-1$	$\sin\frac{\alpha}{2}$	$1-\cos\frac{\alpha}{2}$	$\frac{\pi\alpha}{180}$
0	0,75355	0,25214	0,60182	0,20136	1,29154
2	0,75401	0,25241	0,60205	0,20154	1,29213
4	0,75447	0,25269	0,60228	0,20171	1,29271
6	0,75492	0,25296	0,60251	0,20189	1,29329
8	0,75538	0,25323	0,60274	0,20207	1,29387
10	0,75584	0,25351	0,60298	0,20224	1,29445
12	0,75629	0,25379	0,60321	0,20242	1,29503
14	0,75675	0,25406	0,60344	0,20259	1,29562
16	0,75721	0,25434	0,60367	0,20277	1,29620
18	0,75767	0,25462	0,60390	0,20294	1,29678
20	0,75812	0,25489	0,60414	0,20312	1,29736
22	0,75858	0,25517	0,60437	0,20329	1,29794
24	0,75904	0,25545	0,60460	0,20347	1,29853
26	0,75950	0,25572	0,60483	0,20365	1,29911
28	0,75996	0,25600	0,60506	0,20382	1,29969
30	0,76042	0,25628	0,60529	0,20400	1,30027
32	0,76088	0,25656	0,60553	0,20417	1,30085
34	0,76134	0,25683	0,60576	0,20435	1,30143
36	0,76180	0,25711	0,60599	0,20453	1,30202
38	0,76226	0,25739	0,60622	0,20470	1,30260
40	0,76272	0,25767	0,60645	0,20488	1,30318
42	0,76318	0,25795	0,60668	0,20506	1,30376
44	0,76364	0,25823	0,60691	0,20523	1,30434
46	0,76410	0,25851	0,60714	0,20541	1,30493
48	0,76456	0,25879	0,60738	0,20559	1,30551
50	0,76502	0,25907	0,60761	0,20576	1,30609
52	0,76548	0,25935	0,60784	0,20594	1,30667
54	0,76594	0,25963	0,60807	0,20612	1,30725
56	0,76640	0,25991	0,60830	0,20629	1,30783
58	0,76687	0,26019	0,60853	0,20647	1,30842
60	0,76733	0,26047	0,60876	0,20665	1,30900

Tafel I.

$\alpha = 75$ Grad.

Minuten.	Tangente AB. $\operatorname{tg}\frac{\alpha}{2}$	Scheitelabstand BD. $\sec\frac{\alpha}{2} - 1$	Abszisse AE. Halbe Sehne AF. $\sin\frac{\alpha}{2}$	Ordinate ED. Pfeilhöhe DF. $1 - \cos\frac{\alpha}{2}$	Bogenlänge ADC. $\frac{\pi\alpha}{180}$
0	0,76733	0,26047	0,60876	0,20665	1,30900
2	0,76779	0,26075	0,60899	0,20682	1,30958
4	0,76825	0,26104	0,60922	0,20700	1,31016
6	0,76871	0,26132	0,60945	0,20718	1,31074
8	0,76918	0,26160	0,60968	0,20736	1,31132
10	0,76964	0,26188	0,60991	0,20753	1,31191
12	0,77010	0,26216	0,61015	0,20771	1,31249
14	0,77057	0,26245	0,61038	0,20789	1,31307
16	0,77103	0,26273	0,61061	0,20807	1,31365
18	0,77149	0,26301	0,61084	0,20824	1,31423
20	0,77196	0,26330	0,61107	0,20842	1,31481
22	0,77242	0,26358	0,61130	0,20860	1,31540
24	0,77289	0,26387	0,61153	0,20878	1,31598
26	0,77335	0,26415	0,61176	0,20895	1,31656
28	0,77382	0,26443	0,61199	0,20913	1,31714
30	0,77428	0,26472	0,61222	0,20931	1,31772
32	0,77475	0,26500	0,61245	0,20949	1,31831
34	0,77521	0,26529	0,61268	0,20967	1,31889
36	0,77568	0,26557	0,61291	0,20985	1,31947
38	0,77615	0,26586	0,61314	0,21002	1,32005
40	0,77661	0,26615	0,61337	0,21020	1,32063
42	0,77708	0,26643	0,61360	0,21038	1,32121
44	0,77754	0,26672	0,61383	0,21056	1,32180
46	0,77801	0,26701	0,61406	0,21074	1,32238
48	0,77848	0,26729	0,61429	0,21092	1,32296
50	0,77895	0,26758	0,61451	0,21109	1,32354
52	0,77941	0,26787	0,61474	0,21127	1,32412
54	0,77988	0,26815	0,61497	0,21145	1,32471
56	0,78035	0,26844	0,61520	0,21163	1,32529
58	0,78082	0,26873	0,61543	0,21181	1,32587
60	0,78129	0,26902	0,61566	0,21199	1,32645

$\alpha = 76$ Grad.

Minuten.	Tangente AB. $\operatorname{tg}\frac{\alpha}{2}$	Scheitelabstand BD. $\sec\frac{\alpha}{2}-1$	Abszisse AE. Halbe Sehne AF. $\sin\frac{\alpha}{2}$	Ordinate ED. Pfeilhöhe DF. $1-\cos\frac{\alpha}{2}$	Bogenlänge ADC. $\frac{\pi\alpha}{180}$
0	0,78129	0,26902	0,61566	0,21199	1,32645
2	0,78175	0,26931	0,61589	0,21217	1,32703
4	0,78222	0,26960	0,61612	0,21235	1,32761
6	0,78269	0,26988	0,61635	0,21253	1,32820
8	0,78316	0,27017	0,61658	0,21271	1,32878
10	0,78363	0,27046	0,61681	0,21289	1,32936
12	0,78410	0,27075	0,61704	0,21306	1,32994
14	0,78457	0,27104	0,61726	0,21324	1,33052
16	0,78504	0,27133	0,61749	0,21342	1,33110
18	0,78551	0,27162	0,61772	0,21360	1,33169
20	0,78598	0,27191	0,61795	0,21378	1,33227
22	0,78645	0,27220	0,61818	0,21396	1,33285
24	0,78692	0,27250	0,61841	0,21414	1,33343
26	0,78739	0,27279	0,61864	0,21432	1,33401
28	0,78786	0,27308	0,61887	0,21450	1,33460
30	0,78834	0,27337	0,61909	0,21468	1,33518
32	0,78881	0,27366	0,61932	0,21486	1,33576
34	0,78928	0,27396	0,61955	0,21504	1,33634
36	0,78975	0,27425	0,61978	0,21522	1,33692
38	0,79022	0,27454	0,62001	0,21540	1,33750
40	0,79070	0,27483	0,62024	0,21558	1,33809
42	0,79117	0,27513	0,62046	0,21576	1,33867
44	0,79164	0,27542	0,62069	0,21595	1,33925
46	0,79212	0,27572	0,62092	0,21613	1,33983
48	0,79259	0,27601	0,62115	0,21631	1,34041
50	0,79306	0,27630	0,62138	0,21649	1,34099
52	0,79354	0,27660	0,62160	0,21667	1,34158
54	0,79401	0,27689	0,62183	0,21685	1,34216
56	0,79449	0,27719	0,62206	0,21703	1,34274
58	0,79496	0,27748	0,62229	0,21721	1,34332
60	0,79544	0,27778	0,62251	0,21739	1,34390

Tafel I.

$\alpha = 77$ Grad.

Minuten.	Tangente AB. $\operatorname{tg}\frac{\alpha}{2}$	Scheitelabstand BD. $\sec\frac{\alpha}{2} - 1$	Abszisse AE. Halbe Sehne AF. $\sin\frac{\alpha}{2}$	Ordinate ED. Pfeilhöhe DF. $1 - \cos\frac{\alpha}{2}$	Bogenlänge ADC. $\frac{\pi\alpha}{180}$
0	0,79544	0,27778	0,62251	0,21739	1,34390
2	0,79591	0,27807	0,62274	0,21757	1,34449
4	0,79639	0,27837	0,62297	0,21775	1,34507
6	0,79686	0,27867	0,62320	0,21794	1,34565
8	0,79734	0,27896	0,62342	0,21812	1,34623
10	0,79781	0,27926	0,62365	0,21830	1,34681
12	0,79829	0,27956	0,62388	0,21848	1,34739
14	0,79877	0,27985	0,62411	0,21866	1,34798
16	0,79924	0,28015	0,62433	0,21884	1,34856
18	0,79972	0,28045	0,62456	0,21902	1,34914
20	0,80020	0,28075	0,62479	0,21921	1,34972
22	0,80067	0,28105	0,62502	0,21939	1,35030
24	0,80115	0,28134	0,62524	0,21957	1,35089
26	0,80163	0,28164	0,62547	0,21975	1,35147
28	0,80211	0,28194	0,62570	0,21993	1,35205
30	0,80258	0,28224	0,62592	0,22012	1,35263
32	0,80306	0,28254	0,62615	0,22030	1,35321
34	0,80354	0,28284	0,62638	0,22048	1,35379
36	0,80402	0,28314	0,62660	0,22066	1,35438
38	0,80450	0,28344	0,62683	0,22084	1,35496
40	0,80498	0,28374	0,62706	0,22103	1,35554
42	0,80546	0,28404	0,62728	0,22121	1,35612
44	0,80594	0,28434	0,62751	0,22139	1,35670
46	0,80642	0,28464	0,62774	0,22157	1,35728
48	0,80690	0,28495	0,62796	0,22176	1,35787
50	0,80738	0,28525	0,62819	0,22194	1,35845
52	0,80786	0,28555	0,62842	0,22212	1,35903
54	0,80834	0,28585	0,62864	0,22230	1,35961
56	0,80882	0,28615	0,62887	0,22249	1,36019
58	0,80930	0,28646	0,62909	0,22267	1,36078
60	0,80978	0,28676	0,62932	0,22285	1,36136

$\alpha = 78$ Grad

Minuten.	Tangente AB. $\operatorname{tg}\frac{\alpha}{2}$	Scheitelabstand BD. $\sec\frac{\alpha}{2} - 1$	Abszisse AE. Halbe Sehne AF. $\sin\frac{\alpha}{2}$	Ordinate ED. Pfeilhöhe DF. $1 - \cos\frac{\alpha}{2}$	Bogenlänge ADC. $\frac{\pi\alpha}{180}$
0	0,80978	0,28676	0,62932	0,22285	1,36136
2	0,81027	0,28706	0,62955	0,22304	1,36194
4	0,81075	0,28737	0,62977	0,22322	1,36252
6	0,81123	0,28767	0,63000	0,22340	1,36310
8	0,81171	0,28797	0,63022	0,22359	1,36368
10	0,81220	0,28828	0,63045	0,22377	1,36427
12	0,81268	0,28858	0,63068	0,22395	1,36485
14	0,81316	0,28889	0,63090	0,22414	1,36543
16	0,81364	0,28919	0,63113	0,22432	1,36601
18	0,81413	0,28950	0,63135	0,22450	1,36659
20	0,81461	0,28980	0,63158	0,22469	1,36717
22	0,81510	0,29011	0,63180	0,22487	1,36776
24	0,81558	0,29041	0,63203	0,22505	1,36834
26	0,81606	0,29072	0,63225	0,22524	1,36892
28	0,81655	0,29103	0,63248	0,22542	1,36950
30	0,81703	0,29133	0,63271	0,22561	1,37008
32	0,81752	0,29164	0,63293	0,22579	1,37067
34	0,81800	0,29195	0,63316	0,22598	1,37125
36	0,81849	0,29226	0,63338	0,22616	1,37183
38	0,81898	0,29256	0,63361	0,22634	1,37241
40	0,81946	0,29287	0,63383	0,22653	1,37299
42	0,81995	0,29318	0,63406	0,22671	1,37357
44	0,82044	0,29349	0,63428	0,22690	1,37416
46	0,82092	0,29380	0,63451	0,22708	1,37474
48	0,82141	0,29411	0,63473	0,22727	1,37532
50	0,82190	0,29442	0,63496	0,22745	1,37590
52	0,82238	0,29473	0,63518	0,22764	1,37648
54	0,82287	0,29504	0,63540	0,22782	1,37707
56	0,82336	0,29535	0,63563	0,22800	1,37765
58	0,82385	0,29566	0,63585	0,22819	1,37823
60	0,82434	0,29597	0,63608	0,22838	1,37881

$\alpha = 79$ Grad.

Minuten.	Tangente AB.	Scheitelabstand BD.	Abszisse AE. Halbe Sehne AF.	Ordinate ED. Pfeilhöhe DF.	Bogenlänge ADC.
	$\operatorname{tg}\frac{\alpha}{2}$	$\sec\frac{\alpha}{2}-1$	$\sin\frac{\alpha}{2}$	$1-\cos\frac{\alpha}{2}$	$\frac{\pi\alpha}{180}$
0	0,82434	0,29597	0,63608	0,22838	1,37881
2	0,82483	0,29628	0,63630	0,22856	1,37939
4	0,82531	0,29659	0,63653	0,22875	1,37997
6	0,82580	0,29690	0,63675	0,22893	1,38056
8	0,82629	0,29721	0,63698	0,22912	1,38114
10	0,82678	0,29752	0,63720	0,22930	1,38172
12	0,82727	0,29784	0,63742	0,22949	1,38230
14	0,82776	0,29815	0,63765	0,22967	1,38288
16	0,82825	0,29846	0,63787	0,22986	1,38346
18	0,82874	0,29877	0,63810	0,23004	1,38405
20	0,82923	0,29909	0,63832	0,23023	1,38463
22	0,82972	0,29940	0,63854	0,23041	1,38521
24	0,83022	0,29971	0,63877	0,23060	1,38579
26	0,83071	0,30003	0,63899	0,23079	1,38637
28	0,83120	0,30034	0,63922	0,23097	1,38696
30	0,83169	0,30066	0,63944	0,23116	1,38754
32	0,83218	0,30097	0,63966	0,23134	1,38812
34	0,83268	0,30129	0,63989	0,23153	1,38870
36	0,83317	0,30160	0,64011	0,23172	1,38928
38	0,83366	0,30192	0,64033	0,23190	1,38986
40	0,83415	0,30223	0,64056	0,23209	1,39045
42	0,83465	0,30255	0,64078	0,23228	1,39103
44	0,83514	0,30287	0,64100	0,23246	1,39161
46	0,83564	0,30318	0,64123	0,23265	1,39219
48	0,83613	0,30350	0,64145	0,23283	1,39277
50	0,83662	0,30382	0,64167	0,23302	1,39335
52	0,83712	0,30413	0,64190	0,23321	1,39394
54	0,83761	0,30445	0,64212	0,23339	1,39452
56	0,83811	0,30477	0,64234	0,23358	1,39510
58	0,83860	0,30509	0,64256	0,23377	1,39568
60	0,83910	0,30541	0,64279	0,23396	1,39626

$\alpha = 80$ Grad.

Minuten.	Tangente AB.	Scheitel-abstand BD.	Abszisse AE. Halbe Sehne AF.	Ordinate ED. Pfeilhöhe DF.	Bogenlänge ADC.
	$\operatorname{tg}\frac{\alpha}{2}$	$\sec\frac{\alpha}{2}-1$	$\sin\frac{\alpha}{2}$	$1-\cos\frac{\alpha}{2}$	$\frac{\pi\alpha}{180}$
0	0,83910	0,30541	0,64279	0,23396	1,39626
2	0,83960	0,30573	0,64301	0,23414	1,39685
4	0,84009	0,30605	0,64323	0,23433	1,39743
6	0,84059	0,30636	0,64346	0,23452	1,39801
8	0,84108	0,30668	0,64368	0,23470	1,39859
10	0,84158	0,30700	0,64390	0,23489	1,39917
12	0,84208	0,30732	0,64412	0,23508	1,39975
14	0,84258	0,30764	0,64435	0,23527	1,40034
16	0,84307	0,30797	0,64457	0,23545	1,40092
18	0,84357	0,30829	0,64479	0,23564	1,40150
20	0,84407	0,30861	0,64501	0,23583	1,40208
22	0,84457	0,30893	0,64524	0,23602	1,40266
24	0,84507	0,30925	0,64546	0,23620	1,40324
26	0,84556	0,30957	0,64568	0,23639	1,40383
28	0,84606	0,30989	0,64590	0,23658	1,40441
30	0,84656	0,31022	0,64612	0,23677	1,40499
32	0,84706	0,31054	0,64635	0,23696	1,40557
34	0,84756	0,31086	0,64657	0,23714	1,40615
36	0,84806	0,31118	0,64679	0,23733	1,40674
38	0,84856	0,31151	0,64701	0,23752	1,40732
40	0,84906	0,31183	0,64723	0,23771	1,40790
42	0,84956	0,31216	0,64746	0,23790	1,40848
44	0,85006	0,31248	0,64768	0,23808	1,40906
46	0,85057	0,31281	0,64790	0,23827	1,40964
48	0,85107	0,31313	0,64812	0,23846	1,41023
50	0,85157	0,31346	0,64834	0,23865	1,41081
52	0,85207	0,31378	0,64856	0,23884	1,41139
54	0,85257	0,31411	0,64878	0,23903	1,41197
56	0,85307	0,31443	0,64901	0,23922	1,41255
58	0,85358	0,31476	0,64923	0,23941	1,41314
60	0,85408	0,31509	0,64945	0,23959	1,41372

$\alpha = 81$ Grad.

Minuten.	Tangente AB. $\operatorname{tg}\frac{\alpha}{2}$	Scheitelabstand BD. $\sec\frac{\alpha}{2} - 1$	Abszisse AE. Halbe Sehne AF. $\sin\frac{\alpha}{2}$	Ordinate ED. Pfeilhöhe DF. $1 - \cos\frac{\alpha}{2}$	Bogenlänge ADC. $\frac{\pi\alpha}{180}$
0	0,85408	0,31509	0,64945	0,23959	1,41372
2	0,85458	0,31541	0,64967	0,23978	1,41430
4	0,85509	0,31574	0,64989	0,23997	1,41488
6	0,85559	0,31607	0,65011	0,24016	1,41546
8	0,85610	0,31640	0,65033	0,24035	1,41604
10	0,85660	0,31672	0,65055	0,24054	1,41663
12	0,85710	0,31705	0,65077	0,24073	1,41721
14	0,85761	0,31738	0,65100	0,24092	1,41779
16	0,85811	0,31771	0,65122	0,24111	1,41837
18	0,85862	0,31804	0,65144	0,24130	1,41895
20	0,85912	0,31837	0,65166	0,24149	1,41953
22	0,85963	0,31870	0,65188	0,24168	1,42012
24	0,86014	0,31903	0,65210	0,24187	1,42070
26	0,86064	0,31936	0,65232	0,24206	1,42128
28	0,86115	0,31969	0,65254	0,24225	1,42186
30	0,86166	0,32002	0,65276	0,24243	1,42244
32	0,86216	0,32035	0,65298	0,24262	1,42303
34	0,86267	0,32068	0,65320	0,24281	1,42361
36	0,86318	0,32101	0,65342	0,24300	1,42419
38	0,86368	0,32134	0,65364	0,24319	1,42477
40	0,86419	0,32168	0,65386	0,24339	1,42535
42	0,86470	0,32201	0,65408	0,24358	1,42593
44	0,86521	0,32234	0,65430	0,24377	1,42652
46	0,86572	0,32267	0,65452	0,24396	1,42710
48	0,86623	0,32301	0,65474	0,24415	1,42768
50	0,86674	0,32334	0,65496	0,24434	1,42826
52	0,86725	0,32368	0,65518	0,24453	1,42884
54	0,86776	0,32401	0,65540	0,24472	1,42943
56	0,86827	0,32434	0,65562	0,24491	1,43001
58	0,86878	0,32468	0,65584	0,24510	1,43059
60	0,86929	0,32501	0,65606	0,24529	1,43117

$\alpha = 82$ Grad.

Minuten.	Tangente *AB*.	Scheitel-abstand *BD*.	Abszisse *AE*. Halbe Sehne *AF*.	Ordinate *ED*. Pfeil-höhe *DF*.	Bogen-länge *ADC*.
	$\operatorname{tg}\frac{\alpha}{2}$	$\sec\frac{\alpha}{2} - 1$	$\sin\frac{\alpha}{2}$	$1 - \cos\frac{\alpha}{2}$	$\frac{\pi\alpha}{180}$
0	0,86929	0,32501	0,65606	0,24529	1,43117
2	0,86980	0,32535	0,65628	0,24548	1,43175
4	0,87031	0,32568	0,65650	0,24567	1,43233
6	0,87082	0,32602	0,65672	0,24586	1,43292
8	0,87133	0,32636	0,65694	0,24605	1,43350
10	0,87184	0,32669	0,65716	0,24625	1,43408
12	0,87236	0,32703	0,65738	0,24644	1,43466
14	0,87287	0,32737	0,65759	0,24663	1,43524
16	0,87338	0,32770	0,65781	0,24682	1,43582
18	0,87389	0,32804	0,65803	0,24701	1,43641
20	0,87441	0,32838	0,65825	0,24720	1,43699
22	0,87492	0,32872	0,65847	0,24739	1,43757
24	0,87543	0,32905	0,65869	0,24758	1,43815
26	0,87595	0,32939	0,65891	0,24778	1,43873
28	0,87646	0,32973	0,65913	0,24797	1,43932
30	0,87698	0,33007	0,65935	0,24816	1,43990
32	0,87749	0,33041	0,65956	0,24835	1,44048
34	0,87801	0,33075	0,65978	0,24854	1,44106
36	0,87852	0,33109	0,66000	0,24874	1,44164
38	0,87904	0,33143	0,66022	0,24893	1,44222
40	0,87955	0,33177	0,66044	0,24912	1,44281
42	0,88007	0,33211	0,66066	0,24931	1,44339
44	0,88059	0,33245	0,66088	0,24950	1,44397
46	0,88110	0,33279	0,66109	0,24970	1,44455
48	0,88162	0,33314	0,66131	0,24989	1,44513
50	0,88214	0,33348	0,66153	0,25008	1,44571
52	0,88265	0,33382	0,66175	0,25027	1,44630
54	0,88317	0,33416	0,66197	0,25047	1,44688
56	0,88369	0,33451	0,66218	0,25066	1,44746
58	0,88421	0,33485	0,66240	0,25085	1,44804
60	0,88473	0,33519	0,66262	0,25104	1,44862

Tafel I.

$\alpha = 83$ Grad.

Minuten.	Tangente AB. $\operatorname{tg}\frac{\alpha}{2}$	Scheitel-abstand BD. $\sec\frac{\alpha}{2}-1$	Abszisse AE. Halbe Sehne AF. $\sin\frac{\alpha}{2}$	Ordinate ED. Pfeilhöhe DF. $1-\cos\frac{\alpha}{2}$	Bogenlänge ADC. $\frac{\pi\alpha}{180}$
0	0,88473	0,33519	0,66262	0,25104	1,44862
2	0,88524	0,33554	0,66284	0,25124	1,44921
4	0,88576	0,33588	0,66306	0,25143	1,44979
6	0,88628	0,33622	0,66327	0,25162	1,45037
8	0,88680	0,33657	0,66349	0,25182	1,45095
10	0,88732	0,33691	0,66371	0,25201	1,45153
12	0,88784	0,33726	0,66393	0,25220	1,45211
14	0,88836	0,33760	0,66414	0,25239	1,45270
16	0,88888	0,33795	0,66436	0,25259	1,45328
18	0,88940	0,33830	0,66458	0,25278	1,45386
20	0,88992	0,33864	0,66480	0,25297	1,45444
22	0,89045	0,33899	0,66501	0,25317	1,45502
24	0,89097	0,33934	0,66523	0,25336	1,45560
26	0,89149	0,33968	0,66545	0,25356	1,45619
28	0,89201	0,34003	0,66566	0,25375	1,45677
30	0,89253	0,34038	0,66588	0,25394	1,45735
32	0,89306	0,34073	0,66610	0,25414	1,45793
34	0,89358	0,34108	0,66632	0,25433	1,45851
36	0,89410	0,34142	0,66653	0,25452	1,45910
38	0,89463	0,34177	0,66675	0,25472	1,45968
40	0,89515	0,34212	0,66697	0,25491	1,46026
42	0,89567	0,34247	0,66718	0,25511	1,46084
44	0,89620	0,34282	0,66740	0,25530	1,46142
46	0,89672	0,34317	0,66762	0,25549	1,46200
48	0,89725	0,34352	0,66783	0,25569	1,46259
50	0,89777	0,34387	0,66805	0,25588	1,46317
52	0,89830	0,34423	0,66827	0,25608	1,46375
54	0,89883	0,34458	0,66848	0,25627	1,46433
56	0,89935	0,34493	0,66870	0,25647	1,46491
58	0,89988	0,34528	0,66891	0,25666	1,46550
60	0,90040	0,34563	0,66913	0,25685	1,46608

$\alpha = 84$ Grad.

Minuten.	Tangente AB.	Scheitelabstand BD.	Abszisse AE. Halbe Sehne AF.	Ordinate ED. Pfeilhöhe DF.	Bogenlänge ADC.
	$\operatorname{tg}\frac{\alpha}{2}$	$\sec\frac{\alpha}{2}-1$	$\sin\frac{\alpha}{2}$	$1-\cos\frac{\alpha}{2}$	$\frac{\pi\alpha}{180}$
0	0,90040	0,34563	0,66913	0,25685	1,46608
2	0,90093	0,34599	0,66935	0,25705	1,46666
4	0,90146	0,34634	0,66956	0,25724	1,46724
6	0,90199	0,34669	0,66978	0,25744	1,46782
8	0,90251	0,34704	0,66999	0,25763	1,46840
10	0,90304	0,34740	0,67021	0,25783	1,46899
12	0,90357	0,34775	0,67043	0,25802	1,46957
14	0,90410	0,34811	0,67064	0,25822	1,47015
16	0,90463	0,34846	0,67086	0,25841	1,47073
18	0,90516	0,34882	0,67107	0,25861	1,47131
20	0,90569	0,34917	0,67129	0,25880	1,47189
22	0,90621	0,34953	0,67151	0,25900	1,47248
24	0,90674	0,34988	0,67172	0,25920	1,47306
26	0,90727	0,35024	0,67194	0,25939	1,47364
28	0,90781	0,35060	0,67215	0,25959	1,47422
30	0,90834	0,35095	0,67237	0,25978	1,47480
32	0,90887	0,35131	0,67258	0,25998	1,47539
34	0,90940	0,35167	0,67280	0,26017	1,47597
36	0,90993	0,35202	0,67301	0,26037	1,47655
38	0,91046	0,35238	0,67323	0,26056	1,47713
40	0,91099	0,35274	0,67344	0,26076	1,47771
42	0,91153	0,35310	0,67366	0,26096	1,47829
44	0,91206	0,35346	0,67387	0,26115	1,47888
46	0,91259	0,35382	0,67409	0,26135	1,47946
48	0,91313	0,35418	0,67430	0,26154	1,48004
50	0,91366	0,35454	0,67452	0,26174	1,48062
52	0,91419	0,35490	0,67473	0,26194	1,48120
54	0,91473	0,35526	0,67495	0,26213	1,48179
56	0,91526	0,35562	0,67516	0,26233	1,48237
58	0,91580	0,35598	0,67538	0,26253	1,48295
60	0,91633	0,35634	0,67559	0,26272	1,48353

Tafel I.

$\alpha = 85$ Grad.

Minuten.	Tangente AB.	Scheitelabstand BD.	Abszisse AE. Halbe Sehne AF.	Ordinate ED. Pfeilhöhe DF.	Bogenlänge ADC.
	$\operatorname{tg}\frac{\alpha}{2}$	$\sec\frac{\alpha}{2}-1$	$\sin\frac{\alpha}{2}$	$1-\cos\frac{\alpha}{2}$	$\frac{\pi\alpha}{180}$
0	0,91633	0,35634	0,67559	0,26272	1,48353
2	0,91687	0,35670	0,67580	0,26292	1,48411
4	0,91740	0,35707	0,67602	0,26312	1,48469
6	0,91794	0,35743	0,67623	0,26331	1,48528
8	0,91847	0,35779	0,67645	0,26351	1,48586
10	0,91901	0,35815	0,67666	0,26371	1,48644
12	0,91955	0,35852	0,67688	0,26390	1,48702
14	0,92008	0,35888	0,67709	0,26410	1,48760
16	0,92062	0,35924	0,67730	0,26430	1,48818
18	0,92116	0,35961	0,67752	0,26449	1,48877
20	0,92170	0,35997	0,67773	0,26469	1,48935
22	0,92224	0,36034	0,67795	0,26489	1,48993
24	0,92277	0,36070	0,67816	0,26509	1,49051
26	0,92331	0,36107	0,67837	0,26528	1,49109
28	0,92385	0,36143	0,67859	0,26548	1,49168
30	0,92439	0,36180	0,67880	0,26568	1,49226
32	0,92493	0,36217	0,67901	0,26587	1,49284
34	0,92547	0,36253	0,67923	0,26607	1,49342
36	0,92601	0,36290	0,67944	0,26627	1,49400
38	0,92655	0,36327	0,67965	0,26647	1,49458
40	0,92709	0,36363	0,67987	0,26667	1,49517
42	0,92763	0,36400	0,68008	0,26686	1,49575
44	0,92817	0,36437	0,68029	0,26706	1,49633
46	0,92872	0,36474	0,68051	0,26726	1,49691
48	0,92926	0,36511	0,68072	0,26746	1,49749
50	0,92980	0,36548	0,68093	0,26766	1,49807
52	0,93034	0,36585	0,68115	0,26785	1,49866
54	0,93088	0,36622	0,68136	0,26805	1,49924
56	0,93143	0,36659	0,68157	0,26825	1,49982
58	0,93197	0,36696	0,68177	0,26845	1,50040
60	0,93252	0,36733	0,68200	0,26865	1,50098

$\alpha = 86$ Grad.

Minuten.	Tangente AB. $\operatorname{tg}\frac{\alpha}{2}$	Scheitelabstand BD. $\sec\frac{\alpha}{2} - 1$	Abszisse AE. Halbe Sehne AF. $\sin\frac{\alpha}{2}$	Ordinate ED. Pfeilhöhe DF. $1 - \cos\frac{\alpha}{2}$	Bogenlänge ADC. $\frac{\pi\alpha}{180}$
0	0,93252	0,36733	0,68200	0,26865	1,50098
2	0,93306	0,36770	0,68221	0,26884	1,50156
4	0,93360	0,36807	0,68242	0,26904	1,50215
6	0,93415	0,36844	0,68264	0,26924	1,50273
8	0,93469	0,36881	0,68285	0,26944	1,50331
10	0,93524	0,36919	0,68306	0,26964	1,50389
12	0,93578	0,36956	0,68327	0,26984	1,50447
14	0,93633	0,36993	0,68349	0,27004	1,50506
16	0,93688	0,37031	0,68370	0,27024	1,50564
18	0,93742	0,37068	0,68391	0,27043	1,50622
20	0,93797	0,37105	0,68412	0,27063	1,50680
22	0,93852	0,37143	0,68434	0,27083	1,50738
24	0,93906	0,37180	0,68455	0,27103	1,50796
26	0,93961	0,37218	0,68476	0,27123	1,50855
28	0,94016	0,37255	0,68497	0,27143	1,50913
30	0,94071	0,37293	0,68518	0,27163	1,50971
32	0,94125	0,37330	0,68539	0,27183	1,51029
34	0,94180	0,37368	0,68561	0,27203	1,51087
36	0,94235	0,37405	0,68582	0,27223	1,51146
38	0,94290	0,37443	0,68603	0,27243	1,51204
40	0,94345	0,37481	0,68624	0,27263	1,51262
42	0,94400	0,37519	0,68645	0,27283	1,51320
44	0,94455	0,37556	0,68666	0,27303	1,51378
46	0,94510	0,37594	0,68688	0,27323	1,51436
48	0,94565	0,37632	0,68709	0,27343	1,51495
50	0,94620	0,37670	0,68730	0,27363	1,51553
52	0,94676	0,37708	0,68751	0,27383	1,51611
54	0,94731	0,37746	0,68772	0,27403	1,51669
56	0,94786	0,37784	0,68793	0,27423	1,51727
58	0,94841	0,37822	0,68814	0,27443	1,51786
60	0,94896	0,37860	0,68835	0,27463	1,51844

Tafel I.

$\alpha = 87$ Grad.

Minuten.	Tangente *AB*.	Scheitelabstand *BD*.	Abszisse *AE*. Halbe Sehne *AF*.	Ordinate *ED*. Pfeilhöhe *DF*.	Bogenlänge *ADC*.
	$\operatorname{tg}\frac{\alpha}{2}$	$\sec\frac{\alpha}{2}-1$	$\sin\frac{\alpha}{2}$	$1-\cos\frac{\alpha}{2}$	$\frac{\pi\alpha}{180}$
0	0,94896	0,37860	0,68835	0,27463	1,51844
2	0,94952	0,37898	0,68857	0,27483	1,51902
4	0,95007	0,37936	0,68878	0,27503	1,51960
6	0,95062	0,37974	0,68899	0,27523	1,52018
8	0,95118	0,38012	0,68920	0,27543	1,52076
10	0,95173	0,38051	0,68941	0,27563	1,52135
12	0,95229	0,38089	0,68962	0,27583	1,52193
14	0,95284	0,38127	0,68983	0,27603	1,52251
16	0,95340	0,38165	0,69004	0,27623	1,52309
18	0,95395	0,38204	0,69025	0,27643	1,52367
20	0,95451	0,38242	0,69046	0,27663	1,52425
22	0,95506	0,38280	0,69067	0,27683	1,52484
24	0,95562	0,38319	0,69088	0,27703	1,52542
26	0,95618	0,38357	0,69109	0,27723	1,52600
28	0,95673	0,38396	0,69130	0,27743	1,52658
30	0,95729	0,38434	0,69151	0,27764	1,52716
32	0,95785	0,38473	0,69172	0,27784	1,52774
34	0,95841	0,38512	0,69193	0,27804	1,52833
36	0,95897	0,38550	0,69214	0,27824	1,52891
38	0,95952	0,38589	0,69235	0,27844	1,52949
40	0,96008	0,38628	0,69256	0,27864	1,53007
42	0,96064	0,38666	0,69277	0,27884	1,53065
44	0,96120	0,38705	0,69298	0,27905	1,53124
46	0,96176	0,38744	0,69319	0,27925	1,53182
48	0,96232	0,38783	0,69340	0,27945	1,53240
50	0,96288	0,38822	0,69361	0,27965	1,53298
52	0,96344	0,38860	0,69382	0,27985	1,53356
54	0,96400	0,38899	0,69403	0,28005	1,53414
56	0,96457	0,38938	0,69424	0,28026	1,53473
58	0,96513	0,38977	0,69445	0,28046	1,53531
60	0,96569	0,39016	0,69466	0,28066	1,53589

$\alpha = 88$ Grad.

Minuten.	Tangente *AB*.	Scheitelabstand *BD*.	Abszisse *AE*. Halbe Sehne *AF*.	Ordinate *ED*. Pfeilhöhe *DF*.	Bogenlänge *ADC*.
	$\operatorname{tg}\frac{\alpha}{2}$	$\sec\frac{\alpha}{2}-1$	$\sin\frac{\alpha}{2}$	$1-\cos\frac{\alpha}{2}$	$\frac{\pi\alpha}{180}$
0	0,96569	0,39016	0,69466	0,28066	1,53589
2	0,96625	0,39055	0,69487	0,28086	1,53647
4	0,96681	0,39094	0,69508	0,28106	1,53705
6	0,96738	0,39134	0,69529	0,28127	1,53764
8	0,96794	0,39173	0,69549	0,28147	1,53822
10	0,96850	0,39212	0,69570	0,28167	1,53880
12	0,96907	0,39251	0,69591	0,28187	1,53938
14	0,96963	0,39291	0,69612	0,28208	1,53996
16	0,97020	0,39330	0,69633	0,28228	1,54054
18	0,97076	0,39369	0,69654	0,28248	1,54113
20	0,97133	0,39409	0,69675	0,28268	1,54171
22	0,97189	0,39448	0,69696	0,28289	1,54229
24	0,97246	0,39487	0,69717	0,28309	1,54287
26	0,97302	0,39527	0,69737	0,28329	1,54345
28	0,97359	0,39566	0,69758	0,28350	1,54404
30	0,97416	0,39606	0,69779	0,28370	1,54462
32	0,97472	0,39646	0,69800	0,28390	1,54520
34	0,97529	0,39685	0,69821	0,28410	1,54578
36	0,97586	0,39725	0,69842	0,28431	1,54636
38	0,97643	0,39764	0,69862	0,28451	1,54694
40	0,97700	0,39804	0,69883	0,28471	1,54753
42	0,97756	0,39844	0,69904	0,28492	1,54811
44	0,97813	0,39884	0,69925	0,28512	1,54869
46	0,97870	0,39923	0,69946	0,28532	1,54927
48	0,97927	0,39963	0,69966	0,28553	1,54985
50	0,97984	0,40003	0,69987	0,28573	1,55043
52	0,98041	0,40043	0,70008	0,28593	1,55102
54	0,98098	0,40083	0,70029	0,28614	1,55160
56	0,98155	0,40123	0,70049	0,28634	1,55218
58	0,98213	0,40163	0,70070	0,28655	1,55276
60	0,98270	0,40203	0,70091	0,28675	1,55334

Tafel I.

$\alpha = 89$ Grad.

Minuten.	Tangente AB.	Scheitelabstand BD.	Abszisse AE. Halbe Sehne AF.	Ordinate ED. Pfeilhöhe DF.	Bogenlänge ADC.
	$\operatorname{tg}\frac{\alpha}{2}$	$\sec\frac{\alpha}{2}-1$	$\sin\frac{\alpha}{2}$	$1-\cos\frac{\alpha}{2}$	$\frac{\pi\alpha}{180}$
0	0,98270	0,40203	0,70091	0,28675	1,55334
2	0,98327	0,40243	0,70112	0,28695	1,55392
4	0,98384	0,40283	0,70132	0,28716	1,55451
6	0,98441	0,40324	0,70153	0,28736	1,55509
8	0,98499	0,40364	0,70174	0,28757	1,55567
10	0,98556	0,40404	0,70195	0,28777	1,55625
12	0,98613	0,40444	0,70215	0,28797	1,55683
14	0,98671	0,40485	0,70236	0,28818	1,55742
16	0,98728	0,40525	0,70257	0,28838	1,55800
18	0,98786	0,40565	0,70277	0,28859	1,55858
20	0,98843	0,40606	0,70298	0,28879	1,55916
22	0,98901	0,40646	0,70319	0,28900	1,55974
24	0,98958	0,40687	0,70339	0,28920	1,56032
26	0,99016	0,40727	0,70360	0,28940	1,56091
28	0,99073	0,40768	0,70381	0,28961	1,56149
30	0,99131	0,40808	0,70401	0,28981	1,56207
32	0,99189	0,40849	0,70422	0,29002	1,56265
34	0,99247	0,40889	0,70443	0,29022	1,56323
36	0,99304	0,40930	0,70463	0,29043	1,56382
38	0,99362	0,40971	0,70484	0,29063	1,56440
40	0,99420	0,41012	0,70505	0,29084	1,56498
42	0,99478	0,41053	0,70525	0,29104	1,56556
44	0,99536	0,41093	0,70546	0,29125	1,56614
46	0,99594	0,41134	0,70567	0,29145	1,56672
48	0,99652	0,41175	0,70587	0,29166	1,56731
50	0,99710	0,41216	0,70608	0,29187	1,56789
52	0,99768	0,41257	0,70628	0,29207	1,56847
54	0,99826	0,41298	0,70649	0,29228	1,56905
56	0,99884	0,41339	0,70670	0,29248	1,56963
58	0,99942	0,41380	0,70690	0,29269	1,57022
60	1,00000	0,41421	0,70711	0,29289	1,57080

Tafel II

Ordinaten

reiner Kreisbogen

zur Tangente im Bogenanfang

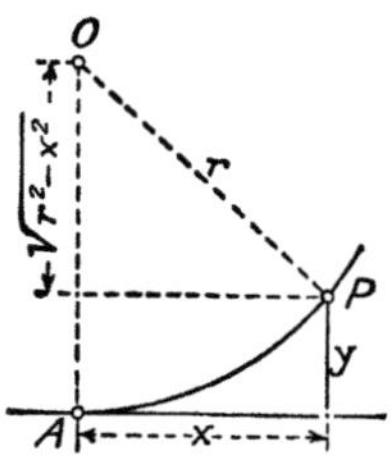

Reine Kreisbogen.

Abszissen	Ordinaten bei dem Halbmesser					Abszissen
	20	25	30	35	40	
2	0,100	0,080	0,067	0,057	0,050	2
4	0,404	0,322	0,268	0,229	0,201	4
6	0,921	0,731	0,606	0,518	0,453	6
8	1,67	1,32	1,09	0,927	0,808	8
10	2,68	2,09	1,72	1,46	1,27	10
12	4,00	3,07	2,51	2,12	1,84	12
14	5,72	4,29	3,47	2,92	2,53	14
16	8,00	5,79	4,62	3,87	3,34	16
18	11,28	7,65	6,00	4,98	4,28	18
20	20,00	10,00	7,64	6,28	5,36	20
22		13,13	9,60	7,78	6,59	22
24		18,00	12,00	9,52	8,00	24
26			15,03	11,57	9,60	26
28			19,23	14,00	11,43	28
30			30,00	16,97	13,54	30

Tafel II.

Reine Kreisbogen.

Abszissen	Ordinaten bei dem Halbmesser 50	60	70	80	90	Abszissen
5	0,251	0,209	0,179	0,156	0,139	5
10	1,01	0,839	0,718	0,627	0,557	10
15	2,30	1,91	1,63	1,42	1,26	15
20	4,17	3,43	2,92	2,54	2,25	20
25	6,70	5,46	4,62	4,01	3,54	25
30	10,00	8,04	6,75	5,84	5,15	30
35	14,29	11,27	9,38	8,06	7,08	35
40	20,00	15,28	12,55	10,72	9,38	40
45	28,21	20,31	16,38	13,86	12,06	45
50	50,00	26,83	21,01	17,55	15,17	50
55		36,02	26,70	21,91	18,76	55
60		60,00	33,94	27,09	22,92	60

Reine Kreisbogen.

Abszissen	Ordinaten bei dem Halbmesser					Abszissen
	100	110	120	130	140	
5	0,125	0,114	0,104	0,096	0,089	5
10	0,501	0,455	0,417	0,385	0,358	10
15	1,13	1,03	0,941	0,868	0,806	15
20	2,02	1,83	1,68	1,55	1,44	20
25	3,18	2,88	2,63	2,43	2,25	25
30	4,61	4,17	3,81	3,51	3,25	30
35	6,33	5,72	5,22	4,80	4,45	35
40	8,35	7,53	6,86	6,31	5,84	40
45	10,70	9,63	8,76	8,04	7,43	45
50	13,40	12,02	10,91	10,00	9,23	50
55	16,48	14,74	13,35	12,21	11,26	55
60	20,00	17,81	16,08	14,67	13,51	60
65	24,01	21,26	19,13	17,42	16,00	65
70	28,59	25,15	22,53	20,46	18,76	70
75	33,86	29,53	26,33	23,82	21,78	75

Tafel II.

Reine Kreisbogen.

Abszissen	Ordinaten bei dem Halbmesser					Abszissen
	150	160	170	180	190	
5	0,083	0,078	0,074	0,069	0,066	5
10	0,334	0,313	0,294	0,278	0,263	10
15	0,752	0,705	0,663	0,626	0,593	15
20	1,339	1,255	1,181	1,115	1,056	20
25	2,098	1,965	1,848	1,745	1,652	25
30	3,031	2,838	2,668	2,518	2,383	30
35	4,141	3,875	3,642	3,436	3,252	35
40	5,432	5,081	4,773	4,501	4,258	40
45	6,909	6,458	6,064	5,716	5,406	45
50	8,579	8,013	7,519	7,084	6,697	50
55	10,448	9,750	9,143	8,609	8,135	55
60	12,523	11,676	10,940	10,294	9,722	60
65	14,815	13,798	12,917	12,146	11,464	65
70	17,335	16,126	15,081	14,169	13,365	70
75	20,096	18,669	17,439	16,369	15,429	75
80	23,114	21,436	20,000	18,755	17,663	80
85	26,408	24,446	22,775	21,334	20,074	85
90	30,000	27,712	25,778	24,115	22,668	90

Reine Kreisbogen.

Abszissen	Ordinaten bei dem Halbmesser					Abszissen
	200	210	220	230	240	
10	0,250	0,238	0,227	0,217	0,208	10
20	1,003	0,955	0,911	0,871	0,835	20
30	2,263	2,154	2,055	1,965	1,882	30
40	4,041	3,845	3,667	3,505	3,357	40
50	6,351	6,039	5,757	5,501	5,266	50
60	9,212	8,754	8,340	7,964	7,621	60
70	12,650	12,010	11,433	10,911	10,435	70
80	16,697	15,835	15,061	14,361	13,726	80
90	21,394	20,264	19,251	18,340	17,514	90
100	26,796	25,338	24,041	22,877	21,826	100
110	32,967	31,115	29,474	28,010	26,693	110

Tafel II.

Reine Kreisbogen.

Abszissen	Ordinaten bei dem Halbmesser					Abszissen
	250	260	270	280	290	
10	0,201	0,192	0,185	0,179	0,172	10
20	0,801	0,770	0,742	0,715	0,690	20
30	1,807	1,737	1,672	1,612	1,556	30
40	3,221	3,095	2,979	2,872	2,772	40
50	5,051	4,853	4,670	4,500	4,343	50
60	7,307	7,018	6,751	6,504	6,275	60
70	10,000	9,600	9,232	8,891	8,575	70
80	13,146	12,614	12,124	11,672	11,253	80
90	16,762	16,074	15,442	14,859	14,319	90
100	20,871	20,000	19,201	18,466	17,787	100
110	25,501	24,415	23,423	22,512	21,672	110
120	30,683	29,349	28,132	27,018	25,992	120

Reine Kreisbogen.

Abszissen	Ordinaten bei dem Halbmesser					Abszissen
	300	325	350	375	400	
10	0,167	0,154	0,143	0,133	0,125	10
20	0,667	0,616	0,572	0,534	0,500	20
30	1,504	1,388	1,288	1,202	1,127	30
40	2,679	2,471	2,293	2,139	2,005	40
50	4,196	3,869	3,590	3,348	3,137	50
60	6,061	5,586	5,181	4,831	4,525	60
70	8,281	7,628	7,071	6,591	6,173	70
80	10,863	10,000	9,265	8,633	8,082	80
90	13,818	12,710	11,769	10,960	10,256	90
100	17,157	15,767	14,590	13,579	12,702	100
110	20,894	19,181	17,735	16,496	15,422	110
120	25,045	22,965	21,214	19,718	18,424	120
130	29,630	27,133	25,039	23,254	21,714	130
140	34,670	31,700	29,220	27,114	25,300	140

Tafel II.

Reine Kreisbogen.

Abszissen	Ordinaten bei dem Halbmesser					Abszissen
	425	450	475	500	525	
10	0,118	0,111	0,105	0,100	0,095	10
20	0,471	0,445	0,421	0,400	0,381	20
30	1,060	1,001	0,948	0,901	0,858	30
40	1,887	1,781	1,687	1,603	1,526	40
50	2,951	2,786	2,639	2,506	2,386	50
60	4,257	4,018	3,805	3,613	3,439	60
70	5,805	5,478	5,186	4,924	4,687	70
80	7,597	7,168	6,785	6,442	6,131	80
90	9,639	9,092	8,603	8,167	7,772	90
100	11,932	11,252	10,645	10,102	9,612	100
110	14,482	13,652	12,912	12,250	11,653	110
120	17,293	16,295	15,408	14,614	13,898	120
130	20,371	19,186	18,136	17,196	16,350	130
140	23,721	22,332	21,100	20,000	19,011	140
150	27,351	25,736	24,306	23,030	21,885	150
160	31,268	29,405	27,758	26,291	24,975	160
170	35,481	33,347	31,463	29,787	28,285	170
180	40,000	37,568	35,426	33,524	31,822	180

Tafel II.

Reine Kreisbogen.

Abszissen	Ordinaten bei dem Halbmesser					Abszissen
	550	575	600	625	650	
10	0,091	0,087	0,083	0,080	0,077	10
20	0,364	0,348	0,333	0,320	0,308	20
30	0,819	0,783	0,750	0,720	0,693	30
40	1,456	1,393	1,335	1,281	1,232	40
50	2,277	2,178	2,087	2,003	1,926	50
60	3,282	3,139	3,008	2,887	2,775	60
70	4,473	4,277	4,097	3,933	3,780	70
80	5,849	5,592	5,357	5,141	4,942	80
90	7,414	7,087	6,788	6,514	6,261	90
100	9,167	8,762	8,392	8,052	7,738	100
110	11,112	10,620	10,170	9,756	9,375	110
120	13,251	12,661	12,122	11,628	11,173	120
130	15,584	14,888	14,253	13,669	13,133	130
140	18,117	17,304	16,562	15,882	15,256	140
150	20,850	19,910	19,053	18,267	17,544	150
160	23,787	22,709	21,727	20,827	20,000	160
170	26,932	25,705	24,587	23,564	22,625	170
180	30,289	28,900	27,636	26,481	25,420	180

Tafel II.

Reine Kreisbogen.

Abszissen	Ordinaten bei dem Halbmesser					Abszissen
	675	700	725	750	775	
10	0,074	0,071	0,069	0,067	0,065	10
20	0,296	0,286	0,276	0,267	0,258	20
30	0,667	0,643	0,621	0,600	0,581	30
40	1,186	1,144	1,104	1,067	1,033	40
50	1,854	1,788	1,726	1,668	1,614	50
60	2,672	2,576	2,487	2,404	2,326	60
70	3,639	3,509	3,387	3,274	3,168	70
80	4,757	4,586	4,427	4,279	4,140	80
90	6,027	5,810	5,607	5,419	5,244	90
100	7,448	7,180	6,930	6,697	6,479	100
110	9,023	8,697	8,393	8,111	7,846	110
120	10,752	10,362	10,000	9,662	9,347	120
130	12,637	12,177	11,750	11,353	10,981	130
140	14,678	14,143	13,645	13,183	12,750	140
150	16,878	16,260	15,687	15,153	14,655	150
160	19,237	18,531	17,875	17,265	16,696	160
170	21,758	20,957	20,212	19,521	18,875	170
180	24,443	23,539	22,700	21,920	21,193	180
190	27,292	26,279	25,339	24,466	23,651	190
200	30,310	29,180	28,132	27,158	26,251	200
210	33,499	32,243	31,080	30,000	28,994	210
220	36,858	35,470	34,185	32,992	31,882	220

Reine Kreisbogen.

Abszissen	Ordinaten bei dem Halbmesser					Abszissen
	800	850	900	950	1000	
10	0,063	0,059	0,056	0,053	0,050	10
20	0,250	0,235	0,222	0,211	0,200	20
30	0,563	0,530	0,500	0,474	0,450	30
40	1,001	0,942	0,889	0,843	0,800	40
50	1,564	1,472	1,390	1,317	1,251	50
60	2,253	2,120	2,002	1,897	1,801	60
70	3,068	2,887	2,726	2,582	2,453	70
80	4,010	3,773	3,562	3,374	3,205	80
90	5,079	4,778	4,511	4,273	4,058	90
100	6,275	5,903	5,572	5,278	5,012	100
110	7,599	7,148	6,747	6,390	6,068	110
120	9,051	8,513	8,036	7,609	7,226	120
130	10,633	10,000	9,438	8,936	8,486	130
140	12,345	11,609	10,956	10,372	9,848	140
150	14,188	13,340	12,588	11,917	11,314	150
160	16,163	15,195	14,336	13,571	12,883	160
170	18,271	17,173	16,201	15,334	14,556	170
180	20,513	19,277	18,184	17,208	16,333	180
190	22,890	21,507	20,284	19,194	18,216	190
200	25,402	23,864	22,504	21,291	20,204	200
210	28,054	26,350	24,843	23,502	22,299	210
220	30,845	28,964	27,303	25,825	24,500	220

Tafel II.

Reine Kreisbogen.

Abszissen	Ordinaten bei dem Halbmesser					Abszissen
	1100	1200	1300	1400	1500	
10	0,045	0,041	0,039	0,036	0,033	10
20	0,181	0,166	0,154	0,143	0,133	20
30	0,408	0,375	0,346	0,322	0,300	30
40	0,727	0,667	0,616	0,572	0,533	40
50	1,137	1,043	0,962	0,893	0,834	50
60	1,638	1,502	1,385	1,286	1,201	60
70	2,230	2,044	1,886	1,751	1,634	70
80	2,913	2,670	2,464	2,288	2,135	80
90	3,688	3,380	3,119	2,896	2,702	90
100	4,555	4,174	3,852	3,576	3,337	100
110	5,514	5,052	4,662	4,328	4,039	110
120	6,565	6,015	5,550	5,152	4,808	120
130	7,709	7,063	6,516	6,049	5,644	130
140	8,945	8,195	7,560	7,018	6,548	140
150	10,275	9,412	8,683	8,059	7,519	150
160	11,699	10,715	9,884	9,173	8,558	160
170	13,216	12,103	11,163	10,360	9,665	170
180	14,827	13,577	12,521	11,620	10,839	180
190	16,533	15,137	13,959	12,953	12,082	190
200	18,335	16,784	15,477	14,359	13,393	200
210	20,232	18,518	17,074	15,839	14,773	210
220	22,225	20,339	18,751	17,393	16,221	220
230	24,314	22,248	20,508	19,022	17,738	230
240	26,501	24,245	22,346	20,725	19,325	240
250	28,786	26,331	24,265	22,502	20,980	250

Reine Kreisbogen.

Abszissen	Ordinaten bei dem Halbmesser				Abszissen
	1600	1700	1800	1900	
10	0,031	0,029	0,028	0,026	10
20	0,125	0,118	0,111	0,105	20
30	0,281	0,265	0,250	0,237	30
40	0,500	0,471	0,445	0,421	40
50	0,782	0,736	0,695	0,658	50
60	1,126	1,059	1,001	0,948	60
70	1,532	1,442	1,362	1,290	70
80	2,001	1,884	1,779	1,685	80
90	2,533	2,384	2,252	2,133	90
100	3,128	2,944	2,780	2,633	100
110	3,786	3,563	3,364	3,187	110
120	4,506	4,241	4,004	3,793	120
130	5,290	4,978	4,700	4,452	130
140	6,137	5,775	5,453	5,164	140
150	7,047	6,631	6,261	5,930	150
160	8,020	7,546	7,125	6,749	160
170	9,057	8,521	8,046	7,621	170
180	10,157	9,556	9,023	8,546	180
190	11,321	10,651	10,056	9,524	190
200	12,549	11,806	11,146	10,556	200
210	13,841	13,021	12,292	11,641	210
220	15,197	14,296	13,495	12,780	220
230	16,617	15,631	14,755	13,972	230
240	18,102	17,027	16,072	15,219	240
250	19,652	18,483	17,446	16,519	250
260	21,267	20,000	18,877	17,874	260

Tafel II.

Reine Kreisbogen.

Abszissen	Ordinaten bei dem Halbmesser					Abszissen
	2000	2250	2500	3000	4000	
5	0,006	0,005	0,005	0,004	0,003	5
10	0,025	0,022	0,020	0,017	0,012	10
15	0,056	0,050	0,045	0,038	0,028	15
20	0,100	0,089	0,080	0,067	0,050	20
25	0,157	0,138	0,125	0,104	0,078	25
30	0,225	0,200	0,180	0,150	0,112	30
35	0,306	0,272	0,245	0,204	0,153	35
40	0,400	0,355	0,320	0,267	0,200	40
45	0,506	0,450	0,405	0,338	0,253	45
50	0,625	0,556	0,500	0,417	0,312	50
55	0,752	0,673	0,605	0,504	0,378	55
60	0,900	0,800	0,720	0,600	0,450	60
65	1,051	0,939	0,845	0,704	0,528	65
70	1,225	1,089	0,980	0,817	0,612	70
75	1,407	1,250	1,125	0,938	0,703	75
80	1,601	1,423	1,280	1,067	0,800	80
85	1,807	1,606	1,446	1,204	0,903	85
90	2,026	1,800	1,620	1,350	1,012	90
95	2,258	2,006	1,806	1,504	1,128	95
100	2,502	2,223	2,001	1,667	1,250	100
105	2,758	2,451	2,206	1,838	1,378	105
110	3,027	2,690	2,421	2,017	1,512	110
115	3,309	2,941	2,646	2,205	1,653	115
120	3,603	3,202	2,881	2,401	1,800	120

Fortsetzung auf Seite 149.

Reine Kreisbogen.

Abszissen	Ordinaten bei dem Halbmesser					Abszissen
	2000	2250	2500	3000	4000	
125	3,910	3,475	3,127	2,605	1,953	125
130	4,229	3,759	3,383	2,818	2,113	130
135	4,561	4,054	3,648	3,039	2,279	135
140	4,906	4,360	3,923	3,269	2,451	140
150	5,633	5,005	4,504	3,753	2,814	150
160	6,410	5,696	5,125	4,270	3,201	160
170	7,238	6,431	5,786	4,820	3,614	170
180	8,116	7,211	6,488	5,405	4,052	180
190	9,045	8,036	7,230	6,023	4,515	190
200	10,025	8,906	8,013	6,674	5,003	200
210	11,056	9,821	8,836	7,359	5,516	210
220	12,137	10,781	9,699	8,078	6,054	220
230	13,269	11,786	10,603	8,830	6,617	230
240	14,452	12,837	11,547	9,616	7,206	240
250	15,686	13,932	12,532	10,435	7,820	250
260	16,972	15,073	13,557	11,288	8,459	260
270	18,309	16,259	14,623	12,175	9,123	270
280	19,697	17,491	15,730	13,096	9,812	280
290	21,137	18,768	16,877	14,050	10,526	290
300	22,628	20,090	18,065	15,038	11,266	300
310	24,171	21,458	19,294	16,060	12,031	310
320	25,766	22,872	20,565	17,115	12,821	320
330	27,413	24,332	21,876	18,205	13,636	330
340	29,112	25,837	23,228	19,329	14,476	340
350	30,863	27,389	24,621	20,487	15,342	350
360	32,667	28,987	26,056	21,678	16,233	360
370	34,523	30,631	27,532	22,904	17,150	370

Tafel II.

Reine Kreisbogen.

Abszissen	Ordinaten bei dem Halbmesser					Abszissen
	5000	6000	8000	10000	15000	
5	0,002	0,002	0,001	0,001	0,001	5
10	0,010	0,008	0,006	0,005	0,003	10
15	0,023	0,019	0,014	0,011	0,008	15
20	0,040	0,033	0,025	0,020	0,013	20
25	0,063	0,052	0,039	0,031	0,021	25
30	0,090	0,075	0,056	0,045	0,030	30
35	0,123	0,102	0,076	0,061	0,041	35
40	0,160	0,133	0,100	0,080	0,053	40
45	0,203	0,169	0,126	0,101	0,068	45
50	0,250	0,208	0,156	0,125	0,083	50
55	0,303	0,252	0,189	0,151	0,101	55
60	0,360	0,300	0,225	0,180	0,120	60
65	0,423	0,352	0,264	0,211	0,141	65
70	0,490	0,408	0,306	0,245	0,163	70
75	0,563	0,469	0,351	0,281	0,188	75
80	0,640	0,533	0,400	0,320	0,213	80
85	0,723	0,602	0,451	0,361	0,241	85
90	0,810	0,675	0,506	0,405	0,270	90
95	0,903	0,752	0,564	0,451	0,301	95
100	1,000	0,833	0,625	0,500	0,333	100
105	1,103	0,919	0,689	0,551	0,368	105
110	1,210	1,008	0,756	0,605	0,403	110
115	1,323	1,102	0,827	0,661	0,441	115
120	1,440	1,200	0,900	0,720	0,480	120

Fortsetzung auf Seite 151.

Reine Kreisbogen.

Abszissen	Ordinaten bei dem Halbmesser					Abszissen
	5000	6000	8000	10000	15000	
130	1,690	1,408	1,056	0,845	0,563	130
140	1,960	1,633	1,225	0,980	0,653	140
150	2,251	1,875	1,406	1,125	0,750	150
160	2,561	2,133	1,600	1,280	0,853	160
170	2,891	2,408	1,806	1,445	0,963	170
180	3,242	2,700	2,025	1,620	1,080	180
190	3,612	3,009	2,256	1,805	1,203	190
200	4,002	3,334	2,500	2,000	1,333	200
210	4,412	3,676	2,756	2,205	1,470	210
220	4,842	4,034	3,025	2,420	1,613	220
230	5,292	4,409	3,307	2,645	1,763	230
240	5,763	4,801	3,601	2,880	1,920	240
250	6,254	5,210	3,907	3,125	2,083	250
260	6,764	5,635	4,226	3,380	2,253	260
270	7,295	6,077	4,557	3,646	2,430	270
280	7,846	6,536	4,901	3,921	2,613	280
290	8,417	7,011	5,258	4,206	2,803	290
300	9,008	7,504	5,627	4,501	3,000	300
310	9,619	8,014	6,008	4,806	3,203	310
320	10,250	8,540	6,403	5,121	3,413	320
330	10,902	9,082	6,809	5,447	3,630	330
340	11,574	9,641	7,227	5,782	3,853	340
350	12,264	10,217	7,660	6,127	4,083	350

Die Ordinaten der Kreisbogen von mehr als 10000 m Halbmesser sind nach der Evolventenformel:

$$y = \frac{x^2}{2r}$$

zu berechnen. (Vgl. Abschnitt 28 der Einführung.)

Tafel III.

Ordinaten

der Kreisbogen mit Übergangsbogen

zur Tangente im Parabelanfang

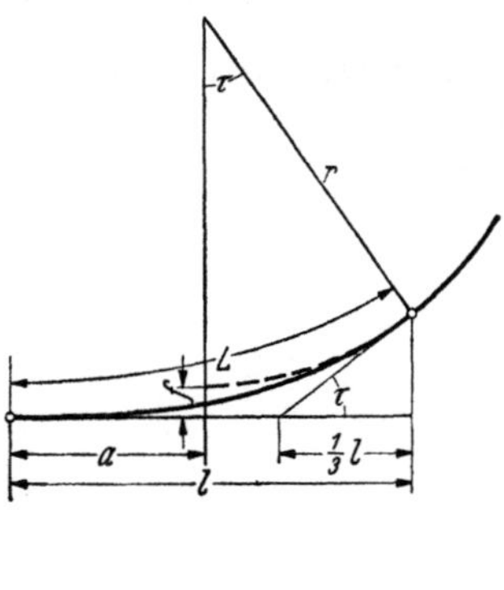

Zur Beachtung.

Der Übergang von der Parabel zum Kreisbogen ist durch Fettdruck des Ordinatenwertes gekennzeichnet.

Die zugehörige Abszisse ist die dem Kopf der Tafel zu entnehmende Länge *l*, nicht der in der ersten Spalte angegebene für die übrigen Ordinaten derselben Zeile gültige Wert.

Die Bogenlänge der Parabel hat das runde Maß *L*.

Ordinaten zur Abszisse $x = 10$ m sind nicht angegeben, wenn sie nur wenige Millimeter groß sind; **sie betragen den achten Teil der Ordinate zur Abszisse** $x = 20$ **m.**

[Rechenformeln (24) bis (32) in Abschnitt 8 der Einführung.]

Inhaltsübersicht der Tafel III.

Tafel III.

Kreisbogen mit Übergangsbogen.

r	60	60	60	60	70
L	10	20	30	40	10
l	9,993	19,944	29,812	39,556	9,995
a	4,962	9,708	14,076	18,008	4,972
f	0,069	0,271	0,600	1,071	0,059
1 : *m*	3560,4	6892,4	9810,4	12198,8	4166,0
τ	4° 48′ 35,0″	9° 49′ 21,7″	15° 12′ 18,4″	21° 02′ 45,8″	4° 06′ 52,9″
x = 5	0,035	0,018	0,013	0,010	0,030
10	0,280	0,145	0,102	0,082	0,240
15	0,915	0,490	0,344	0,277	0,781
20	1,984	1,151	0,815	0,656	1,691
25	3,514	2,252	1,593	1,281	2,985
30	5,543	3,807	2,701	2,213	4,686
35	8,129	5,862	4,367	3,515	6,827
40	11,362	8,479	6,489	5,074	9,453
45	15,382	11,748	9,183	7,485	12,633
50	20,426	15,812	12,543	10,312	16,463
55	26,960	20,918	16,723	13,831	21,098
60		27,549	21,987	18,215	26,793
65			28,871	23,765	
70				31,124	

Kreisbogen mit Übergangsbogen.

r	70	70	70	70	80
L	20	30	40	50	10
l	19,959	29,862	39,673	49,362	9,996
a	9,783	14,300	18,448	22,237	4,979
f	0,234	0,518	0,913	1,447	0,052
$1 : m$	8133,6	11732,4	14839,9	17390,4	4770,2
τ	8° 21′ 32,0″	12° 50′ 42,5″	17° 39′ 02,7″	22° 47′ 56,2″	3° 35′ 45,0″
$x =$ 5	0,015	0,011	0,008	0,007	0,026
10	0,123	0,085	0,067	0,058	**0,209**
15	0,415	0,288	0,227	0,194	0,682
20	**0,978**	0,682	0,539	0,460	1,475
25	1,908	1,332	1,053	0,898	2,598
30	3,217	**2,270**	1,819	1,553	4,066
35	4,934	3,649	2,889	2,465	5,899
40	7,092	5,406	**4,208**	3,680	8,125
45	9,738	7,609	6,144	5,240	10,782
50	12,940	10,306	8,427	**6,916**	13,923
55	16,798	13,566	11,214	9,588	17,619
60	21,467	17,494	14,580	12,507	21,978
65	27,210	22,253	18,636	16,027	27,161
70		28,121	23,559	20,274	
75			29,659	25,446	

Tafel III.

Kreisbogen mit Übergangsbogen.

r	80	80	80	80	90
L	20	30	40	50	10
l	19,969	29,894	39,750	49,512	9,997
a	9,833	14,454	18,768	22,752	4,983
f	0,205	0,456	0,801	1,250	0,046
$1:m$	9365,3	13629,5	17440,7	20719,4	5373,5
τ	7° 16′ 44,7″	11° 07′ 42,7″	15° 12′ 18,4″	19° 32′ 31,3″	3° 11′ 36,7″
$x =$ 5	0,013	0,009	0,007	0,006	0,023
10	0,107	0,073	0,057	0,048	0,186
15	0,360	0,248	0,194	0,163	0,605
20	0,850	0,587	0,459	0,386	1,308
25	1,656	1,146	0,896	0,754	2,300
30	2,789	1,960	1,548	1,303	3,593
35	4,267	3,139	2,458	2,069	5,199
40	6,111	4,644	3,601	3,089	7,138
45	8,349	6,517	5,224	4,398	9,432
50	11,020	8,787	7,149	5,858	12,114
55	14,175	11,492	9,476	8,038	15,224
60	17,889	14,687	12,245	10,450	18,820
65	22,269	18,447	15,512	13,315	22,980
70	27,480	22,883	19,358	16,693	27,814
75		28,167	23,898	20,668	
80			29,317	25,369	
85				30,999	

Kreisbogen mit Übergangsbogen.

r	90	90	90	90	90
L	20	30	40	50	60
l	19,975	29,917	39,802	49,614	59,333
a	9,867	14,563	19,003	24,151	27,013
f	0,183	0,407	0,715	1,109	1,607
1 : m	10590,4	15508,0	20008,1	24004,7	27447,2
τ	6° 26′ 55,6″	9° 49′ 21,7″	13° 21′ 44,5″	17° 05′ 59,1″	21° 02′ 45,8″
$x =$ 5	0,012	0,008	0,006	0,005	0,005
10	0,094	0,064	0,050	0,042	0,036
15	0,319	0,218	0,170	0,141	0,123
20	0,753	0,516	0,401	0,333	0,291
25	1,464	1,008	0,781	0,651	0,569
30	2,464	1,727	1,349	1,125	0,984
35	3,763	2,758	2,143	1,786	1,562
40	5,377	4,076	3,152	2,666	2,332
45	7,324	5,710	4,551	3,796	3,320
50	9,627	7,677	6,221	5,088	4,554
55	12,318	10,003	8,227	6,561	6,062
60	15,439	12,719	10,595	8,557	7,610
65	19,047	15,868	13,357	10,913	10,017
70	23,220	19,507	16,558	13,663	12,537
75		23,718	20,257	16,850	15,467
80			24,538	20,534	18,858
85				24,796	22,777
90					27,321

Tafel III.

Kreisbogen mit Übergangsbogen.

r	100	100	100	100	100
L	10	20	30	40	50
l	9,998	19,980	29,932	39,840	49,688
a	4,986	9,892	14,643	19,178	23,460
f	0,042	0,165	0,368	0,646	1,001
$1 : m$	5976,1	11810,8	17372,6	22548,7	27251,0
τ	2° 52′ 20,7″	5° 47′ 23,8″	8° 47′ 42,0″	11° 55′ 27,0″	15° 12′ 18,4″
$x =$ 5	0,021	0,011	0,007	0,006	0,005
10	**0,167**	0,085	0,058	0,044	0,037
15	0,545	0,286	0,194	0,150	0,124
20	1,176	**0,675**	0,461	0,355	0,294
25	2,065	1,313	0,899	0,693	0,573
30	3,221	2,208	**1,544**	1,197	0,991
35	4,652	3,368	2,462	1,901	1,573
40	6,372	4,805	3,636	**2,804**	2,349
45	8,397	6,530	5,087	4,037	3,344
50	10,746	8,561	6,827	5,514	**4,502**
55	13,448	10,917	8,873	7,282	6,105
60	16,535	13,625	11,246	9,358	7,916
65	20,052	16,720	13,973	11,762	10,037
70	24,061	20,246	17,088	14,523	12,491
75		25,264	20,637	17,677	15,306
80			24,681	21,269	18,519
85				25,363	22,179

Kreisbogen mit Übergangsbogen.

r	100	100	110	110	110
L	60	70	10	20	30
l	59,460	69,142	9,998	19,984	29,944
a	27,476	31,246	4,989	9,910	14,703
f	1,438	1,979	0,038	0,150	0,336
$1:m$	31419,6	35022,8	6578,3	13027,5	19226,4
τ	18° 39′ 12,2″	22° 16′ 10,0″	2° 36′ 36,3″	5° 15′ 15,0″	7° 57′ 52,4″
$x =$ 5	0,004	0,004	0,019	0,010	0,007
10	0,032	0,029	0,152	0,077	0,052
15	0,107	0,096	0,494	0,259	0,176
20	0,255	0,228	1,067	0,613	0,416
25	0,497	0,446	1,873	1,190	0,813
30	0,859	0,771	2,919	2,000	1,397
35	1,365	1,224	4,211	3,050	2,217
40	2,037	1,827	5,758	4,345	3,284
45	2,900	2,602	7,573	5,897	4,591
50	3,978	3,569	9,669	7,716	6,153
55	5,295	4,750	12,064	9,816	7,983
60	6,691	6,168	14,782	12,216	10,095
65	8,745	7,841	17,850	14,939	12,509
70	10,930	9,438	21,305	18,013	15,245
75	13,452	12,059		22,475	18,335
80	16,343	14,669			21,813
85	19,640	17,655			
90	23,395	21,059			
95		24,937			

Tafel III.

Kreisbogen mit Übergangsbogen.

r	110	110	110	110	120
L	40	50	60	70	10
l	39,868	49,742	59,554	69,291	9,998
a	19,312	23,701	27,850	31,760	4,990
f	0,590	0,913	1,307	1,783	0,035
$1:m$	25067,8	30463,9	35349,6	39683,3	7180,1
τ	10° 46′ 11,8″	13° 41′ 37,1″	16° 45′ 04,8″	19° 56′ 57,8″	2° 23′ 30,2″
$x =$ 5	0,005	0,004	0,004	0,003	0,017
10	0,040	0,033	0,028	0,025	0,139
15	0,135	0,111	0,095	0,085	0,453
20	0,319	0,263	0,226	0,202	0,977
25	0,623	0,513	0,442	0,394	1,715
30	1,077	0,886	0,764	0,680	2,671
35	1,710	1,407	1,213	1,080	3,848
40	2,528	2,101	1,810	1,613	5,252
45	3,631	2,991	2,577	2,297	6,901
50	4,957	4,040	3,536	3,150	8,796
55	6,540	5,460	4,707	4,193	10,952
60	8,392	7,075	5,975	5,443	13,387
65	10,527	8,960	7,770	6,920	16,118
70	12,965	11,131	9,703	8,384	19,170
75	15,729	13,607	11,925	10,638	22,574
80	18,846	16,412	14,455	12,925	
85	22,357	19,576	17,318	15,526	
90	26,309	23,138	20,547	18,466	
95		27,149	24,181	21,779	
100				25,508	

Kreisbogen mit Übergangsbogen.

r	120	120	120	120	120
L	20	30	40	50	60
l	19,986	29,953	39,889	49,783	59,625
a	9,924	14,749	19,417	23,892	28,152
f	0,138	0,308	0,543	0,840	1,201
1 : m	14241,6	21072,0	27569,8	33648,9	39241,5
τ	4° 48′ 35,0″	7° 16′ 44,7″	9° 49′ 21,7″	12° 27′ 35,5″	15° 12′ 18,4″
x = 10	0,070	0,047	0,036	0,030	0,025
15	0,237	0,160	0,122	0,100	0,086
20	0,561	0,380	0,290	0,238	0,204
25	1,089	0,742	0,567	0,464	0,398
30	1,829	1,275	0,979	0,802	0,688
35	2,787	2,029	1,555	1,274	1,093
40	3,966	2,995	2,302	1,902	1,631
45	5,378	4,184	3,302	2,708	2,322
50	7,028	5,603	4,506	3,667	3,185
55	8,926	7,260	5,940	4,942	4,240
60	11,086	9,167	7,614	6,401	5,402
65	13,524	11,336	9,538	8,101	6,998
70	16,259	13,784	11,725	10,052	8,734
75	19,316	16,530	14,192	12,268	10,724
80	22,725	19,599	16,959	14,765	12,980
85		23,021	20,050	17,565	15,521
90			23,496	20,691	18,367
95				24,177	21,545
100					25,087

Tafel III.

Kreisbogen mit Übergangsbogen.

r	120	120	130	130	130
L	70	80	10	20	30
l	69,405	79,111	9,999	19,988	29,960
a	32,189	36,017	4,992	9,936	14,785
f	1,630	2,142	0,032	0,128	0,285
$1:m$	44299,6	48795,1	7781,6	15453,6	22911,0
τ	18° 04′ 00,6″	21° 02′ 45,8″	2° 12′ 25,8″	4° 26′ 06,0″	6° 42′ 12,4″
$x =$ 5	0,003	0,003	0,016	0,008	0,005
10	0,023	0,020	0,128	0,065	0,044
15	0,076	0,069	0,418	0,218	0,147
20	0,181	0,164	0,901	0,517	0,349
25	0,353	0,320	1,581	1,004	0,682
30	0,609	0,553	2,460	1,686	1,174
35	0,968	0,879	3,543	2,567	1,866
40	1,445	1,312	4,834	3,652	2,754
45	2,057	1,868	6,341	4,946	3,845
50	2,822	2,562	8,072	6,455	5,145
55	3,756	3,410	10,035	8,189	6,662
60	4,876	4,427	12,244	10,155	8,402
65	6,199	5,628	14,711	12,366	10,375
70	7,547	7,029	17,453	14,836	12,593
75	9,526	8,646	20,494	17,582	15,071
80	11,566	10,147	23,854	20,624	17,826
85	13,876	12,594		23,989	20,878
90	16,474	14,970			24,253
95	19,381	17,638			
100	22,627	20,623			

Kreisbogen mit Übergangsbogen.

r	130	130	130	130	130
L	40	50	60	70	80
l	39,905	49,815	59,680	69,493	79,243
a	19,500	24,045	28,398	32,546	36,492
f	0,503	0,778	1,112	1,506	1,968
$1:m$	30057,8	36810,4	43100,0	48874,5	54098,9
τ	9° 01′ 51,2″	11° 26′ 00,4″	13° 55′ 26,2″	16° 30′ 40,3″	19° 11′ 56,4″
$x = 10$	0,033	0,027	0,023	0,020	0,018
15	0,112	0,092	0,078	0,069	0,062
20	0,266	0,217	0,186	0,164	0,148
25	0,520	0,424	0,363	0,320	0,289
30	0,898	0,733	0,627	0,552	0,499
35	1,426	1,165	0,995	0,877	0,793
40	**2,114**	1,739	1,485	1,309	1,183
45	3,028	2,476	2,114	1,864	1,684
50	4,131	**3,358**	2,900	2,558	2,311
55	5,444	4,518	3,860	3,404	3,076
60	6,973	5,849	**4,932**	4,420	3,993
65	8,726	7,398	6,371	5,619	5,076
70	10,713	9,172	7,948	**6,866**	6,340
75	12,946	11,180	9,752	8,633	7,798
80	15,439	13,436	11,792	10,477	**9,198**
85	18,210	15,954	14,081	12,558	11,357
90	21,279	18,751	16,634	14,891	13,491
95	24,674	21,850	19,469	17,491	15,878
100		25,275	22,608	20,376	18,536
105				23,569	21,484
110					24,746

Tafel III.

Kreisbogen mit Übergangsbogen.

r	140	140	140	140	140
L	10	20	30	40	50
l	9,999	19,990	29,966	39,918	49,841
a	4,993	9,944	14,814	19,566	24,169
f	0,030	0,118	0,265	0,468	0,725
$1:m$	8382,9	16663,9	24744,7	32534,5	39952,3
τ	2° 02′ 56,6″	4° 06′ 52,9″	6° 12′ 46,7″	8° 21′ 32,0″	10° 33′ 57,2″
$x =$ 5	0,015	0,008	0,005	0,004	0,003
10	0,119	0,060	0,040	0,031	0,025
15	0,388	0,203	0,136	0,104	0,084
20	0,837	0,479	0,325	0,246	0,200
25	1,467	0,930	0,631	0,480	0,391
30	2,282	1,562	1,087	0,830	0,676
35	3,284	2,378	1,728	1,318	1,073
40	4,477	3,382	2,549	1,955	1,602
45	5,868	4,578	3,558	2,798	2,281
50	7,462	5,971	4,759	3,816	3,099
55	9,266	7,566	6,157	5,026	4,162
60	11,289	9,372	7,758	6,434	5,388
65	13,542	11,398	9,569	8,045	6,811
70	16,037	13,653	11,601	9,868	8,439
75	18,790	16,151	13,862	11,910	10,279
80	21,819	18,907	16,367	14,184	12,339
85		21,938	19,129	16,701	14,631
90			22,167	19,476	17,168
95				22,529	19,965
100					23,040

Kreisbogen mit Übergangsbogen.

r	140	140	140	150	150
L	60	70	80	10	20
l	59,724	69,562	79,347	9,999	19,991
a	28,600	32,844	36,897	4,994	9,951
f	1,036	1,401	1,825	0,028	0,111
1 : m	46929,6	53412,0	59359,4	8984,0	17872,8
τ	12° 50′ 42,5″	15° 12′ 18,4″	17° 39′ 02,7″	1° 54′ 43,6″	3° 50′ 15,8″
x = 5	0,003	0,002	0,002	0,014	0,007
10	0,021	0,019	0,017	0,111	0,056
15	0,072	0,063	0,057	0,363	0,189
20	0,170	0,150	0,135	0,780	0,447
25	0,333	0,293	0,263	1,368	0,868
30	0,575	0,506	0,455	2,127	1,457
35	0,914	0,803	0,722	3,060	2,217
40	1,364	1,198	1,078	4,170	3,152
45	1,942	1,706	1,535	5,461	4,263
50	2,664	2,340	2,106	6,939	5,556
55	3,545	3,115	2,803	8,609	7,036
60	4,540	4,044	3,639	10,477	8,707
65	5,851	5,142	4,626	12,553	10,577
70	7,297	6,302	5,778	14,846	12,655
75	8,949	7,899	7,107	17,366	14,949
80	10,813	9,582	8,416	20,128	17,472
85	12,899	11,479	10,348	23,146	20,235
90	15,219	13,600	12,287		23,256
95	17,784	15,955	14,451		
100	20,612	18,559	16,853		
105	23,720	21,428	19,506		
110		24,579	22,427		

Tafel III.

Kreisbogen mit Übergangsbogen.

r	150	150	150	150	150
L	30	40	50	60	70
l	29,970	39,929	49,861	59,760	69,619
a	14,838	19,620	24,271	28,768	33,094
f	0,248	0,438	0,679	0,970	1,311
$1:m$	26574,2	35001,8	43077,8	50734,5	57916,1
τ	5° 47′ 23,8″	7° 46′ 52,3″	9° 49′ 21,7″	11° 55′ 27,0″	14° 05′ 36,0″
$x =$ 10	0,038	0,029	0,023	0,020	0,017
15	0,127	0,096	0,078	0,067	0,058
20	0,301	0,229	0,186	0,158	0,138
25	0,588	0,446	0,363	0,308	0,270
30	**1,013**	0,771	0,627	0,532	0,466
35	1,609	1,225	0,995	0,845	0,740
40	2,373	**1,819**	1,486	1,261	1,105
45	3,312	2,601	2,120	1,796	1,573
50	4,427	3,547	**2,878**	2,464	2,158
55	5,725	4,670	3,860	3,279	2,873
60	7,208	5,975	4,996	**4,207**	3,730
65	8,884	7,467	6,314	5,412	4,742
70	10,759	9,152	7,819	6,748	**5,826**
75	12,842	11,036	9,517	8,272	7,284
80	15,144	13,127	11,416	9,990	8,832
85	17,669	15,436	13,522	11,909	10,578
90	20,438	17,974	15,847	14,037	12,524
95	23,464	20,754	18,401	16,384	14,681
100		23,793	21,199	18,962	17,059
105			24,256	21,785	19,669
110				24,869	22,526

Kreisbogen mit Übergangsbogen.

r	150	150	160	160	160
L	80	90	10	20	30
l	79,431	89,190	9,999	19,992	29,974
a	37,242	41,214	4,995	9,957	14,857
f	1,705	2,157	0,026	0,104	0,232
1 : *m*	64579,5	70694,2	9585,0	19080,7	28400,1
τ	16° 20′ 08,1″	18° 39′ 12,2″	1° 47′ 32,5″	3° 35′ 45,0″	5° 25′ 16,7″
x = 5	0,002	0,002	0,013	0,007	0,004
10	0,015	0,014	**0,014**	0,052	0,035
15	0,052	0,048	0,339	0,177	0,119
20	0,124	0,113	0,731	**0,419**	0,282
25	0,242	0,221	1,282	0,813	0,550
30	0,418	0,382	1,992	1,364	**0,948**
35	0,664	0,606	2,865	2,076	1,505
40	0,991	0,905	3,902	2,950	2,220
45	1,411	1,289	5,108	3,989	3,097
50	1,936	1,768	6,486	5,196	4,139
55	2,576	2,353	8,041	6,575	5,350
60	3,344	3,055	9,778	8,131	6,732
65	4,252	3,885	11,704	9,870	8,292
70	5,311	4,853	13,826	11,797	10,035
75	6,533	5,968	16,153	13,921	11,966
80	**7,760**	7,242	18,696	16,250	14,094
85	9,511	8,687	21,465	18,794	16,426
90	11,289	**10,036**	24,465	21,563	18,975
95	13,271	12,132		24,577	21,751
100	15,465	14,156			24,767
105	17,881	16,395			
110	20,532	18,859			

Tafel III.

Kreisbogen mit Übergangsbogen.

r	160	160	160	160	160
L	40	50	60	70	80
l	39,938	49,878	59,789	69,665	79,500
a	19,665	24,356	28,907	33,304	37,536
f	0,411	0,638	0,912	1,233	1,601
1 : *m*	37461,3	46189,4	54518,0	62390,8	69762,6
τ	7° 16′ 44,7″	9° 10′ 43,3″	11° 07′ 42,7″	13° 08′ 08,1″	15° 12′ 18,4″
x = 10	0,027	0,022	0,018	0,016	0,014
15	0,090	0,073	0,062	0,054	0,048
20	0,214	0,173	0,147	0,128	0,115
25	0,417	0,338	0,287	0,250	0,224
30	0,721	0,584	0,495	0,433	0,387
35	1,145	0,928	0,786	0,687	0,615
40	**1,700**	1,386	1,174	1,026	0,917
45	2,430	1,973	1,671	1,461	1,306
50	3,313	**2,686**	2,293	2,003	1,792
55	4,361	3,600	3,052	2,667	2,385
60	5,579	4,659	**3,920**	3,462	3,096
65	6,968	5,886	5,036	4,402	3,937
70	8,535	7,287	6,279	**5,419**	4,917
75	10,284	8,865	7,695	6,761	6,047
80	12,223	10,626	9,289	8,199	**7,202**
85	14,359	12,576	11,067	9,814	8,803
90	16,700	14,724	13,035	11,616	10,447
95	19,256	17,078	15,201	13,606	12,276
100	22,041	19,649	17,574	15,797	14,298
105		22,448	20,165	18,196	16,520
110			22,985	20,813	18,951
115				23,662	21,603
120					24,489

Kreisbogen mit Übergangsbogen.

r	**160**	**170**	**170**	**170**	**170**
L	**90**	**10**	**20**	**30**	**40**
l	89,288	9,999	19,993	29,977	39,945
a	41,601	4,995	9,962	14,873	19,702
f	2,021	0,024	0,098	0,219	0,387
$1:m$	76599,2	10185,8	20287,6	30223,1	39914,3
τ	17° 20′ 25,0″	1° 41′ 12,2″	3° 22′ 57,8″	5° 05′ 49,6″	6° 50′ 18,7″
$x =$ 5	0,002	0,012	0,006	0,004	0,003
10	0,013	**0,098**	0,049	0,033	0,025
15	0,044	0,319	0,166	0,112	0,085
20	0,104	0,688	**0,394**	0,265	0,201
25	0,204	1,205	0,764	0,517	0,391
30	0,352	1,873	1,283	**0,891**	0,676
35	0,560	2,693	1,952	1,415	1,074
40	0,836	3,667	2,773	2,086	**1,597**
45	1,190	4,798	3,748	2,910	2,280
50	1,632	6,089	4,880	3,888	3,109
55	2,172	7,544	6,172	5,023	4,092
60	2,820	9,169	7,629	6,318	5,232
65	3,585	10,966	9,254	7,777	6,533
70	4,478	12,943	11,053	9,405	7,998
75	5,508	15,107	13,031	11,207	9,632
80	6,684	17,465	15,196	13,189	11,440
85	8,017	20,027	17,555	15,357	13,428
90	**9,293**	22,803	20,118	17,720	15,603
95	11,195		22,896	20,287	17,972
100	13,059			23,068	20,546
105	15,118				23,335
110	17,378				
115	19,850				

Tafel III.

Kreisbogen mit Übergangsbogen.

r	170	170	170	170	170
L	50	60	70	80	90
l	49,892	59,813	69,703	79,557	89,369
a	24,426	29,025	33,483	37,788	41,936
f	0,602	0,860	1,163	1,511	1,904
$1:m$	49289,2	58283,0	66839,6	74912,4	82464,5
τ	8° 36′ 54,5″	10° 26′ 03,0″	12° 18′ 06,7″	14° 13′ 23,4″	16° 12′ 05,8″
x = 10	0,020	0,017	0,015	0,013	0,012
15	0,068	0,058	0,050	0,045	0,041
20	0,162	0,137	0,120	0,107	0,097
25	0,317	0,268	0,234	0,209	0,189
30	0,548	0,463	0,404	0,360	0,327
35	0,870	0,736	0,641	0,572	0,520
40	1,298	1,098	0,958	0,854	0,776
45	1,849	1,563	1,363	1,216	1,105
50	**2,520**	2,145	1,870	1,669	1,516
55	3,374	2,855	2,489	2,221	2,018
60	4,366	**3,672**	3,232	2,883	2,619
65	5,515	4,710	4,109	3,666	3,330
70	6,825	5,872	**5,067**	4,579	4,159
75	8,299	7,195	6,311	5,632	5,116
80	9,942	8,682	7,651	**6,722**	6,209
85	11,760	10,340	9,157	8,198	7,447
90	13,758	12,172	10,833	9,728	**8,656**
95	15,943	14,184	12,684	11,427	10,398
100	18,324	16,385	14,717	13,300	12,127
105	20,910	18,782	16,938	15,362	14,034
110	23,711	21,384	19,357	17,614	16,124
115		24,203	21,982	20,057	18,406
120			24,825	22,712	20,887

Tafel III.

Kreisbogen mit Übergangsbogen.

r	180	180	180	180	180
L	10	20	30	40	50
l	9,999	19,994	29,979	39,951	49,904
a	4,996	9,966	14,887	19,734	24,486
f	0,023	0,092	0,207	0,366	0,569
$1:m$	10786,7	21493,8	32043,6	42361,7	52378,9
τ	1° 35′ 34,3″	3° 11′ 36,7″	4° 48′ 35,0″	6° 26′ 55,6″	8° 07′ 03,6″
$x =$ 5	0,012	0,006	0,004	0,003	0,002
10	**0,093**	0,047	0,031	0,024	0,019
15	0,301	0,157	0,105	0,080	0,064
20	0,649	**0,372**	0,250	0,189	0,153
25	1,138	0,721	0,488	0,369	0,298
30	1,768	1,210	**0,841**	0,637	0,515
35	2,541	1,841	1,334	1,012	0,819
40	3,460	2,615	1,967	**1,505**	1,222
45	4,525	3,534	2,744	2,148	1,740
50	5,740	4,600	3,665	2,929	**2,373**
55	7,108	5,817	4,733	3,855	3,174
60	8,633	7,186	5,952	4,927	4,107
65	10,319	8,712	7,324	6,151	5,188
70	12,170	10,398	8,852	7,527	6,418
75	14,193	12,251	10,541	9,060	7,802
80	16,396	14,275	12,397	10,755	9,344
85	18,780	16,477	14,423	12,615	11,046
90	21,359	18,864	16,628	14,647	12,915
95	24,141	21,444	19,018	16,857	14,956
100		24,227	21,601	19,253	17,175
105			24,388	21,842	19,580
110				24,635	22,179
115					24,982

Tafel III.

Kreisbogen mit Übergangsbogen.

r	180	180	180	180	180
L	60	70	80	90	100
l	59,833	69,735	79,605	89,438	99,228
a	29,125	33,636	38,005	42,228	46,302
f	0,814	1,102	1,430	1,802	2,218
$1:m$	62032,0	71265,6	80032,3	88293,3	96018,9
τ	9° 49′ 21,7″	11° 34′ 09,8″	13° 21′ 44,5″	15° 12′ 18,4″	17° 05′ 59,1″
$x =$ 10	0,016	0,014	0,012	0,011	0,010
15	0,054	0,047	0,042	0,038	0,035
20	0,129	0,112	0,100	0,091	0,083
25	0,252	0,219	0,195	0,177	0,163
30	0,435	0,379	0,337	0,306	0,281
35	0,691	0,602	0,536	0,486	0,447
40	1,032	0,898	0,800	0,725	0,667
45	1,469	1,279	1,139	1,032	0,949
50	2,015	1,755	1,562	1,416	1,302
55	2,682	2,335	2,079	1,884	1,733
60	3,453	3,031	2,699	2,446	2,250
65	4,425	3,854	3,431	3,110	2,860
70	5,516	4,759	4,285	3,885	3,572
75	6,758	5,919	5,271	4,778	4,394
80	8,153	7,176	6,303	5,799	5,332
85	9,706	8,586	7,673	6,956	6,396
90	11,420	10,154	9,103	8,103	7,592
95	13,301	11,885	10,692	9,712	8,929
100	15,355	13,783	12,443	11,325	10,175
105	17,587	15,853	14,362	13,102	12,058
110	20,006	18,103	16,455	15,048	13,865
115	22,620	20,541	18,729	17,168	15,843
120		23,174	21,190	19,471	17,997

Kreisbogen mit Übergangsbogen.

r	190	190	190	190	190
L	10	20	30	40	50
l	9,999	19,994	29,981	39,956	49,913
a	4,996	9,970	14,898	19,761	24,537
f	0,022	0,087	0,196	0,347	0,540
$1:m$	11387,4	22699,4	33862,0	44804,4	55459,9
τ	1° 30′ 32,0″	3° 01′ 28,0″	4° 33′ 11,5″	6° 06′ 05,3″	7° 40′ 30,8″
$x =$ 5	0,011	0,006	0,004	0,003	0,002
10	0,088	0,044	0,030	0,022	0,018
15	0,286	0,149	0,100	0,075	0,061
20	0,615	0,352	0,236	0,178	0,144
25	1,078	0,682	0,461	0,349	0,282
30	1,674	1,145	0,796	0,603	0,487
35	2,406	1,743	1,262	0,957	0,773
40	3,274	2,475	1,861	1,424	1,154
45	4,281	3,344	2,596	2,031	1,643
50	5,429	4,352	3,467	2,769	2,242
55	6,720	5,500	4,476	3,643	2,998
60	8,158	6,792	5,627	4,657	3,878
65	9,746	8,231	6,921	5,811	4,899
70	11,488	9,819	8,362	7,109	6,059
75	13,388	11,562	9,952	8,554	7,364
80	15,453	13,464	11,697	10,149	8,815
85	17,687	15,528	13,601	11,898	10,417
90	20,098	17,764	15,669	13,807	12,174
95	22,692	20,176	17,907	15,879	14,089
100		22,771	20,321	18,121	16,169
105			22,919	20,540	18,419
110				23,144	20,846
115					23,458

Tafel III.

Kreisbogen mit Übergangsbogen.

r	190	190	190	190	190
L	60	70	80	90	100
l	59,850	69,762	79,645	89,495	99,307
a	29,211	33,767	38,193	42,482	46,630
f	0,773	1,046	1,358	1,710	2,104
1 : *m*	65767,2	75671,6	85125,4	94088,8	102529,6
τ	9° 16′ 48,0″	10° 55′ 14,5″	12° 36′ 05,6″	14° 19′ 33,1″	16° 05′ 45,7″
x = 10	0,015	0,013	0,012	0,011	0,010
15	0,051	0,045	0,040	0,036	0,033
20	0,122	0,106	0,094	0,085	0,078
25	0,238	0,206	0,184	0,166	0,152
30	0,411	0,357	0,317	0,287	0,263
35	0,652	0,567	0,504	0,456	0,418
40	0,973	0,846	0,752	0,680	0,624
45	1,386	1,204	1,070	0,969	0,889
50	1,901	1,652	1,468	1,329	1,219
55	2,530	2,199	1,954	1,768	1,623
60	**3,260**	2,854	2,537	2,296	2,107
65	4,174	3,629	3,226	2,919	2,679
70	5,203	**4,487**	4,029	3,645	3,346
75	6,373	5,574	4,956	4,484	4,115
80	7,687	6,757	**5,935**	5,442	4,994
85	9,148	8,084	7,214	6,527	5,990
90	10,760	9,558	8,557	**7,618**	7,110
95	12,527	11,183	10,049	9,112	8,362
100	14,453	12,964	11,692	10,625	**9,552**
105	16,543	14,904	13,491	12,290	11,292
110	18,805	17,010	15,450	14,111	12,983
115	21,244	19,287	17,575	16,094	14,831
120	23,868	21,742	19,872	18,243	16,842

Kreisbogen mit Übergangsbogen.

r	200	200	200	200	200
L	20	30	40	50	60
l	19,995	29,983	39,960	49,922	59,865
a	9,973	14,908	19,784	24,581	29,285
f	0,083	0,186	0,330	0,514	0,736
$1:m$	23904,4	35678,6	47243,0	58533,3	69490,2
τ	2° 52′ 20,7″	4° 19′ 22,1″	5° 47′ 23,8″	7° 16′ 44,7″	8° 47′ 42,0″
x = 10	0,042	0,028	0,021	0,017	0,014
20	**0,334**	0,224	0,169	0,137	0,115
30	1,088	**0,756**	0,572	0,461	0,389
40	2,350	1,766	**1,351**	1,093	0,921
50	4,129	3,289	2,626	**2,126**	1,799
60	6,441	5,336	4,415	3,675	**3,087**
70	9,304	7,923	6,736	5,739	4,924
80	12,743	11,075	9,610	8,345	7,273
90	16,792	14,818	13,061	11,516	10,174
100	21,491	19,191	17,122	15,279	13,655
110		24,238	21,833	19,673	17,747
120				24,744	22,492

Tafel III.

Kreisbogen mit Übergangsbogen.

r	200	200	200	200	250
L	70	80	90	100	20
l	69,786	79,680	89,544	99,375	19,997
a	33,881	38,357	42,705	46,920	9,982
f	0,996	1,293	1,628	2,002	0,067
$1:m$	80059,8	90194,6	99853,9	109004,1	29923,4
τ	10° 20′ 31,5″	11° 55′ 27,0″	13° 32′ 39,7″	15° 12′ 18,4″	2° 17′ 44,6″
x = 10	0,012	0,011	0,010	0,009	0,033
20	0,100	0,089	0,080	0,073	0,267
30	0,337	0,299	0,270	0,248	0,870
40	0,799	0,710	0,641	0,587	1,876
50	1,561	1,386	1,252	1,147	3,291
60	2,698	2,395	2,163	1,982	5,122
70	4,245	3,803	3,435	3,147	7,378
80	6,386	5,609	5,127	4,697	10,072
90	9,031	8,076	7,190	6,688	13,219
100	12,241	11,030	10,010	9,003	16,836
110	16,048	14,565	13,290	12,210	20,946
120	20,487	18,716	17,168	15,832	
130		23,525	21,685	20,074	
140				24,982	

Kreisbogen mit Übergangsbogen.

r	250	250	250	250	250
L	30	40	50	60	70
l	29,989	39,974	49,950	59,914	69,863
a	14,941	19,861	24,730	29,536	34,270
f	0,150	0,265	0,413	0,592	0,803
1 : *m*	44742,1	59391,3	73817,2	87968,9	101798,6
τ	3° 27′ 03,2″	4° 36′ 53,0″	5° 47′ 23,8″	6° 58′ 45,4″	8° 11′ 06,5″
x = 10	0,022	0,017	0,014	0,011	0,010
20	0,179	0,135	0,108	0,091	0,079
30	0,603	0,455	0,366	0,307	0,265
40	1,409	1,076	0,867	0,728	0,629
50	2,620	2,088	1,688	1,421	1,228
60	4,244	3,508	2,914	2,445	2,122
70	6,288	5,344	4,546	3,888	3,350
80	8,764	7,606	6,599	5,738	5,021
90	11,684	10,306	9,084	8,014	7,094
100	15,065	13,458	12,013	10,728	9,599
110	18,928	17,081	15,404	13,895	12,549
120	23,296	21,197	19,278	17,533	15,962
130			23,657	21,666	19,858
140					24,261

Tafel III.

Kreisbogen mit Übergangsbogen.

r	250	250	250	250	300
L	80	90	100	110	20
l	79,795	89,708	99,600	109,468	19,998
a	38,921	43,482	47,946	52,307	9,988
f	1,044	1,315	1,616	1,948	0,056
$1:m$	115261,5	128317,1	140929,1	153065,4	35936,1
τ	9° 24′ 35,6″	10° 39′ 20,2″	11° 55′ 27,0″	13° 13′ 01,7″	1° 54′ 43,6″
$x =$ 10	0,009	0,008	0,007	0,007	0,028
20	0,069	0,062	0,057	0,052	**0,222**
30	0,234	0,210	0,192	0,176	0,724
40	0,555	0,499	0,454	0,418	1,561
50	1,084	0,974	0,887	0,817	2,737
60	1,874	1,683	1,533	1,411	4,254
70	2,976	2,673	2,434	2,241	6,120
80	**4,408**	3,990	3,633	3,345	8,340
90	6,318	**5,626**	5,173	4,763	10,923
100	8,620	7,787	**7,011**	6,533	13,878
110	11,361	10,327	9,440	**8,570**	17,218
120	14,557	13,313	12,225	11,287	20,955
130	18,225	16,763	15,465	14,327	
140	22,389	20,698	19.181	17,833	
150			23,395	21,826	

Kreisbogen mit Übergangsbogen.

r	300	300	300	300	300
L	30	40	50	60	70
l	29,992	39,982	49,965	59,940	69,905
a	14,959	19,903	24,811	29,675	34,488
f	0,125	0,221	0,345	0,495	0,672
$1 : m$	53784,8	71491,3	89010,0	106296,8	123309,3
τ	2° 52′ 20,7″	3° 50′ 15,8″	4° 48′ 35,0″	5° 47′ 23,8″	6° 46′ 47,9″
$x =$ 10	0,019	0,014	0,011	0,009	0,008
20	0,149	0,112	0,090	0,075	0,065
30	**0,502**	0,378	0,303	0,254	0,219
40	1,172	**0,894**	0,719	0,602	0,519
50	2,178	1,735	**1,401**	1,176	1,014
60	3,525	2,913	2,416	**2,026**	1,752
70	5,217	4,433	3,768	3,218	**2,770**
80	7,260	6,302	5,465	4,746	4,144
90	9,662	8,525	7,513	6,623	5,853
100	12,431	11,111	9,920	8,854	7,913
110	15,578	14,070	12,695	11,448	10,331
120	19,115	17,413	15,847	14,416	13,117
130	23,059	21,154	19,391	17,767	16,282
140			23,341	21,518	19,839
150					23,802

Tafel III.

Kreisbogen mit Übergangsbogen.

r	300	300	300	300	300
L	80	90	100	110	120
l	79,858	89,798	99,722	109,630	119,520
a	39,241	43,928	48,542	53,080	57,535
f	0,875	1,104	1,357	1,636	1,940
1 : *m*	140007,3	156353,0	172311,1	187849,3	202937,9
τ	7° 46′ 52,3″	8° 47′ 42,0″	9° 49′ 21,7″	10° 51′ 55,4″	11° 55′ 27,0″
x = 10	0,007	0,006	0,006	0,005	0,005
20	0,057	0,051	0,047	0,043	0,039
30	0,193	0,173	0,157	0,144	0,133
40	0,457	0,409	0,371	0,341	0,315
50	0,893	0,799	0,725	0,665	0,616
60	1,543	1,381	1,254	1,150	1,064
70	2,450	2,194	1,991	1,826	1,690
80	3,638	3,275	2,971	2,726	2,523
90	5,200	4,631	4,231	3,881	3,592
100	7,092	6,391	5,755	5,323	4,928
110	9,339	8,470	7,720	7,014	6,559
120	11,949	10,909	9,992	9,195	8,413
130	14,933	13,716	12,628	11,665	10,824
140	18,302	16,903	15,638	14,504	13,497
150	22,070	20,482	19,034	17,723	16,545
160		24,468	22,830	21,336	19,981
170					23,818

Tafel III.

Kreisbogen mit Übergangsbogen.

r	300	350	350	350	350
L	130	20	30	40	50
l	129,390	19,998	29,994	39,987	49,974
a	61,905	9,991	14,970	19,929	24,861
f	2,268	0,048	0,107	0,190	0,296
1 : *m*	217550,8	41945,2	62815,3	83563,2	104149,2
τ	12° 59′ 59,6″	1° 38′ 18,4″	2° 27′ 37,2″	3° 17′ 07,4″	4° 06′ 52,9″
x = 10	0,005	0,024	0,016	0,012	0,010
20	0,037	0,191	0,127	0,096	0,077
30	0,124	0,620	0,430	0,323	0,259
40	0,294	1,337	1,003	0,765	0,615
50	0,575	2,342	1,864	1,484	1,198
60	0,993	3,639	3,016	2,491	2,064
70	1,576	5,231	4,460	3,790	3,217
80	2,353	7,121	6,201	5,384	4,666
90	3,351	9,316	8,244	7,276	6,411
100	4,597	11,820	10,593	9,472	8,457
110	6,118	14,640	13,255	11,978	10,809
120	7,943	17,786	16,238	14,801	13,475
130	9,957	21,266	19,550	17,949	16,461
140	12,611		23,201	21,430	19,777
150	15,494				23,432
160	18,759				
170	22,419				

Tafel III.

Kreisbogen mit Übergangsbogen.

r	350	350	350	350	350
L	60	70	80	90	100
l	59,956	69,930	79,896	89,851	99,796
a	29,760	34,621	39,438	44,204	48,915
f	0,426	0,578	0,753	0,950	1,170
$1 : m$	124534,5	144681,7	164554,6	184118,6	203340,7
τ	4° 56′ 57,2″	5° 47′ 23,8″	6° 38′ 16,4″	7° 29′ 38,0″	8° 21′ 32,0″
$x =$ 10	0,008	0,007	0,006	0,005	0,005
20	0,064	0,055	0,049	0,043	0,039
30	0,217	0,187	0,164	0,147	0,133
40	0,514	0,442	0,389	0,348	0,315
50	1,004	0,864	0,760	0,679	0,615
60	**1,731**	1,493	1,313	1,173	1,062
70	2,747	**2,364**	2,084	1,863	1,687
80	4,051	3,532	**3,099**	2,781	2,518
90	5,649	4,987	4,424	**3,940**	3,585
100	7,547	6,738	6,033	5,426	**4,888**
110	9,748	8,791	7,940	7,190	6,542
120	12,259	11,151	10,151	9,256	8,465
130	15,087	13,825	12,672	11,629	10,692
140	18,241	16,819	15,511	14,315	13,230
150	21,728	20,142	18,675	17,323	16,085
160		23,806	22,173	20,660	19,266
170				24,338	22,782

Kreisbogen mit Übergangsbogen.

r	350	350	350	350	400
L	110	120	130	140	20
l	109,728	119,647	129,552	139,440	20
a	53,567	58,154	62,675	67,124	10
f	1,411	1,673	1,958	2,263	0,042
$1:m$	222189,9	240637,3	258655,9	276221,1	48000
τ	9° 14′ 01,2″	10° 07′ 08,5″	11° 00′ 56,3″	11° 55′ 27,0″	—° —′ —″
$x =$ 10	0,005	0,004	0,004	0,004	0,021
20	0,036	0,033	0,031	0,029	0,167
30	0,122	0,112	0,104	0,098	0,542
40	0,288	0,266	0,247	0,232	1,169
50	0,563	0,519	0,483	0,453	2,047
60	0,972	0,898	0,835	0,782	3,179
70	1,544	1,425	1,326	1,242	4,567
80	2,304	2,128	1,979	1,854	6,215
90	3,281	3,029	2,818	2,639	8,124
100	4,501	4,156	3,866	3,620	10,298
110	5,946	5,531	5,146	4,819	12,744
120	7,774	7,118	6,681	6,256	15,464
130	9,859	9,126	8,406	7,954	18,466
140	12,251	11,377	10,606	9,815	21,756
150	14,958	13,939	13,027	12,217	
160	17,986	16,819	15,762	14,811	
170	21,345	20,025	18,819	17,724	
180		23,567	22,208	20,964	
190				24,541	

Tafel III.

Kreisbogen mit Übergangsbogen.

r	400	400	400	400	400
L	30	40	50	60	70
l	29,996	39,990	49,981	59,966	69,946
a	14,977	19,945	24,893	29,816	34,709
f	0,094	0,166	0,259	0,373	0,507
$1 : m$	71838,3	95617,4	119254,3	142714,5	165964,7
τ	2° 09′ 06,5″	2° 52′ 20,7″	3° 35′ 45,0″	4° 19′ 22,1″	5° 03′ 14,2″
x = 10	0,014	0,010	0,008	0,007	0,006
20	0,111	0,084	0,067	0,056	0,048
30	0,376	0,282	0,226	0,189	0,163
40	0,878	0,669	0,537	0,448	0,386
50	1,630	1,297	1,047	0,876	0,753
60	2,636	2,177	1,803	1,511	1,301
70	3,896	3,310	2,810	2,396	2,062
80	5,414	4,700	4,073	3,534	3,079
90	7,193	6,348	5,593	4,927	4,347
100	9,235	8,259	7,374	6,578	5,872
110	11,545	10,435	9,418	8.492	7,657
120	14,127	12,882	11,730	10,672	9,706
130	16,987	15,604	14,315	13,122	12,023
140	20,134	18,608	17,179	15,848	14,613
150	23,572	21,899	20,327	18,855	17,482
160			23,767	22,151	20,636
170					24,081

Tafel III.

Kreisbogen mit Übergangsbogen.

r	400	400	400	400	400
L	80	90	100	110	120
l	79,920	89,886	99,844	109,792	119,730
a	39,567	44,387	49,163	53,892	58,570
f	0,661	0,834	1,027	1,240	1,472
1 : *m*	188972,1	211705,1	234133,4	256227,9	277961,0
τ	5° 47′ 23,8″	6° 31′ 53,3″	7° 16′ 44,7″	8° 02′ 00,3″	8° 47′ 42,0″
x = 10	0,005	0,005	0,004	0,004	0,004
20	0,042	0,038	0,034	0,031	0,029
30	0,143	0,128	0,115	0,105	0,097
40	0,339	0,302	0,273	0,250	0,230
50	0,661	0,590	0,534	0,488	0,450
60	1,143	1,020	0,923	0,843	0,777
70	1,815	1,620	1,465	1,339	1,234
80	2,701	2,418	2,187	1,998	1,842
90	3,853	3,430	3,114	2,845	2,623
100	5,252	4,719	4,251	3,903	3,598
110	6,911	6,252	5,681	5,165	4,788
120	8,831	8,046	7,349	6,741	6,175
130	11,018	10,103	9,281	8,547	7,901
140	13,475	12,429	11,478	10,618	9,848
150	16,208	15,028	13,946	12,957	12,061
160	19,222	17,906	16,690	15,570	14,546
170	22,524	21,069	19,716	18,462	17,306
180		24,524	23,030	21,639	20,349
190					23,681

Tafel III.

Kreisbogen mit Übergangsbogen.

r	400	400	450	450	450
L	130	140	20	30	40
l	129,657	139,571	20	29,997	39,992
a	63,194	67,761	10	14,982	19,957
f	1,722	1,992	0,037	0,083	0,148
$1 : m$	299306,3	320239,3	54000,0	80856,2	107659,6
τ	9° 33′ 51,8″	10° 20′ 31,5″	—° —′ —″	1° 54′ 43,6″	2° 33′ 06,6″
$x =$ 10	0,003	0,003	0,018	0,012	0,009
20	0,027	0,025	0,148	0,099	0,074
30	0,090	0,084	0,482	0,334	0,251
40	0,214	0,200	1,038	0,779	0,594
50	0,418	0,390	1,818	1,447	1,152
60	0,722	0,674	2,823	2,340	1,933
70	1,146	1,071	4,055	3,459	2,940
80	1,711	1,599	5,515	4,804	4,172
90	2,436	2,276	7,205	6,379	5,633
100	3,341	3,122	9,129	8,187	7,324
110	4,447	4,156	11,289	10,229	9,249
120	5,773	5,396	13,689	12,508	11,409
130	7,282	6,860	16,332	15,030	13,810
140	9,165	8,490	19,223	17,798	16,455
150	11,255	10,537	22,369	20,816	19,348
160	13,613	12,772		24,090	22,494
170	16,245	15,279			
180	19,157	18,062			
190	22,354	21,128			
200		24,483			

Kreisbogen mit Übergangsbogen.

r	450	450	450	450	450
L	50	60	70	80	90
l	49,985	59,973	69,958	79,937	89,910
a	24,916	29,854	34,769	39,657	44,513
f	0,231	0,332	0,451	0,588	0,743
$1:m$	134336,3	160855,4	187186,7	213300,3	239167,8
τ	3° 11′ 36,7″	3° 50′ 15,8″	4° 29′ 05,6″	5° 08′ 07,7″	5° 47′ 23,8″
x = 20	0,060	0,050	0,043	0,038	0,033
30	0,201	0,168	0,144	0,127	0,113
40	0,476	0,398	0,342	0,300	0,268
50	**0,930**	0,777	0,668	0,586	0,523
60	1,601	**1,341**	1,154	1,013	0,903
70	2,495	2,126	**1,829**	1,608	1,434
80	3,615	3,135	2,730	**2,395**	2,141
90	4,962	4,370	3,853	3,413	**3,039**
100	6,539	5,833	5,204	4,652	4,177
110	8,348	7,527	6,784	6,120	5,534
120	10,391	9,454	8,596	7,818	7,120
130	12,673	11,617	10,643	9,751	8,938
140	15,196	14,020	12,928	11,919	10,990
150	17,965	16,667	15,455	14,326	13,281
160	20,984	19,563	18,228	16,978	15,815
170	24,261	22,712	21,251	19,878	18,594
180			24,531	23,032	21,624
190					24,910

Tafel III.

Kreisbogen mit Übergangsbogen.

r	450	450	450	450	450
L	100	110	120	130	140
l	99,876	109,836	119,787	129,729	139,661
a	49,335	54,118	58,861	63,560	68,211
f	0,916	1,106	1,313	1,537	1,778
$1:m$	264760,8	290052,4	315016,5	339628,1	363863,3
τ	6° 26′ 55,6″	7° 06′ 44,6″	7° 46′ 52,3″	8° 27′ 20,1″	9° 08′ 09,5″
x = 20	0,030	0,028	0,025	0,024	0,022
30	0,102	0,093	0,086	0,080	0,074
40	0,242	0,221	0,203	0,188	0,176
50	0,472	0,431	0,397	0,368	0,344
60	0,816	0,745	0,686	0,636	0,594
70	1,296	1,183	1,089	1,010	0,943
80	1,934	1,765	1,625	1,508	1,407
90	2,753	2,513	2,314	2,146	2,003
100	3,763	3,448	3,174	2,944	2,748
110	5,024	4,568	4,225	3,919	3,658
120	6,499	5,955	5,456	5,088	4,749
130	8,205	7,550	6,972	6,428	6,038
140	10,144	9,377	8,688	8,077	7,487
150	12,320	11,439	10,639	9,917	9,273
160	14,736	13,740	12,826	11,992	11,239
170	17,396	16,283	15,253	14,307	13,441
180	20,304	19,072	17,925	16,863	15,884
190	23,466	22,112	20,845	19,666	18,572
200			24,019	22,720	21,509
210					24,700

Kreisbogen mit Übergangsbogen.

r	450	500	500	500	500
L	150	20	30	40	50
l	149,583	20	30	39,994	49,988
a	72,813	10	15	19,965	24,932
f	2,036	0,033	0,075	0,133	0,208
1 : *m*	387700,0	60000,0	90000,0	119693,5	149402,2
τ	9° 49′ 21,7″	—° —′ —″	—° —′ —″	2° 17′ 44,6″	2° 52′ 20,7″
x = 10	0,003	0,017	0,011	0,008	0,007
20	0,021	0,133	0,089	0,067	0,054
30	0,070	0,433	0,300	0,226	0,181
40	0,165	0,934	0,700	0,534	0,428
50	0,322	1,636	1,301	1,036	0,836
60	0,557	2,539	2,104	1,738	1,439
70	0,885	3,646	3,109	2,642	2,243
80	1,321	4,957	4,318	3,749	3,250
90	1,880	6,475	5,732	5,062	4,460
100	2,579	8,200	7,353	6,580	5,875
110	3,433	10,135	9,183	8,306	7,498
120	4,457	12,283	11,224	10,242	9,329
130	5,667	14,647	13,480	12,391	11,372
140	7,078	17,229	15,952	14,755	13,629
150	8,633	20,033	18,644	17,338	16,103
160	10,563	23,063	21,562	20,143	18,797
170	12,656		24,707	23,174	21,715
180	14,988				24,862
190	17,562				
200	20,384				
210	23,457				

Tafel III.

Kreisbogen mit Übergangsbogen.

r	500	500	500	500	500
L	60	70	80	90	100
l	59,978	69,966	79,949	89,927	99,900
a	29,882	34,813	39,721	44,604	49,459
f	0,299	0,406	0,530	0,670	0,826
$1:m$	178968,6	208365,3	237565,1	266541,7	295268,8
τ	3° 27′ 03,2″	4° 01′ 53,6″	4° 36′ 53,0″	5° 12′ 02,6″	5° 47′ 23,8″
$x =$ 20	0,045	0,038	0,034	0,030	0,027
30	0,151	0,130	0,114	0,101	0,091
40	0,358	0,307	0,269	0,240	0,217
50	0,698	0,600	0,526	0,469	0,423
60	**1,206**	1,037	0,909	0,810	0,732
70	1,911	**1,644**	1,444	1,287	1,162
80	2,817	2,452	**2,151**	1,921	1,734
90	3,926	3,461	3,064	**2,728**	2,469
100	5,240	4,673	4,177	3,748	**3,377**
110	6,758	6,091	5,494	4,965	4,505
120	8,487	7,716	7,017	6,387	5,827
130	10,425	9,550	8,748	8,016	7,356
140	12,576	11,596	10,689	9,855	9,092
150	14,942	13,855	12,843	11,905	11,039
160	17,527	16,331	15,213	14,168	13,198
170	20,333	19,028	17,801	16,649	15,574
180	23,366	21,949	20,611	19,351	18,168
190			23,648	22,277	20,984
200					24,027

Kreisbogen mit Übergangsbogen.

r	500	500	500	500	500
L	110	120	130	140	150
l	109,867	119,827	129,780	139,726	149,662
a	54,283	59,072	63,825	68,540	73,213
f	0,997	1,185	1,388	1,606	1,839
$1:m$	323721,9	351875,8	379707,7	407194,3	434314,0
τ	6° 22′ 57,7″	6° 58′ 45,4″	7° 34′ 47,9″	8° 11′ 06,5″	8° 47′ 42,0″
x = 20	0,025	0,023	0,021	0,020	0,018
30	0,083	0,077	0,071	0,066	0,062
40	0,198	0,182	0,169	0,157	0,147
50	0,386	0,355	0,329	0,307	0,288
60	0,667	0,614	0,569	0,530	0,497
70	1,060	0,975	0,903	0,842	0,790
80	1,582	1,455	1,348	1,258	1,179
90	2,252	2,072	1,920	1,791	1,679
100	3,089	2,842	2,634	2,456	2,303
110	**4,097**	3,783	3,505	3,269	3,065
120	5,335	**4,890**	4,551	4,244	3,979
130	6,763	6,241	**5,757**	5,395	5,059
140	8,399	7,778	7,225	**6,699**	6,318
150	10,244	9,523	8,870	8,286	**7,718**
160	12,301	11,477	10,725	10,042	9,429
170	14,572	13,645	12,791	12,008	11,297
180	17,060	16,029	15,072	14,188	13,375
190	19,769	18,632	17,570	16,583	15,669
200	22,702	21,457	20,289	19,197	18,181
210		24,508	23,232	22,034	20,914
220					23,871

Tafel III.

Kreisbogen mit Übergangsbogen.

r	500	500	600	600	600
L	160	170	20	30	40
l	159,590	169,509	20	30	39,996
a	77,842	82,427	10	15	19,976
f	2,088	2,352	0,028	0,062	0,111
$1:m$	461046,0	487370,0	72000,0	108000,0	143744,5
τ	9° 24′ 35,6″	10° 01′ 48,0″	—° —′ —″	—° —′ —″	1° 54′ 43,6″
$x =$ 10	0,002	0,002	0,014	0,009	0,007
20	0,017	0,016	0,111	0,074	0,056
30	0,059	0,055	0,361	0,250	0,188
40	0,139	0,131	0,778	0,583	0,445
50	0,271	0,256	1,363	1,084	0,863
60	0,468	0,443	2,115	1,752	1,447
70	0,744	0,704	3,036	2,588	2,200
80	1,111	1,051	4,125	3,593	3,121
90	1,581	1,496	5,385	4,768	4,211
100	2,169	2,052	6,816	6,113	5,471
110	2,887	2,731	8,420	7,630	6,903
120	3,748	3,546	10,197	9,321	8,507
130	4,765	4,508	12,150	11,186	10,285
140	5,952	5,630	14,281	13,227	12,238
150	7,320	6,925	16,590	15,447	14,369
160	8,816	8,404	19,081	17,846	16,679
170	10,654	9,994	21,755	20,428	19,170
180	12,636	11,965	24,815	23,195	21,844
190	14,830	14,061			24,705
200	17,240	16,372			
210	19,870	18,901			
220	22,723	21,651			

Kreisbogen mit Übergangsbogen.

r	600	600	600	600	600
L	50	60	70	80	90
l	49,991	59,985	69,976	79,964	89,949
a	24,952	29,918	34,870	39,806	44,724
f	0,173	0,249	0,339	0,443	0,560
1 : m	179501,3	215139,2	250634,8	285965,2	321107,7
τ	2° 23′ 30,2″	2° 52′ 20,7″	3° 21′ 15,6″	3° 50′ 15,8″	4° 19′ 22,1″
x = 20	0,044	0,037	0,032	0,028	0,025
30	0,150	0,126	0,108	0,094	0,084
40	0,357	0,297	0,255	0,224	0,199
50	0,696	0,581	0,499	0,437	0,389
60	1,198	1,003	0,860	0,755	0,673
70	1,866	1,589	1,367	1,199	1,068
80	2,703	2,343	2,039	1,788	1,594
90	3,709	3,265	2,877	2,546	2,266
100	4,885	4,356	3,884	3,470	3,112
110	6,231	5,617	5,061	4,563	4,121
120	7,749	7,050	6,409	5,826	5,301
130	9,441	8,655	7,928	7,261	6,651
140	11,306	10,434	9,621	8,868	8,173
150	13,348	12,388	11,488	10,649	9,869
160	15,569	14,520	13,532	12,605	11,738
170	17,969	16,830	15,754	14,739	13,784
180	20,552	19,323	18,156	17,052	16,009
190	23,320	21,998	20,740	19,546	18,413
200		24,860	23,510	22,223	21,000
210					23,773

Tafel III.

Kreisbogen mit Übergangsbogen.

r	600	600	600	600	600
L	100	110	120	130	140
l	99,931	109,908	119,880	129,847	139,809
a	49,622	54,499	59,351	64,177	68,975
f	0,690	0,834	0,991	1,161	1,345
$1:m$	356040,1	390740,4	425187,3	459359,6	493237,0
τ	4° 48′ 35,0″	5° 17′ 55,4″	5° 47′ 23,8″	6° 17′ 01,1″	6° 46′ 47,9″
$x = 20$	0,022	0,020	0,019	0,017	0,016
30	0,076	0,069	0,064	0,059	0,055
40	0,180	0,164	0,151	0,139	0,130
50	0,351	0,320	0,294	0,272	0,253
60	0,607	0,553	0,508	0,470	0,438
70	0,963	0,878	0,807	0,747	0,695
80	1,438	1,310	1,204	1,115	1,038
90	2,048	1,866	1,715	1,587	1,478
100	**2,803**	2,559	2,352	2,177	2,027
110	3,736	**3,398**	3,130	2,898	2,698
120	4,832	4,420	**4,052**	3,762	3,503
130	6,098	5,603	5,165	**4,766**	4,454
140	7,536	6,957	6,436	5,971	**5,540**
150	9,146	8,483	7,878	7,331	6,841
160	10,930	10,182	9,493	8,862	8,290
170	12,890	12,056	11,282	10,567	9,911
180	15,027	14,106	13,246	12,446	11,707
190	17,343	16,335	15,388	14,502	13,677
200	19,840	18,743	17,709	16,736	15,826
210	22,522	21,335	20,212	19,151	18,154
220		24,111	22,898	21,748	20,663
230				24,530	23,356

Tafel III.

Kreisbogen mit Übergangsbogen.

r	600	600	600	600	700
L	150	160	170	180	20
l	149,766	159,716	169,659	179,595	20
a	73,744	78,481	83,186	87,855	10
f	1,541	1,750	1,973	2,207	0,024
$1 : m$	526800,0	560029,2	592906,0	625412,0	84000,0
τ	7° 16′ 44,7″	7° 46′ 52,3″	8° 17′ 11,2″	8° 47′ 42,0″	—° —′ —″
x = 20	0,015	0,014	0,013	0,013	0,095
30	0,051	0,048	0,046	0,043	0,310
40	0,121	0,114	0,108	0,102	0,667
50	0,237	0,223	0,211	0,200	1,168
60	0,410	0,386	0,364	0,346	1,812
70	0,651	0,612	0,579	0,548	2,600
80	0,972	0,914	0,864	0,819	3,533
90	1,384	1,302	1,230	1,166	4,610
100	1,898	1,786	1,687	1,599	5,834
110	2,526	2,377	2,245	2,128	7,204
120	3,280	3,086	2,914	2,763	8,721
130	4,170	3,923	3,705	3,513	10,386
140	5,209	4,900	4,628	4,388	12,201
150	6,377	6,026	5,692	5,396	14,167
160	7,773	7,275	6,908	6,549	16,284
170	9,312	8,771	8,237	7,856	18,555
180	11,025	10,401	9,835	9,262	20,980
190	12,912	12,205	11,557	10,964	23,563
200	14,975	14,185	13,454	12,780	
210	17,217	16,342	15,528	14,771	
220	19,640	18,679	17,780	16,940	
230	22,245	21,197	20,212	19,288	

Tafel III.

Kreisbogen mit Übergangsbogen.

r	700	700	700	700	700
L	30	40	50	60	70
l	30	39,997	49,994	59,989	69,982
a	15	19,982	24,965	29,940	34,904
f	0,054	0,095	0,148	0,214	0,291
1 : *m*	126000,0	167780,8	209572,3	251261,4	292828,3
τ	—° —′ —″	1° 38′ 18,4″	2° 02′ 56,6″	2° 27′ 37,2″	2° 52′ 20,7″
x = 20	0,063	0,048	0,038	0,032	0,027
30	0,214	0,161	0,129	0,107	0,092
40	0,501	0,381	0,305	0,255	0,219
50	0,930	0,739	0,596	0,497	0,427
60	1,502	1,240	1,025	0,859	0,738
70	2,218	1,884	1,598	1,361	1,170
80	3,080	2,673	2,315	2,006	1,746
90	4,083	3,606	3,176	2,795	2,463
100	5,234	4,684	4,181	3,729	3,324
110	6,530	5,907	5,332	4,807	4,331
120	7,974	7,277	6,629	6,032	5,483
130	9,565	8,795	8,073	7,402	6,781
140	11,305	10,462	9,665	8,921	8,225
150	13,195	12,278	11,405	10,587	9,818
160	15,236	14,242	13,296	12,403	11,560
170	17,430	16,359	15,338	14,369	13,451
180	19,778	18,630	17,532	16,487	15,494
190	22,282	21,056	19,881	18,759	17,689
200	24,943	23,638	22,384	21,186	20,039
210				23,769	22,544

Kreisbogen mit Übergangsbogen.

r	700	700	700	700	700
L	80	90	100	110	120
l	79,974	89,963	99,949	109,932	119,912
a	39,857	44,797	49,722	54,630	59,521
f	0,380	0,480	0,592	0,716	0,851
$1:m$	334252,8	375515,5	416596,7	457477,3	498138,2
τ	3° 17′ 07,4″	3° 41′ 58,0″	4° 06′ 52,9″	4° 31′ 52,4″	4° 56′ 57,2″
$x =$ 20	0,024	0,021	0,019	0,017	0,016
30	0,081	0,072	0,065	0,059	0,054
40	0,191	0,170	0,154	0,140	0,129
50	0,374	0,333	0,300	0,273	0,251
60	0,646	0,575	0,518	0,472	0,434
70	1,026	0,913	0,823	0,750	0,689
80	1,530	1,363	1,229	1,120	1,028
90	2,178	1,939	1,750	1,594	1,463
100	2,968	2,660	2,397	2,186	2,007
110	3,903	3,523	3,192	2,904	2,672
120	4,983	4,531	4,129	3,775	3,461
130	6,208	5,685	5,210	4,786	4,408
140	7,580	6,984	6,438	5,941	5,493
150	9,100	8,431	7,812	7,243	6,723
160	10,767	10,025	9,333	8,692	8,100
170	12,584	11,768	11,003	10,289	9,624
180	14,552	13,661	12,822	12,034	11,297
190	16,672	15,705	14,792	13,930	13,119
200	18,945	17,902	16,913	15,977	15,092
210	21,372	20,254	19,188	18,176	17,216
220	23,957	22,760	20,053	20,530	19,495
230			24,205	23,039	21,928
240					24,517

Tafel III.

Kreisbogen mit Übergangsbogen.

r	700	700	700	700	700
L	130	140	150	160	170
l	129,888	139,860	149,828	159,791	169,749
a	64,392	69,243	74,071	78,875	83,655
f	0,998	1,156	1,325	1,506	1,698
$1:m$	538560,6	578726,8	618618,6	658218,6	697509,2
τ	5° 22′ 07,5″	5° 47′ 23,8″	6° 12′ 46,7″	6° 38′ 16,4″	7° 03′ 53,4″
$x =$ 20	0,015	0,014	0,013	0,012	0,011
30	0,050	0,047	0,044	0,041	0,039
40	0,119	0,111	0,103	0,097	0,092
50	0,232	0,216	0,202	0,189	0,179
60	0,401	0,373	0,349	0,328	0,310
70	0,637	0,593	0,554	0,521	0,492
80	0,951	0,885	0,828	0,778	0,734
90	1,354	1,260	1,178	1,108	1,045
100	1,857	1,728	1,617	1,519	1,434
110	2,471	2,300	2,152	2,022	1,908
120	3,209	2,986	2,793	2,625	2,477
130	**4,069**	3,796	3,551	3,338	3,150
140	5,093	**4,727**	4,436	4,169	3,934
150	6,253	5,830	**5,437**	5,127	4,839
160	7,558	7,064	6,619	**6,198**	5,872
170	9,010	8,445	7,928	7,463	**7,013**
180	10,611	9,974	9,386	8,849	8,360
190	12,360	11,651	10,991	10,383	9,823
200	14,259	13,477	12,745	12,066	11,434
210	16,310	15,454	14,649	13,897	13,194
220	18,513	17,583	16,705	15,879	15,105
230	20,870	19,865	18,913	18,014	17,167
240	23,383	22,302	21,275	20,302	19,381
250		24,896	23,793	22,745	21,750

Tafel III.

Kreisbogen mit Übergangsbogen.

r	700	700	800	800	800
L	180	190	20	30	40
l	179,702	189,650	20	30	40
a	88,408	93,134	10	15	20
f	1,901	2,114	0,021	0,047	0,083
$1:m$	736474,1	775097,3	96000,0	144000,0	192000,0
τ	7° 29′ 38,0″	7° 55′ 30,8″	—° —′ —″	—° —′ —″	—° —′ —″
$x = 20$	0,011	0,010	0,083	0,056	0,042
30	0,037	0,035	0,271	0,188	0,141
40	0,087	0,083	0,584	0,438	0,333
50	0,170	0,161	1,022	0,813	0,646
60	0,293	0,279	1,585	1,314	1,084
70	0,465	0,443	2,274	1,941	1,647
80	0,695	0,661	3,089	2,692	2,336
90	0,990	0,941	4,031	3,570	3,151
100	1,358	1,290	5,099	4,576	4,093
110	1,807	1,717	6,296	5,708	5,161
120	2,346	2,229	7,620	6,968	6,358
130	2,983	2,834	9,072	8,356	7,682
140	3,726	3,540	10,654	9,873	9,134
150	4,583	4,354	12,366	11,520	10,716
160	5,562	5,284	14,209	13,297	12,428
170	6,671	6,339	16,184	15,206	14,271
180	7,880	7,524	18,292	17,248	16,246
190	9,312	8,800	20,534	19,422	18,354
200	10,853	10,320	22,911	21,732	20,596
210	12,542	11,938		24,177	22,973
220	14,381	13,706			
230	16,371	15,625			
240	18,512	17,694			
250	20,808	19,917			

Tafel III.

Kreisbogen mit Übergangsbogen.

r	800	800	800	800	800
L	50	60	70	80	90
l	49,995	59,992	69,987	79,980	89,972
a	24,973	29,954	34,926	39,890	44,844
f	0,130	0,187	0,255	0,333	0,420
1 : *m*	239625,6	287353,3	334973,8	382469,7	429823,1
τ	1° 47′ 32,5″	2° 09′ 06,5″	2° 30′ 42,5″	2° 52′ 20,7″	3° 14′ 01,4″
x = 20	0,033	0,028	0,024	0,021	0,019
30	0,113	0,094	0,081	0,071	0,063
40	0,267	0,223	0,191	0,167	0,149
50	0,522	0,433	0,373	0,327	0,291
60	0,897	0,751	0,645	0,565	0,503
70	1,398	1,190	1,023	0,897	0,798
80	2,025	1,754	1,526	1,338	1,191
90	2,777	2,444	2,153	1,904	1,694
100	3,656	3,260	2,906	2,594	2,324
110	4,661	4,202	3,785	3,411	3,078
120	5,794	5,271	4,791	4,354	3,958
130	7,054	6,467	5,925	5,424	4,965
140	8,443	7,792	7,185	6,622	6,099
150	9,960	9,245	8,575	7,947	7,361
160	11,607	10,828	10,093	9,401	8,751
170	13,385	12,541	11,741	10,984	10,271
180	15,295	14,384	13,519	12,698	11,920
190	17,336	16,360	15,429	14,542	13,699
200	19,511	18,468	17,471	16,519	15,610
210	21,821	20,710	19,647	18,628	17,654
220	24,266	23,088	21,957	20,871	19,830
230			24,403	23,250	22,141
240					24,589

Kreisbogen mit Übergangsbogen.

r	800	800	800	800	800
L	100	110	120	130	140
l	99,961	109,948	119,932	129,914	139,893
a	49,787	54,716	59,632	64,533	69,418
f	0,519	0,628	0,746	0,875	1,014
1 : *m*	477017,0	524034,4	570858,0	617471,8	663858,6
τ	3° 35′ 45,0″	3° 57′ 31,8″	4° 19′ 22,1″	4° 41′ 16,1″	5° 03′ 14,2″
x = 20	0,017	0,015	0,015	0,013	0,012
30	0,057	0,052	0,047	0,044	0,041
40	0,134	0,122	0,112	0,104	0,096
50	0,262	0,238	0,219	0,202	0,188
60	0,453	0,412	0,378	0,350	0,325
70	0,719	0,654	0,601	0,555	0,517
80	1,073	0,977	0,897	0,829	0,771
90	1,528	1,391	1,277	1,181	1,098
100	2,094	1,908	1,752	1,619	1,506
110	2,788	2,536	2,332	2,156	2,005
120	3,606	3,296	3,022	2,798	2,603
130	4,550	4,178	3,847	3,551	3,309
140	5,622	5,187	4,793	4,442	4,124
150	6,820	6,323	5,866	5,453	5,083
160	8,147	7,586	7,067	6,592	6,159
170	9,603	8,978	8,396	7,857	7,362
180	11,187	10,499	9,853	9,252	8,693
190	12,902	12,150	11,440	10,775	10,154
200	14,748	13,931	13,157	12,428	11,743
210	16,726	15,843	15,005	14,212	13,463
220	18,837	17,888	16,985	16,127	15,314
230	21,081	20,067	19,097	18,174	17,296
240	23,461	22,380	21,344	20,355	19,412
250		24,829	23,726	22,671	21,662

Tafel III.

Kreisbogen mit Übergangsbogen.

r	800	800	800	800	800
L	150	160	170	180	190
l	149,868	159,840	169,808	179,772	189,732
a	74,285	79,134	83,964	88,773	93,561
f	1,162	1,321	1,490	1,668	1,857
$1:m$	710003,0	755888,2	801499,3	846820,4	891836,6
τ	5° 25′ 16,7″	5° 47′ 23,8″	6° 09′ 36,0″	6° 31′ 53,3″	6° 54′ 16,1″
x = 20	0,011	0,011	0,010	0,009	0,009
30	0,038	0,036	0,034	0,032	0,030
40	0,090	0,085	0,080	0,076	0,072
50	0,176	0,165	0,156	0,148	0,140
60	0,304	0,286	0,269	0,255	0,242
70	0,483	0,454	0,428	0,405	0,385
80	0,721	0,677	0,639	0,605	0,575
90	1,027	0,964	0,910	0,861	0,817
100	1,409	1,323	1,248	1,181	1,121
110	1,875	1,761	1,661	1,572	1,493
120	2,434	2,286	2,156	2,041	1,938
130	3,094	2,906	2,741	2,594	2,463
140	3,865	3,630	3,424	3,240	3,077
150	4,741	4,465	4,211	3,985	3,784
160	5,767	5,402	5,110	4,837	4,593
170	6,908	6,498	6,109	5,802	5,509
180	8,177	7,705	7,275	6,861	6,539
190	9,575	9,040	8,548	8,098	7,658
200	11,101	10,504	9,950	9,438	8,969
210	12,758	12,097	11,481	10,906	10,376
220	14,545	13,821	13,141	12,504	11,912
230	16,463	15,675	14,932	14,232	13,578
240	18,513	17,662	16,854	16,092	15,374
250	20,698	19,781	18,911	18,083	17,302

Kreisbogen mit Übergangsbogen.

r	800	900	900	900	900
L	200	20	30	40	50
l	199,688	20	30	40	49,996
a	98,326	10	15	20	24,979
f	2,055	0,019	0,042	0,074	0,116
$1 : m$	936533,8	108000,0	162000,0	216000,0	269667,1
τ	7° 16′ 44,7″	—° —′ —″	—° —′ —″	—° —′ —″	1° 35′ 34,3″
$x =$ 20	0,009	0,074	0,049	0,037	0,030
30	0,029	0,241	0,167	0,125	0,100
40	0,068	0,519	0,389	0,296	0,237
50	0,133	0,908	0,723	0,574	0,464
60	0,231	1,409	1,168	0,963	0,798
70	0,366	2,021	1,724	1,464	1,243
80	0,547	2,745	2,392	2,076	1,799
90	0,778	3,582	3,173	2,800	2,468
100	1,068	4,530	4,065	3,637	3,248
110	1,421	5,592	5,070	4,585	4,141
120	1,845	6,766	6,187	5,647	5,146
130	2,346	8,055	7,419	6,821	6,264
140	2,930	9,457	8,765	8,110	7,496
150	3,604	10,975	10,225	9,512	8,842
160	4,374	12,607	11,799	11,030	10,302
170	5,246	14,355	13,490	12,662	11,877
180	6,227	16,220	15,296	14,410	13,567
190	7,324	18,203	17,220	16,275	15,374
200	8,502	20,303	19,261	18,258	17,298
210	9,888	22,523	21,421	20,358	19,340
220	11,362	24,862	23,700	22,578	21,500
230	12,966			24,917	23,779
240	14,700				
250	16,565				

Tafel III.

Kreisbogen mit Übergangsbogen.

r	900	900	900	900	900
L	60	70	80	90	100
l	59,993	69,989	79,984	89,978	99,969
a	29,963	34,942	39,913	44,877	49,831
f	0,166	0,226	0,296	0,374	0,462
$1 : m$	323424,9	377087,4	430638,7	484063,1	537345,4
τ	1° 54′ 43,6″	2° 13′ 54,3″	2° 33′ 06,6″	2° 52′ 20,7″	3° 11′ 36,7″
$x =$ 20	0,025	0,021	0,019	0,017	0,015
30	0,083	0,072	0,063	0,056	0,050
40	0,198	0,170	0,149	0,132	0,119
50	0,386	0,331	0,290	0,258	0,233
60	0,668	0,573	0,502	0,446	0,402
70	1,057	0,909	0,796	0,709	0,638
80	1,558	1,355	1,188	1,058	0,953
90	2,171	1,912	1,691	1,505	1,357
100	2,895	2,580	2,304	2,064	1,859
110	3,732	3,361	3,029	2,733	2,476
120	4,681	4,255	3,866	3,515	3,202
130	5,743	5,260	4,816	4,409	4,040
140	6,918	6,379	5,878	5,415	4,990
150	8,207	7,611	7,054	6,534	6,054
160	9,610	8,957	8,344	7,767	7,230
170	11,127	10,417	9,747	9,114	8,521
180	12,759	11,993	11,264	10,575	9,925
190	14,508	13,684	12,897	12,151	11,444
200	16,374	15,491	14,647	13,843	13,079
210	18,357	17,415	16,514	15,651	14,829
220	20,458	19,457	18,498	17,576	16,696
230	22,678	21,618	20,599	19,619	18,680
240		23,898	22,819	21,780	20,783
250				24,061	23,004

Kreisbogen mit Übergangsbogen.

r	900	900	900	900	900
L	110	120	130	140	150
l	109,959	119,947	129,932	139,915	149,896
a	54,775	59,709	64,630	69,539	74,434
f	0,558	0,664	0,779	0,902	1,035
$1:m$	590469,8	643421,6	696185,4	748746,8	801090,1
τ	3° 30′ 55,1″	3° 50′ 15,8″	4° 09′ 39,3″	4° 29′ 05,6″	4° 48′ 35,0″
$x =$ 20	0,014	0,012	0,011	0,011	0,010
30	0,046	0,042	0,039	0,036	0,034
40	0,109	0,100	0,092	0,085	0,080
50	0,212	0,195	0,179	0,167	0,156
60	0,366	0,336	0,310	0,289	0,270
70	0,581	0,533	0,493	0,458	0,428
80	0,867	0,796	0,735	0,684	0,639
90	1,235	1,133	1,046	0,974	0,910
100	1,694	1,554	1,436	1,336	1,248
110	**2,252**	2,069	1,912	1,778	1,661
120	2,925	**2,682**	2,482	2,308	2,157
130	3,707	3,413	**3,151**	2,934	2,743
140	4,602	4,253	3,941	**3,658**	3,425
150	5,609	5,205	4,837	4,506	**4,204**
160	6,730	6,269	5,846	5,460	5,112
170	7,965	7,447	6,969	6,526	6,123
180	9,312	8,739	8,204	7,707	7,248
190	10,775	10,145	9,554	9,000	8,486
200	12,352	11,666	11,018	10,408	9,838
210	14,045	13,301	12,597	11,930	11,304
220	15,854	15,053	14,291	13,568	12,885
230	17,780	16,921	16,102	15,322	14,582
240	19,824	18,907	18,030	17,192	16,395
250	21,987	21,011	20,076	19,180	18,325

Tafel III.

Kreisbogen mit Übergangsbogen.

r	900	900	900	900	900
L	160	170	180	190	200
l	159,874	169,848	179,820	189,788	199,753
a	79,314	84,178	89,026	93,857	98,670
f	1,177	1,327	1,486	1,654	1,831
$1:m$	853201,6	905066,6	956670,9	1008000,9	1059043,2
τ	5° 08′ 07,7″	5° 27′ 43,9″	5° 47′ 23,8″	6° 07′ 07,7″	6° 26′ 55,6″
x = 20	0,009	0,009	0,008	0,008	0,008
30	0,032	0,030	0,028	0,027	0,025
40	0,075	0,071	0,067	0,063	0,060
50	0,147	0,138	0,131	0,124	0,118
60	0,253	0,239	0,226	0,214	0,204
70	0,402	0,379	0,359	0,340	0,324
80	0,600	0,566	0,535	0,508	0,483
90	0,854	0,805	0,762	0,723	0,688
100	1,172	1,105	1,045	0,992	0,944
110	1,560	1,471	1,391	1,320	1,257
120	2,025	1,909	1,806	1,714	1,632
130	2,575	2,427	2,297	2,180	2,075
140	3,216	3,032	2,868	2,722	2,591
150	3,956	3,729	3,528	3,348	3,187
160	**4,789**	4,526	4,282	4,063	3,868
170	5,758	**5,414**	5,136	4,874	4,639
180	6,827	6,442	**6,078**	5,786	5,507
190	8,009	7,570	7,168	**6,782**	6,477
200	9,306	8,811	8,354	7,935	**7,526**
210	10,717	10,166	9,654	9,179	8,743
220	12,241	11,635	11,068	10,538	10,047
230	13,881	13,219	12,596	12,011	11,465
240	15,638	14,919	14,239	13,599	12,997
250	17,511	16,735	15,999	15,302	14,645

Kreisbogen mit Übergangsbogen.

r	900	900	1000	1000	1000
L	210	220	20	30	40
l	209,714	219,671	20	30	40
a	103,463	108,237	10	15	20
f	2,017	2,211	0,017	0,038	0,067
$1:m$	1109783,5	1160209,4	120000,0	180000,0	240000,0
τ	6° 46′ 47,9″	7° 06′ 44,6″	—° —′ —″	—° —′ —″	—° —′ —″
$x = 20$	0,007	0,007	0,067	0,044	0,033
30	0,024	0,023	0,217	0,150	0,112
40	0,058	0,055	0,467	0,350	0,267
50	0,113	0,108	0,817	0,650	0,517
60	0,195	0,186	1,268	1,050	0,867
70	0,309	0,296	1,819	1,551	1,318
80	0,461	0,441	2,470	2,152	1,869
90	0,657	0,628	3,222	2,854	2,520
100	0,901	0,862	4,075	3,657	3,272
110	1,199	1,147	5,029	4,560	4,125
120	1,557	1,489	6,085	5,565	5,079
130	1,980	1,894	7,243	6,672	6,135
140	2,473	2,365	8,503	7,881	7,293
150	3,041	2,909	9,865	9,192	8,553
160	3,691	3,530	11,331	10,606	9,915
170	4,427	4,235	12,900	12,123	11,381
180	5,255	5,027	14,573	13,744	12,950
190	6,180	5,912	16,350	15,469	14,623
200	7,209	6,895	18,233	17,299	16,400
210	8,311	7,982	20,221	19,234	18,283
220	9,594	9,137	22,316	21,276	20,271
230	10,956	10,486		23,423	22,366
240	12,434	11,909			
250	14,027	13,446			

Tafel III.

Kreisbogen mit Übergangsbogen.

r	1000	1000	1000	1000	1000
L	50	60	70	80	90
l	50	59,995	69,991	79,987	89,982
a	25	29,970	34,953	39,930	44,900
f	0,104	0,150	0,204	0,266	0,337
1 : m	300000,0	359482,4	419178,2	478774,1	538255,6
τ	—° —′ —″	1° 43′ 13,9″	2° 00′ 28,7″	2° 17′ 44,6″	2° 35′ 01,9″
x = 20	0,027	0,022	0,019	0,017	0,015
30	0,090	0,075	0,064	0,056	0,050
40	0,213	0,178	0,153	0,134	0,119
50	0,417	0,348	0,298	0,261	0,232
60	0,717	0,601	0,515	0,451	0,401
70	1,117	0,951	0,818	0,716	0,637
80	1,618	1,402	1,219	1,069	0,951
90	2,219	1,953	1,720	1,521	1,354
100	2,921	2,605	2,322	2,072	1,856
110	3,723	3,357	3,024	2,724	2,458
120	4,627	4,211	3,827	3,477	3,161
130	5,632	5,166	4,731	4,331	3,965
140	6,738	6,222	5,737	5,286	4,869
150	7,947	7,380	6,844	6,342	5,875
160	9,258	8,640	8,053	7,501	6,983
170	10,672	10,003	9,364	8,761	8,193
180	12,189	11,468	10,779	10,124	9,505
190	13,810	13,038	12,297	11,590	10,920
200	15,535	14,711	13,918	13,160	12,438
210	17,365	16,489	15,644	14,834	14,060
220	19,301	18,371	17,889	16,610	15,786
230	21,342	20,360	19,408	18,496	17,617
240	23,490	22,455	21,452	20,485	19,554
250		24,657	23,600	22,579	21,596

Kreisbogen mit Übergangsbogen.

r	1000	1000	1000	1000	1000
L	100	110	120	130	140
l	99,975	109,967	119,957	129,945	139,931
a	49,863	54,818	59,764	64,700	69,626
f	0,416	0,503	0,598	0,701	0,813
1 : *m*	597608,8	656819,8	715874,3	774759,4	833461,2
τ	2° 52′ 20,7″	3° 09′ 41,0″	3° 27′ 03,2″	3° 44′ 27,3″	4° 01′ 53,6″
x = 20	0,013	0,012	0,011	0,010	0,010
30	0,045	0,041	0,038	0,035	0,032
40	0,107	0,097	0,089	0,083	0,077
50	0,209	0,190	0,175	0,162	0,150
60	0,361	0,329	0,302	0,279	0,259
70	0,574	0,523	0,479	0,443	0,412
80	0,857	0,780	0,715	0,661	0,614
90	1,220	1,110	1,018	0,941	0,875
100	1,672	1,522	1,397	1,291	1,200
110	2,226	2,025	1,859	1,718	1,597
120	2,879	2,630	2,411	2,230	2,073
130	3,632	3,333	3,068	2,832	2,636
140	4,486	4,138	3,822	3,540	3,288
150	5,442	5,043	4,678	4,346	4,048
160	6,500	6,050	5,634	5,253	4,905
170	7,659	7,159	6,693	6,261	5,863
180	8,920	8,369	7,853	7,370	6,923
190	10,284	9,682	9,115	8,582	8,084
200	11,751	11,098	10,480	9,896	9,348
210	13,321	12,617	11,948	11,313	10,715
220	14,996	14,240	13,519	12,833	12,184
230	16,775	15,967	15,195	14,458	13,756
240	18,659	17,799	16,975	16,186	15,433
250	20,648	19,736	18,860	18,019	17,215

Tafel III.

Kreisbogen mit Übergangsbogen.

r	1000	1000	1000	1000	1000
L	150	160	170	180	190
l	149,916	159,898	169,877	179,854	189,829
ȧ	74,540	79,443	84,332	89,209	94,071
f	0,933	1,060	1,196	1,340	1,492
1 : *m*	891965,6	950260,4	1008331,6	1066166,8	1123751,7
τ	4° 19′ 22,1″	4° 36′ 53,0″	4° 54′ 26,5″	5° 12′ 02,6″	5° 29′ 41,7″
x = 20	0,009	0,008	0,008	0,008	0,007
30	0,030	0,028	0,027	0,025	0,024
40	0,072	0,067	0,063	0,060	0,057
50	0,140	0,131	0,123	0,117	0,111
60	0,242	0,227	0,214	0,203	0,192
70	0,385	0,361	0,340	0,322	0,305
80	0,574	0,539	0,508	0,480	0,456
90	0,817	0,767	0,723	0,684	0,649
100	1,121	1,052	0,992	0,938	0,890
110	1,492	1,401	1,320	1,248	1,184
120	1,937	1,819	1,714	1,621	1,537
130	2,463	2,312	2,179	2,061	1,955
140	3,076	2,888	2,721	2,574	2,442
150	**3,777**	3,552	3,347	3,166	3,003
160	4,592	**4,302**	4,062	3,842	3,645
170	5,500	5,169	**4,862**	4,608	4,372
180	6,510	6,129	5,783	**5,457**	5,190
190	7,621	7,191	6,794	6,432	**6,087**
200	8,834	8,354	7,908	7,496	7,118
210	10,150	9,619	9,124	8,662	8,234
220	11,569	10,987	10,442	9,930	9,453
230	13,091	12,459	11,863	11,301	10,773
240	14,716	14,034	13,387	12,774	12,197
250	16,446	15,712	15,014	14,352	13,724

Tafel III.

Kreisbogen mit Übergangsbogen.

r	1000	1000	1000	1000	1100
L	200	210	220	230	20
l	199,800	209,768	219,734	229,696	20
a	98,918	103,750	108,565	113,363	10
f	1,652	1,819	1,995	2,178	0,015
$1:m$	1181075,3	1238124,5	1294887,5	1351350,6	132000,0
τ	5° 47′ 23,8″	6° 05′ 09,1″	6° 22′ 57,7″	6° 40′ 49,7″	—° —′ —″
x = 20	0,007	0,006	0,006	0,006	0,061
30	0,023	0,022	0,021	0,020	0,196
40	0,054	0,052	0,049	0,047	0,423
50	0,106	0,101	0,096	0,092	0,742
60	0,183	0,174	0,167	0,160	1,152
70	0,290	0,277	0,265	0,254	1,653
80	0,433	0,414	0,395	0,379	2,245
90	0,617	0,589	0,563	0,539	2,928
100	0,847	0,808	0,772	0,740	3,703
110	1,127	1,075	1,028	0,985	4,570
120	1,463	1,396	1,335	1,279	5,529
130	1,860	1,774	1,697	1,626	6,580
140	2,323	2,216	2,119	2,031	7,724
150	2,857	2,726	2,606	2,498	8,960
160	3,468	3,308	3,163	3,031	10,290
170	4,160	3,968	3,794	3,636	11,714
180	4,938	4,710	4,504	4,316	13,231
190	5,807	5,540	5,297	5,076	14,842
200	**6,753**	6,461	6,178	5,920	16,548
210	7,841	**7,455**	7,152	6,853	18,349
220	9,010	8,600	**8,193**	7,880	20,247
230	10,281	9,821	9,396	**8,968**	22,240
240	11,654	11,144	10,670	10,229	24,329
250	13,131	12,571	12,047	11,557	
260	14,711	14,101	13,528	12,988	
270	16,395	15,736	15,112	14,522	
280	18,184	17,474	16,800	16,160	

Tafel III.

Kreisbogen mit Übergangsbogen.

r	1100	1100	1100	1100	1100
L	30	40	50	60	70
l	30	40	50	59,996	69,993
a	15	20	25	29,975	34,961
f	0,034	0,061	0,095	0,136	0,186
1 : m	198000,0	264000,0	330000,0	395529,4	461252,8
τ	—° —′ —″	—° —′ —″	—° —′ —″	1° 33′ 49,9″	1° 49′ 30,0″
x = 20	0,040	0,030	0,024	0,020	0,017
30	**0,136**	0,102	0,082	0,068	0,059
40	0,318	**0,242**	0,194	0,162	0,139
50	0,591	0,469	**0,379**	0,316	0,271
60	0,955	0,788	0,652	**0,546**	0,468
70	1,410	1,198	1,016	0,864	**0,743**
80	1,956	1,699	1,471	1,274	1,108
90	2,594	2,291	2,017	1,775	1,564
100	3,323	2,974	2,655	2,367	2,110
110	4,144	3,749	3,384	3,051	2,748
120	5,057	4,616	4,205	3,825	3,478
130	6,062	5,575	5,118	4,693	4,299
140	7,159	6,626	6,123	5,652	5,213
150	8,349	7,770	7,220	6,704	6,218
160	9,632	9,006	8,410	7,848	7,316
170	11,009	10,336	9,693	9,085	8,506
180	12,479	11,760	11,070	10,415	9,789
190	14,044	13,277	12,540	11,838	11,166
200	15,703	14,888	14,105	13,355	12,637
210	17,456	16,594	15,764	14,967	14,202
220	19,305	18,395	17,517	16,673	15,861
230	21,250	20,293	19,366	18,474	17,615
240	23,291	22,286	21,311	20,372	19,465
250		24,375	23,352	22,366	21,410

Kreisbogen mit Übergangsbogen.

r	1100	1100	1100	1100	1100
L	80	90	100	110	120
l	79,989	89,985	99,979	109,972	119,964
a	39,942	44,917	49,887	54,849	59,805
f	0,242	0,306	0,378	0,457	0,544
1 : m	526885,2	592413,3	657824,8	723106,5	788246,4
τ	2° 05′ 11,1″	2° 20′ 53,1″	2° 36′ 36,3″	2° 52′ 20,7″	3° 08′ 06,4″
x = 20	0,015	0,014	0,012	0,011	0,010
30	0,051	0,046	0,041	0,037	0,034
40	0,121	0,108	0,097	0,089	0,081
50	0,237	0,211	0,190	0,173	0,159
60	0,410	0,365	0,328	0,299	0,274
70	0,651	0,579	0,521	0,474	0,435
80	0,971	0,864	0,778	0,708	0,650
90	1,382	1,230	1,108	1,008	0,925
100	1,883	1,686	1,519	1,383	1,269
110	2,475	2,233	2,021	1,839	1,689
120	3,159	2,871	2,615	2,388	2,190
130	3,934	3,601	3,300	3,027	2,786
140	4,802	4,422	4,075	3,758	3,471
150	5,762	5,337	4,943	4,580	4,248
160	6,814	6,343	5,903	5,494	5,117
170	7,958	7,441	6,955	6,501	6,078
180	9,195	8,632	8,100	7,599	7,131
190	10,525	9,916	9,337	8,791	8,276
200	11,949	11,293	10,669	10,076	9,514
210	13,467	12,764	12,093	11,454	10,846
220	15,079	14,329	13,611	12,925	12,271
230	16,786	15,989	15,224	14,491	13,790
240	18,587	17,743	16,925	16,151	15,403
250	20,485	19,692	18,723	17,906	17,111

Tafel III.

Kreisbogen mit Übergangsbogen.

r	1100	1100	1100	1100	1100
L	130	140	150	160	170
l	129,955	139,943	149,930	159,915	169,898
a	64,752	69,690	74,619	79,539	84,447
f	0,638	0,740	0,849	0,965	1,089
$1:m$	853230,8	918048,3	982685,9	1047131,4	1111373,1
τ	3° 23′ 53,6″	3° 39′ 42,4″	3° 55′ 32,9″	4° 11′ 25,2″	4° 27′ 19,4″
$x =$ 20	0,009	0,009	0,008	0,008	0,007
30	0,032	0,029	0,027	0,026	0,024
40	0,075	0,070	0,065	0,061	0,058
50	0,146	0,133	0,127	0,119	0,112
60	0,253	0,235	0,220	0,206	0,194
70	0,402	0,374	0,349	0,328	0,309
80	0,600	0,558	0,521	0,489	0,461
90	0,854	0,794	0,742	0,696	0,656
100	1,172	1,089	1,018	0,955	0,900
110	1,560	1,450	1,354	1,271	1,198
120	2,025	1,882	1,758	1,650	1,555
130	**2,572**	2,393	2,236	2,098	1,977
140	3,215	**2,985**	2,792	2,620	2,469
150	3,946	3,676	**3,430**	3,223	3,037
160	4,770	4,453	4,168	**3,905**	3,686
170	5,685	5,323	4,992	4,691	**4,413**
180	6,692	6,285	5,908	5,562	5,247
190	7,792	7,339	6,917	6,525	6,165
200	8,984	8,486	8,018	7,581	7,175
210	10,270	9,725	9,212	8,729	8,278
220	11,649	11,058	10,498	9,970	9,473
230	13,121	12,484	11,879	11,303	10,761
240	14,686	14,004	13,352	12,731	12,143
250	16,348	15,619	14,920	14,253	13,618
260	18,105	17,328	16,583	15,869	15,188
270	19,956	19,132	18,340	17,579	16,852
280	21,903	21,032	20,193	19,385	18,611

Kreisbogen mit Übergangsbogen.

r	1100	1100	1100	1100	1100
L	180	190	200	210	220
l	179,880	189,858	199,835	209,809	219,780
a	89,344	94,230	99,103	103,963	108,810
f	1,220	1,358	1,504	1,656	1,817
$1:m$	1175398,4	1239195,7	1302752,9	1366058,8	1429101,3
τ	4° 43′ 15,8″	4° 59′ 14,2″	5° 15′ 15,0″	5° 31′ 18,2″	5° 47′ 23,8″
$x = 20$	0,007	0,006	0,006	0,006	0,006
30	0,023	0,022	0,021	0,020	0,019
40	0,054	0,052	0,049	0,047	0,045
50	0,106	0,101	0,096	0,092	0,087
60	0,184	0,174	0,166	0,158	0,151
70	0,292	0,277	0,263	0,251	0,240
80	0,436	0,413	0,393	0,375	0,358
90	0,620	0,588	0,560	0,534	0,510
100	0,851	0,807	0,768	0,732	0,700
110	1,132	1,074	1,022	0,974	0,931
120	1,470	1,394	1,326	1,265	1,209
130	1,869	1,773	1,686	1,608	1,537
140	2,335	2,215	2,106	2,009	1,920
150	2,871	2,724	2,591	2,471	2,362
160	3,485	3,305	3,144	2,998	2,866
170	4,180	3,965	3,771	3,596	3,438
180	4,952	4,706	4,477	4,269	4,081
190	5,835	5,523	5,265	5,021	4,800
200	6,800	6,455	6,126	5,856	5,598
210	7,857	7,467	7,108	6,761	6,480
220	9,007	8,572	8,168	7,795	7,428
230	10,250	9,769	9,320	8,900	8,514
240	11,586	11,059	10,565	10,100	9,668
250	13,015	12,443	11,904	11,393	10,916
260	14,539	13,920	13,335	12,779	12,257
270	16,156	15,492	14,860	14,259	13,691
280	17,868	17,158	16,480	15,833	15,218

Tafel III.

Kreisbogen mit Übergangsbogen.

r	1100	1100	1200	1200	1200
L	230	240	20	30	40
l	229,749	239,714	20	30	40
a	113,642	118,460	10	15	20
f	1,984	2,159	0,014	0,031	0,056
$1:m$	1491869,4	1554352,1	144000,0	216000,0	288000,0
τ	6° 03′ 32,1″	6° 19′ 43,2″	—° —′ —″	—° —′ —″	—° —′ —″
x = 20	0,005	0,005	0,056	0,037	0,028
30	0,018	0,017	0,180	0,125	0,094
40	0,043	0,041	0,389	0,291	0,222
50	0,084	0,080	0,681	0,542	0,431
60	0,145	0,139	1,057	0,875	0,723
70	0,230	0,221	1,515	1,292	1,099
80	0,343	0,329	2,058	1,793	1,557
90	0,489	0,469	2,684	2,377	2,100
100	0,670	0,643	3,394	3,045	2,726
110	0,892	0,856	4,188	3,797	3,436
120	1,158	1,112	5,066	4,634	4,230
130	1,473	1,413	6,029	5,554	5,108
140	1,839	1,765	7,077	6,559	6,071
150	2,262	2,171	8,209	7,649	7,119
160	2,746	2,635	9,426	8,824	8,251
170	3,293	3,161	10,729	10,084	9,468
180	3,909	3,752	12,117	11,429	10,771
190	4,598	4,413	13,591	12,860	12,159
200	5,363	5,147	15,151	14,377	13,633
210	6,208	5,958	16,798	15,981	15,193
220	7,137	6,850	18,532	17,671	16,840
230	8,129	7,828	20,353	19,449	18,574
240	9,266	8,862	22,262	21,313	20,395
250	10,468	10,052	24,259	23,266	22,304
260	11,764	11,303			24,301
270	13,153	12,647			
280	14,636	14,085			
290	16,213	15,617			
300	17,885	17,242			

Tafel III.

Kreisbogen mit Übergangsbogen.

r	1200	1200	1200	1200	1200
L	50	60	70	80	90
l	50	60	69,994	79,991	89,987
a	25	30	34,967	39,951	44,931
f	0,087	0,125	0,170	0,222	0,281
1 : m	360000,0	432000,0	503314,9	574977,6	646544,8
τ	—° —′ —″	—° —′ —″	1° 40′ 21,5″	1° 54′ 43,6″	2° 09′ 06,5″
x = 20	0,022	0,019	0,016	0,014	0,012
30	0,075	0,063	0,054	0,047	0,042
40	0,178	0,148	0,127	0,111	0,099
50	0,347	0,289	0,248	0,217	0,193
60	0,598	0,500	0,419	0,376	0,334
70	0,931	0,792	0,681	0,597	0,531
80	1,348	1,168	1,015	0,890	0,792
90	1,849	1,626	1,433	1,266	1,127
100	2,433	2,169	1,933	1,725	1,545
110	3,101	2,795	2,518	2,268	2,046
120	3,853	3,505	3,187	2,895	2,631
130	4,690	4,299	3,939	3,605	3,300
140	5,610	5,177	4,776	4,400	4,053
150	6,615	6,140	5,696	5,279	4,890
160	7,705	7,188	6,701	6,242	5,811
170	8,880	8,320	7,792	7,290	6,816
180	10,140	9,537	8,967	8,422	7,907
190	11,485	10,840	10,227	9,640	9,082
200	12,916	12,228	11,572	10,943	10,343
210	14,433	13,702	13,004	12,332	11,688
220	16,037	15,262	14,521	13,806	13,120
230	17,727	16,909	16,125	15,367	14,638
240	19,505	18,643	17,816	17,015	16,242
250	21,369	20,464	19,594	18,749	17,933
260	23,322	22,373	21,459	20,570	19,711
270		24,370	23,412	22,480	21,577
280				24,477	23,532

Tafel III.

Kreisbogen mit Übergangsbogen.

r	1200	1200	1200	1200	1200
L	100	110	120	130	140
l	99,983	109,977	119,970	129,962	139,952
a	49,905	54,873	59,836	64,791	69,739
f	0,347	0,419	0,499	0,585	0,678
$1:m$	718005,1	789346,0	860556,5	931624,7	1002538,8
τ	2° 23′ 30,2″	2° 37′ 54,9″	2° 52′ 20,7″	3° 06′ 47,5″	3° 21′ 15,6″
x = 20	0,011	0,010	0,009	0,009	0,008
30	0,038	0,034	0,031	0,029	0,027
40	0,089	0,081	0,074	0,069	0,064
50	0,174	0,158	0,145	0,134	0,125
60	0,301	0,274	0,251	0,232	0,215
70	0,478	0,435	0,399	0,368	0,342
80	0,713	0,649	0,595	0,550	0,511
90	1,015	0,924	0,847	0,783	0,727
100	**1,392**	1,267	1,162	1,073	0,997
110	1,852	**1,685**	1,547	1,428	1,328
120	2,396	2,188	**2,006**	1,855	1,724
130	3,023	2,773	2,552	**2,356**	2,191
140	3,734	3,442	3,180	2,944	**2,734**
150	4,529	4,195	3,891	3,614	3,365
160	5,408	5,033	4,686	4,368	4,077
170	6,372	5,954	5,566	5,206	4,874
180	7,420	6,960	6,531	6,128	5,754
190	8,553	8,052	7,579	7,135	6,718
200	9,771	9,228	8,713	8,227	7,769
210	11,074	10,488	9,932	9,403	8,903
220	12,463	11,834	11,236	10,665	10,123
230	13,938	13,267	12,625	12,012	11,428
240	15,499	14,785	14,100	13,445	12,818
250	17,147	16,390	15,662	14,964	14,294
260	18,882	18,081	17,311	16,569	15,857
270	20,704	19,860	19,046	18,261	17,506
280	22,613	21,726	20,869	20,041	19,242

Tafel III.

Kreisbogen mit Übergangsbogen.

r	1200	1200	1200	1200	1200
L	150	160	170	180	190
l	149,941	159,929	169,915	179,899	189,881
a	74,680	79,612	84,535	89,448	94,352
f	0,778	0,885	0,999	1,119	1,246
1 : m	1073288,1	1143860,3	1214244,7	1284430,2	1354405,9
τ	3° 35′ 45,0″	3° 50′ 15,8″	4° 04′ 48,2″	4° 19′ 22,1″	4° 33′ 57,6″
x = 20	0,007	0,007	0,007	0,006	0,006
30	0,025	0,024	0,022	0,021	0,020
40	0,060	0,056	0,053	0,050	0,047
50	0,116	0,109	0,103	0,097	0,092
60	0,201	0,189	0,178	0,168	0,159
70	0,320	0,300	0,282	0,267	0,253
80	0,477	0,448	0,422	0,399	0,378
90	0,679	0,637	0,600	0,568	0,538
100	0,932	0,874	0,824	0,779	0,738
110	1,240	1,164	1,096	1,036	0,983
120	1,610	1,511	1,423	1,345	1,276
130	2,047	1,921	1,809	1,710	1,622
140	2,557	2,399	2,260	2,136	2,026
150	**3,141**	2,951	2,780	2,628	2,492
160	3,815	**3,576**	3,373	3,189	3,024
170	4,570	4,294	**4,040**	3,825	3,627
180	5,409	5,091	4,802	**4,533**	4,306
190	6,332	5,973	5,642	5,339	**5,055**
200	7,340	6,939	6,567	6,223	5,906
210	8,432	7,990	7,576	7,190	6,831
220	9,610	9,125	8,670	8,242	7,842
230	10,872	10,346	9,848	9,379	8,937
240	12,220	11,652	11,111	10,601	10,118
250	13,654	13,043	12,461	11,908	11,383
260	15,174	14,520	13,897	13,301	12,734
270	16,780	16,084	15,418	14,780	14,171
280	18,474	17,735	17,025	16,345	15,693

Tafel III.

Kreisbogen mit Übergangsbogen.

r	1200	1200	1200	1200	1200
L	200	210	220	230	240
l	199,861	209,839	219,815	229,789	239,760
a	99,245	104,127	108,997	113,856	118,702
f	1,380	1,520	1,668	1,821	1,982
$1:m$	1424159,7	1493681,4	1562961,3	1631986,9	1700748,2
τ	4° 48′ 35,0″	5° 03′ 14,2″	5° 17′ 55,4″	5° 32′ 38,6″	5° 47′ 23,8″
$x = 20$	0,006	0,005	0,005	0,005	0,005
30	0,019	0,018	0,017	0,017	0,016
40	0,045	0,043	0,041	0,039	0,038
50	0,088	0,084	0,080	0,077	0,073
60	0,152	0,145	0,138	0,132	0,127
70	0,241	0,230	0,219	0,210	0,202
80	0,360	0,343	0,328	0,314	0,301
90	0,512	0,488	0,466	0,447	0,429
100	0,702	0,669	0,640	0,613	0,588
110	0,935	0,891	0,852	0,816	0,783
120	1,213	1,157	1,106	1,059	1,016
130	1,543	1,471	1,406	1,346	1,292
140	1,927	1,837	1,756	1,681	1,613
150	2,370	2,260	2,159	2,068	1,984
160	2,876	2,742	2,621	2,510	2,408
170	3,450	3,289	3,143	3,010	2,889
180	4,095	3,904	3,731	3,574	3,429
190	4,816	4,592	4,388	4,203	4,033
200	5,606	5,356	5,118	4,902	4,704
210	6,502	6,186	5,925	5,675	5,445
220	7,471	7,128	6,796	6,525	6,261
230	8,525	8,140	7,784	7,435	7,154
240	9,664	9,237	8,840	8,469	8,104
250	10,887	10,419	9,981	9,569	9,184
260	12,196	11,687	11,207	10,753	10,330
270	13,591	13,042	12,518	12,023	11,558
280	15,072	14,484	13,915	13,378	12,872

Kreisbogen mit Übergangsbogen.

r	1200	1300	1300	1300	1300
L	250	20	30	40	50
l	249,729	20	30	40	50
a	123,535	10	15	20	25
f	2,149	0,013	0,029	0,051	0,080
1 : m	1769235,4	156000,0	234000,0	312000,0	390000,0
τ	6° 02′ 11,4″	—° —′ —″	—° —′ —″	—° —′ —″	—° —′ —″
x = 20	0,005	0,051	0,034	0,026	0,021
30	0,015	0,167	0,115	0,087	0,069
40	0,036	0,359	0,269	0,205	0,164
50	0,071	0,629	0,500	0,397	0,321
60	0,122	0,975	0,808	0,667	0,551
70	0,194	1,398	1,193	1,013	0,859
80	0,289	1,899	1,655	1,436	1,244
90	0,412	2,477	2,194	1,937	1,706
100	0,565	3,132	2,811	2,515	2,245
110	0,752	3,865	3,505	3,170	2,862
120	0,977	4,675	4,276	3,903	3,556
130	1,242	5,563	5,125	4,713	4,327
140	1,551	6,529	6,053	5,601	5,176
150	1,908	7,573	7,058	6,567	6,104
160	2,315	8,696	8,141	7,611	7,109
170	2,777	9,897	9,302	8,734	8,192
180	3,296	11,176	10,543	9,935	9,353
190	3,877	12,534	11,862	11,214	10,594
200	4,522	13,972	13,260	12,572	11,913
210	5,234	15,490	14,737	14,010	13,311
220	6,018	17,087	16,294	15,528	14,788
230	6,877	18,764	17,931	17,125	16,345
240	7,814	20,521	19,648	18,802	17,982
250	8,803	22,359	21,446	20,559	19,699
260	9,934	24,278	23,324	22,397	21,497
270	11,121			24,316	23,375
280	12,393				
290	13,751				
300	15,195				

Tafel III.

Kreisbogen mit Übergangsbogen.

r	1300	1300	1300	1300	1300
L	60	70	80	90	100
l	60	69,995	79,992	89,989	99,985
a	30	34,972	39,958	44,941	49,919
f	0,115	0,157	0,205	0,260	0,320
$1:m$	468000,0	545367,5	623056,1	700656,6	778157,8
τ	—° —′ —″	1° 32′ 37,6″	1° 45′ 53,0″	1° 59′ 09,0″	2° 12′ 25,8″
$x =$ 20	0,017	0,015	0,013	0,011	0,010
30	0,058	0,050	0,043	0,039	0,035
40	0,137	0,117	0,103	0,091	0,082
50	0,267	0,229	0,201	0,178	0,161
60	**0,462**	0,396	0,347	0,308	0,278
70	0,731	**0,629**	0,551	0,490	0,441
80	1,077	0,937	**0,822**	0,731	0,658
90	1,500	1,322	1,169	**1,040**	0,937
100	2,001	1,784	1,592	1,426	**1,284**
110	2,579	2,324	2,193	1,889	1,709
120	3,234	2,942	2,672	2,429	2,210
130	3,967	3,636	3,327	3,046	2,789
140	4,777	4,407	4,060	3,740	3,445
150	5,665	5,256	4,871	4,512	4,178
160	6,631	6,183	5,759	5,362	4,989
170	7,675	7,188	6,725	6,289	5,878
180	8,798	8,273	7,770	7,295	6,845
190	9,999	9,434	8,893	8,378	7,890
200	11,278	10,674	10,094	9,541	9,013
210	12,636	11,993	11,374	10,781	10,214
220	14,074	13,392	12,733	12,101	11,494
230	15,592	14,870	14,171	13,499	12,853
240	17,189	16,427	15,688	14,977	14,291
250	18,866	18,064	17,286	16,535	15,809
260	20,623	19,781	18,963	18,173	17,407
270	22,461	21,579	20,721	19,890	19,084
280	24,380	23,458	22,559	21,688	20,842

Kreisbogen mit Übergangsbogen.

r	1300	1300	1300	1300	1300
L	110	120	130	140	150
l	109,980	119,974	129,968	139,959	149,950
a	54,892	59,860	64,822	69,778	74,727
f	0,387	0,461	0,540	0,627	0,719
$1 : m$	855549,0	932820,0	1009959,1	1086955,6	1163799,2
τ	2° 25′ 43,2″	2° 39′ 01,5″	2° 52′ 20,6″	3° 05′ 40,8″	3° 19′ 02,0″
$x =$ 20	0,009	0,009	0,008	0,007	0,007
30	0,032	0,029	0,027	0,025	0,023
40	0,075	0,069	0,063	0,059	0,055
50	0,146	0,134	0,124	0,115	0,107
60	0,252	0,232	0,214	0,199	0,186
70	0,401	0,368	0,340	0,316	0,295
80	0,598	0,549	0,507	0,471	0,440
90	0,852	0,782	0,722	0,671	0,626
100	1,169	1,072	0,990	0,920	0,859
110	**1,555**	1,427	1,318	1,225	1,144
120	2,018	**1,851**	1,711	1,590	1,485
130	2,559	2,354	**2,174**	2,021	1,888
140	3,176	2,933	2,715	**2,522**	2,358
150	3,871	3,590	3,333	3,104	**2,897**
160	4,643	4,324	4,029	3,761	3,519
170	5,493	5,135	4,802	4,496	4,215
180	6,421	6,024	5,652	5,308	4,989
190	7,427	6,991	6,581	6,198	5,840
200	8,511	8,037	7,587	7,166	6,769
210	9,673	9,160	8,672	8,212	7,776
220	10,914	10,362	9,835	9,336	8,861
230	12,234	11,643	11,076	10,538	10,025
240	13,633	13,002	12,397	11,819	11,267
250	15,112	14,441	13,796	13,179	12,589
260	16,669	15,960	15,275	14,618	13,989
270	18,307	17,558	16,833	16,138	15,469
280	20,025	19,236	18,472	17,737	17,028

Tafel III.

Kreisbogen mit Übergangsbogen.

r	1300	1300	1300	1300	1300
L	160	170	180	190	200
l	159,939	169,927	179,914	189,899	199,882
a	79,669	84,603	89,529	94,447	99,356
f	0,818	0,923	1,034	1,151	1,275
$1 : m$	1240479,4	1316985,8	1393308,0	1469434,8	1545356,6
τ	3° 32′ 24,3″	3° 45′ 47,7″	3° 59′ 12,4″	4° 12′ 38,5″	4° 26′ 06,0″
$x = 20$	0,006	0,006	0,006	0,005	0,005
30	0,022	0,021	0,019	0,019	0,017
40	0,053	0,049	0,046	0,044	0 041
50	0,101	0,095	0,090	0,085	0,081
60	0,174	0,164	0,155	0,147	0,140
70	0,277	0,260	0,246	0,233	0,222
80	0,413	0,389	0,367	0,348	0,331
90	0,588	0,554	0,523	0,496	0,472
100	0,806	0,759	0,718	0,681	0,647
110	1,073	1,010	0,955	0,906	0,861
120	1,393	1,312	1,240	1,176	1,118
130	1,771	1,668	1,577	1,495	1,422
140	2,212	2,084	1,969	1,867	1,776
150	2,721	2,562	2,422	2,297	2,184
160	3,298	3,110	2,940	2,787	2,650
170	3,960	3,726	3,526	3,343	3,179
180	4,695	4,428	4,180	3,969	3,774
190	5,508	5,203	4,922	4,660	4,438
200	6,399	6,055	5,736	5,444	5,168
210	7,368	6,985	6,628	6,297	5,992
220	8,414	7,993	7,598	7,228	6,885
230	9,539	9,079	8,646	8,238	7,856
240	10,743	10,244	9,772	9,325	8,905
250	12,025	11,488	10,976	10,491	10,033
260	13,386	12,810	12,259	11,736	11,239
270	14,827	14,211	13,622	13,059	12,523
280	16,346	15,691	15,063	14,461	13,887

Kreisbogen mit Übergangsbogen.

r	1300	1300	1300	1300	1300
L	210	220	230	240	250
l	209,863	219,842	229,820	239,796	249,769
a	104,255	109,144	114,023	118,891	123,748
f	1,405	1,541	1,684	1,832	1,987
$1:m$	1621063,4	1696544,5	1771790,2	1846791,1	1921536,7
τ	4° 39′ 34,9″	4° 53′ 05,3″	5° 06′ 37,4″	5° 20′ 11,1″	5° 33′ 46,6″
$x = 20$	0,005	0,005	0,005	0,004	0,004
30	0,017	0,016	0,015	0,015	0,014
40	0,039	0,038	0,036	0,035	0,033
50	0,077	0,074	0,071	0,068	0,065
60	0,133	0,127	0,122	0,117	0,112
70	0,212	0,202	0,194	0,186	0,178
80	0,316	0,302	0,289	0,277	0,266
90	0,450	0,430	0,411	0,394	0,379
100	0,617	0,589	0,564	0,541	0,520
110	0,821	0,784	0,751	0,721	0,692
120	1,066	1,018	0,975	0,936	0,899
130	1,355	1,295	1,240	1,190	1,143
140	1,693	1,617	1,549	1,486	1,428
150	2,082	1,989	1,905	1,827	1,756
160	2,527	2,414	2,312	2,217	2,131
170	3,031	2,896	2,773	2,660	2,557
180	3,598	3,438	3,292	3,158	3,035
190	4,231	4,043	3,871	3,714	3,569
200	4,935	4,716	4,515	4,332	4,163
210	5,702	5,459	5,227	5,015	4,819
220	6,568	6,263	6,010	5,766	5,541
230	7,501	7,171	6,851	6,588	6,332
240	8,512	8,144	7,802	7,466	7,196
250	9,601	9,195	8,815	8,460	8,109
260	10,768	10,324	9,906	9,513	9,147
270	12,014	11,531	11,075	10,644	10,240
280	13,339	12,817	12,323	11,854	11,412
290	14,743	14,182	13,650	13,142	12,662
300	16,226	15,627	15,056	14,509	13,990

Tafel III.

Kreisbogen mit Übergangsbogen.

r	1300	1400	1400	1400	1400
L	260	20	30	40	50
l	259,740	20	30	40	50
a	128,594	10	15	20	25
f	2,147	0,012	0,027	0,048	0,074
$1:m$	1996017,0	168000,0	252000,0	336000,0	420000,0
τ	5° 47′ 23,8″	—° —′ —″	—° —′ —″	—° —′ —″	—° —′ —″
$x = 20$	0,004	**0,048**	0,032	0,024	0,019
30	0,014	0,155	**0,107**	0,080	0,064
40	0,032	0,334	0,250	**0,190**	0,152
50	0,062	0,584	0,464	0,369	**0,298**
60	0,108	0,905	0,750	0,620	0,511
70	0,172	1,298	1,108	0,941	0,797
80	0,257	1,763	1,537	1,334	1,155
90	0,365	2,300	2,037	1,799	1,584
100	0,501	2,908	2,609	2,336	2,084
110	0,667	3,588	3,254	2,944	2,656
120	0,866	4,340	3,970	3,624	3,301
130	1,101	5,164	4,758	4,376	4,017
140	1,375	6,061	5,619	5,200	4,805
150	1,691	7,030	6,551	6,097	5,666
160	2,052	8,071	7,556	7,066	6,598
170	2,461	9,185	8,634	8,107	7,603
180	2,921	10,372	9,784	9,221	8,681
190	3,436	11,632	11,007	10,408	9,831
200	4,008	12,965	12,304	11,668	11,054
210	4,640	14,371	13,674	13,001	12,351
220	5,335	15,851	15,117	14,407	13,721
230	6,096	17,405	16,634	15,887	15,164
240	6,926	19,034	18,225	17,441	16,681
250	7,828	20,737	19,891	19,070	18,272
260	**8,779**	22,514	21,631	20,773	19,938
270	9,861	24,367	23,446	22,550	21,678
280	10,994			24,403	23,493
290	12,206				
300	13,496				

Kreisbogen mit Übergangsbogen.

r	1400	1400	1400	1400	1400
L	60	70	80	90	100
l	60	70	79,993	89,991	99,987
a	30	35	39,964	44,949	49,930
f	0,107	0,146	0,190	0,241	0,297
1 : m	504000,0	588000,0	671123,2	754752,2	838289,0
τ	—° —′ —″	—° —′ —″	1° 38′ 18,4″	1° 50′ 37,2″	2° 02′ 56,6″
x = 20	0,016	0,014	0,012	0,011	0,009
30	0,054	0,046	0,040	0,036	0,032
40	0,127	0,109	0,095	0,085	0,076
50	0,248	0,213	0,186	0,166	0,149
60	**0,429**	0,367	0,322	0,286	0,257
70	0,679	**0,583**	0,511	0,454	0,409
80	1,000	0,870	**0,763**	0,678	0,611
90	1,393	1,227	1,085	**0,966**	0,870
100	1,858	1,656	1,478	1,324	**1,192**
110	2,395	2,156	1,943	1,753	1,586
120	3,003	2,728	2,480	2,254	2,052
130	3,683	3,373	3,088	2,827	2,589
140	4,435	4,089	3,768	3,471	3,197
150	5,259	4,877	4,521	4,188	3,878
160	6,156	5,738	5,345	4,976	4,631
170	7,125	6,670	6,242	5,837	5,455
180	8,166	7,675	7,211	6,770	6,352
190	9,280	8,753	8,253	7,775	7,322
200	10,467	9,903	9,367	8,853	8,363
210	11,727	11,126	10,554	10,004	9,478
220	13,060	12,423	11,814	11,228	10,665
230	14,466	13,793	13,148	12,525	11,926
240	15,946	15,236	14,555	13,896	13,259
250	17,500	16,753	16,035	15,339	14,666
260	19,129	18,344	17,590	16,857	16,147
270	20,832	20,010	19,218	18,448	17,702
280	22,609	21,750	20,921	20,114	19,331
290	24,462	23,565	22,699	21,854	21,034
300			24,552	23,670	22,812

Tafel III.

Kreisbogen mit Übergangsbogen.

r	1400	1400	1400	1400	1400
L	110	120	130	140	150
l	109,983	119,978	129,972	139,965	149,957
a	54,907	59,879	64,846	69,808	74,764
f	0,360	0,428	0,502	0,582	0,668
$1:m$	921723,4	1005045,6	1088245,4	1171313,2	1254239,9
τ	2° 15′ 16,6″	2° 27′ 37,2″	3° 39′ 58,5″	2° 52′ 20,7″	3° 04′ 43,6″
x = 20	0,009	0,008	0,007	0,007	0,006
30	0,029	0,027	0,025	0,023	0,022
40	0,069	0,064	0,059	0,055	0,051
50	0,136	0,124	0,115	0,107	0,099
60	0,234	0,215	0,198	0,184	0,172
70	0,372	0,341	0,315	0,293	0,273
80	0,555	0,509	0,470	0,437	0,408
90	0,791	0,725	0,670	0,622	0,581
100	1,085	0,995	0,919	0,854	0,797
110	1,443	1,324	1,223	1,136	1,061
120	1,874	1,718	1,588	1,475	1,378
130	2,375	2,185	2,018	1,876	1,752
140	2,948	2,723	2,521	2,341	2,188
150	3,593	3,332	3,094	2,882	2,689
160	4,310	4,013	3,739	3,490	3,265
170	5,099	4,766	4,457	4,171	3,911
180	5,960	5,591	5,246	4,925	4,629
190	6,893	6,488	6,107	5,751	5,419
200	7,899	7,457	7,041	6,649	6,281
210	8,977	8,499	8,047	7,619	7,215
220	10,128	9,615	9,126	8,661	8,222
230	11,352	10,802	10,277	9,777	9,301
240	12,649	12,063	11,502	10,965	10,454
250	14,020	13,397	12,800	12,226	11,678
260	15,464	14,804	14,171	13,561	12,976
270	16,982	16,286	15,615	14,969	14,348
280	18,574	17,841	17,133	16,451	15,793
290	20,240	19,470	18,726	18,006	17,312
300	21,981	21,174	20,392	19,636	18,906

Tafel III.

Kreisbogen mit Übergangsbogen.

r	1400	1400	1400	1400	1400
L	160	170	180	190	200
l	159,948	169,937	179,926	189,913	199,898
a	79,714	84,657	89,594	94,522	99,444
f	0,759	0,857	0,960	1,070	1,185
1 : *m*	1337011,4	1419622,5	1502062,3	1584320,1	1666386,6
τ	3° 17′ 07,4″	3° 29′ 32,2″	3° 41′ 58,0″	3° 54′ 24,9″	4° 06′ 52,9″
x = 20	0,006	0,006	0,005	0,005	0,005
30	0,020	0,019	0,018	0,017	0,017
40	0,048	0,045	0,043	0,040	0,038
50	0,094	0,088	0,083	0,079	0,075
60	0,162	0,152	0,144	0,136	0,130
70	0,257	0,242	0,228	0,216	0,206
80	0,383	0,361	0,340	0,323	0,307
90	0,545	0,514	0,485	0,460	0,437
100	0,748	0,704	0,666	0,631	0,600
110	0,996	0,937	0,886	0,840	0,799
120	1,292	1,217	1,150	1,091	1,037
130	1,643	1,548	1,463	1,387	1,318
140	2,052	1,933	1,827	1,732	1,647
150	2,524	2,377	2,247	2,130	2,026
160	3,061	2,885	2,727	2,585	2,458
170	3,673	3,457	3,271	3,101	2,948
180	4,356	4,107	3,878	3,681	3,500
190	5,110	4,826	4,565	4,323	4,116
200	5,936	5,617	5,320	5,049	4,793
210	6,834	6,479	6,147	5,841	5,557
220	7,805	7,414	7,046	6,705	6,385
230	8,849	8,422	8,018	7,641	7,286
240	9,965	9,502	9,062	8,649	8,258
250	11,154	10,655	10,179	9,730	9,304
260	12,416	11,881	11,369	10,884	10,422
270	13,751	13,180	12,632	12,111	11,613
280	15,160	14,252	13,969	13,411	12,877
290	16,643	15,998	15,378	14,784	14,214
300	18,198	17,518	16,861	16,231	15,625

Tafel III.

Kreisbogen mit Übergangsbogen.

r	1400	1400	1400	1400	1400
L	210	220	230	240	250
l	209,882	219,864	229,845	239,824	249,801
a	104,356	109,261	114,156	119,042	123,918
f	1,306	1,432	1,564	1,702	1,847
$1:m$	1748252,6	1829908,9	1911344,9	1992552,7	2073521,9
τ	4° 19′ 22,0″	4° 31′ 52,4″	4° 44′ 24,1″	4° 56′ 57,2″	5° 09′ 31,6″
$x = 20$	0,005	0,004	0,004	0,004	0,004
30	0,015	0,015	0,014	0,014	0,013
40	0,037	0,035	0,033	0,032	0,031
50	0,072	0,068	0,065	0,063	0,060
60	0,124	0,118	0,113	0,108	0,104
70	0,196	0,187	0,179	0,172	0,165
80	0,293	0,280	0,268	0,257	0,247
90	0,417	0,398	0,381	0,366	0,352
100	0,572	0,547	0,523	0,502	0,482
110	0,761	0,727	0,696	0,668	0,641
120	0,988	0,944	0,904	0,867	0,833
130	1,257	1,201	1,150	1,103	1,060
140	1,570	1,500	1,436	1,378	1,324
150	1,930	1,844	1,766	1,694	1,628
160	2,342	2,238	2,143	2,056	1,975
170	2,810	2,685	2,570	2,466	2,369
180	3,336	3,187	3,051	2,927	2,813
190	3,923	3,748	3,589	3,442	3,308
200	4,576	4,372	4,186	4,015	3,858
210	**5,288**	5,061	4,845	4,648	4,466
220	6,091	**5,808**	5,571	5,344	5,135
230	6,956	6,648	**6,353**	6,106	5,868
240	7,893	7,550	7,231	**6,923**	6,667
250	8,902	8,524	8,170	7,840	**7,518**
260	9,985	9,571	9,181	8,816	8,476
270	11,140	10,690	10,265	9,864	9,489
280	12,368	11,882	11,421	10,985	10,575
290	13,669	13,148	12,650	12,179	11,733
300	15,044	14,487	13,954	13,446	12,964

Kreisbogen mit Übergangsbogen.

r	1400	1400	1500	1500	1500
L	260	270	20	30	40
l	259,776	269,749	20	30	40
a	128,784	133,640	10	15	20
f	1,996	2,151	0,011	0,025	0,044
1 : m	2154242,6	2234708,2	180000,0	270000,0	360000,0
τ	5° 22′ 07,5″	5° 34′ 44,9″	—° —′ —″	—° —′ —″	—° —′ —″
x = 20	0,004	0,004	0,044	0,030	0,022
30	0,013	0,012	0,144	0,100	0,075
40	0,030	0,029	0,311	0,233	0,178
50	0,058	0,056	0,544	0,433	0,344
60	0,100	0,097	0,845	0,700	0,577
70	0,159	0,154	1,212	1,034	0,878
80	0,238	0,229	1,645	1,434	1,245
90	0,338	0,326	2,146	1,901	1,678
100	0,464	0,447	2,713	2,435	2,179
110	0,618	0,595	3,348	3,036	2,746
120	0,802	0,773	4,050	3,705	3,381
130	1,020	0,983	4,819	4,440	4,083
140	1,274	1,228	5,655	5,242	4,852
150	1,567	1,510	6,559	6,112	5,688
160	1,901	1,833	7,530	7,050	6,592
170	2,280	2,199	8,569	8,055	7,563
180	2,707	2,610	9,676	9,127	8,602
190	3,184	3,069	10,850	10,268	9,709
200	3,714	3,580	12,093	11,477	10,883
210	4,299	4,144	13,404	12,754	12,126
220	4,943	4,765	14,784	14,099	13,437
230	5,648	5,445	16,232	15,513	14,817
240	6,417	6,186	17,749	16,996	16,265
250	7,253	6,992	19,336	18,548	17,782
260	8,138	7,865	20,991	20,169	19,368
270	9,136	8,783	22,716	21,859	21,024
280	10,186	9,822	24,511	23,619	22,749
290	11,309	10,910			24,544
300	12,505	12,070			

Tafel III.

Kreisbogen mit Übergangsbogen.

r	1500	1500	1500	1500	1500
L	50	60	70	80	90
l	50	60	70	79,994	89,992
a	25	30	35	39,969	44,956
f	0,069	0,100	0,136	0,178	0,225
1 : m	450000,0	540000,0	630000,0	719181,8	808835,5
τ	—° —′ —″	—° —′ —″	—° —′ —″	1° 31′ 44,6″	1° 43′ 13,9″
x = 20	0,018	0,015	0,013	0,011	0,010
30	0,060	0,050	0,043	0,038	0,033
40	0,142	0,119	0,102	0,089	0,079
50	0,278	0,231	0,198	0,174	0,155
60	0,477	0,400	0,343	0,300	0,267
70	0,744	0,633	0,544	0,477	0,424
80	1,078	0,934	0,811	0,712	0,633
90	1,478	1,301	1,145	1,013	0,901
100	1,945	1,734	1,545	1,380	1,235
110	2,479	2,234	2,012	1,814	1,636
120	3,080	2,802	2,546	2,315	2,103
130	3,749	3,437	3,147	2,882	2,637
140	4,484	4,139	3,816	3,517	3,239
150	5,286	4,908	4,551	4,219	3,908
160	6,156	5,744	5,353	4,988	4,643
170	7,094	6,648	6,223	5,825	5,446
180	8,099	7,619	7,161	6,729	6,316
190	9,171	8,658	8,166	7,699	7,254
200	10,312	9,765	9,238	8,739	8,259
210	11,521	10,939	10,379	9,846	9,332
220	12,798	12,182	11,588	11,021	10,473
230	14,143	13,493	12,865	12,264	11,682
240	15,557	14,873	14,210	13,575	12,959
250	17,040	16,321	15,624	14,955	14,305
260	18,592	17,838	17,107	16,404	15,720
270	20,213	19,425	18,659	17,921	17,203
280	21,903	21,080	20,280	19,508	18,755
290	23,663	22,805	21,970	21,164	20,376
300		24,600	23,730	22,889	22,066

Kreisbogen mit Übergangsbogen.

r	1500	1500	1500	1500	1500
L	100	110	120	130	140
l	99,989	109,985	119,981	129,976	139,970
a	49,939	54,919	59,895	64,866	69,833
f	0,278	0,336	0,400	0,469	0,543
$1:m$	898402,9	987874,8	1077241,8	1166494,4	1255623,7
τ	1° 54′ 43,6″	2° 06′ 13,9″	2° 17′ 44,6″	2° 29′ 16,0″	2° 40′ 48,0″
$x = 20$	0,009	0,008	0,007	0,007	0,006
30	0,030	0,027	0,025	0,023	0,022
40	0,071	0,065	0,059	0,055	0,051
50	0,139	0,127	0,116	0,107	0,099
60	0,240	0,219	0,201	0,185	0,172
70	0,381	0,347	0,318	0,294	0,273
80	0,570	0,518	0,475	0,439	0,408
90	0,811	0,738	0,677	0,625	0,581
100	1,113	1,012	0,928	0,857	0,797
110	1,481	1,347	1,236	1,141	1,060
120	1,915	1,748	1,603	1,481	1,376
130	2,416	2,216	2,039	1,882	1,750
140	2,984	2,751	2,540	2,352	2,184
150	3,619	3,353	3,108	2,887	2,687
160	4,321	4,021	3,744	3,489	3,256
170	5,090	4,757	4,447	4,158	3,891
180	5,927	5,560	5,217	4,894	4,594
190	6,831	6,431	6,053	5,698	5,364
200	7,803	7,369	6,957	6,569	6,201
210	8,842	8,374	7,929	7,507	7,106
220	9,949	9,448	8,969	8,513	8,078
230	11,125	10,589	10,076	9,587	9,118
240	12,368	11,798	11,251	10,728	10,226
250	13,679	13,076	12,495	11,938	11,402
260	15,059	14,422	13,807	13,216	12,646
270	16,508	15,836	15,188	14,562	13,959
280	18,026	17,319	16,637	15,977	15,340
290	19,612	18,871	18,154	17,461	16,789
300	21,268	20,493	19,741	19,013	18,306

Tafel III.

Kreisbogen mit Übergangsbogen.

r	1500	1500	1500	1500	1500
L	150	160	170	180	190
l	149,962	159,954	169,945	179,935	189,924
a	74,795	79,751	84,701	89,646	94,584
f	0,624	0,710	0,801	0,897	0,999
$1 : m$	1344620,1	1433473,9	1522176,5	1610717,1	1699090,0
τ	2° 52′ 20,7″	3° 03′ 54,0″	3° 15′ 28,2″	3° 27′ 03,2″	3° 38′ 39,1″
$x =$ 20	0,006	0,006	0,005	0,005	0,005
30	0,020	0,019	0,018	0,017	0,016
40	0,048	0,045	0,042	0,040	0,038
50	0,093	0,087	0,082	0,078	0,074
60	0,161	0,150	0,142	0,134	0,127
70	0,255	0,239	0,225	0,213	0,202
80	0,381	0,357	0,336	0,319	0,301
90	0,542	0,509	0,479	0,454	0,429
100	0,744	0,698	0,657	0,621	0,589
110	0,990	0,929	0,874	0,826	0,783
120	1,285	1,206	1,135	1,073	1,017
130	1,634	1,533	1,443	1,364	1,293
140	2,041	1,914	1,803	1,704	1,615
150	**2,508**	2,354	2,217	2,095	1,986
160	3,045	**2,855**	2,691	2,543	2,411
170	3,648	3,427	**3,224**	3,050	2,892
180	4,318	4,064	3,831	**3,617**	3,432
190	5,055	4,767	4,502	4,258	**4,032**
200	5,859	5,538	5,239	4,962	4,708
210	6,730	6,376	6,044	5,733	5,446
220	7,669	7,281	6,916	6,572	6,251
230	8,675	8,254	7,855	7,478	7,124
240	9,749	9,294	8,862	8,451	8,064
250	10,891	10,402	9,937	9,493	9,072
260	12,101	11,579	11,079	10,602	10,147
270	13,380	12,824	12,290	11,779	11,291
280	14,727	14,137	13,569	13,024	12,503
290	16,142	15,518	14,917	14,338	13,783
300	17,626	16,968	16,333	15,720	15,131

Tafel III.

Kreisbogen mit Übergangsbogen.

r	1500	1500	1500	1500	1500
L	200	210	220	230	240
l	199,911	209,897	219,882	229,865	239,846
a	99,515	104,439	109,355	114,264	119,164
f	1,107	1,219	1,338	1,462	1,591
$1:m$	1787282,3	1875287,9	1963095,5	2050698,6	2138086,0
τ	3° 50′ 15,8″	4° 01′ 53,6″	4° 13′ 32,3″	4° 25′ 12,1″	4° 36′ 53,0″
x = 20	0,004	0,004	0,004	0,004	0,004
30	0,015	0,014	0,014	0,013	0,013
40	0,036	0,034	0,033	0,031	0,030
50	0,070	0,067	0,064	0,061	0,058
60	0,121	0,115	0,110	0,105	0,101
70	0,192	0,183	0,175	0,167	0,160
80	0,286	0,273	0,261	0,250	0,239
90	0,408	0,389	0,371	0,356	0,341
100	0,560	0,533	0,509	0,488	0,468
110	0,745	0,710	0,678	0,649	0,623
120	0,967	0,922	0,880	0,843	0,808
130	1,229	1,172	1,119	1,072	1,027
140	1,535	1,463	1,398	1,338	1,283
150	1,888	1,800	1,720	1,646	1,579
160	2,292	2,185	2,087	1,998	1,916
170	2,749	2,620	2,503	2,396	2,298
180	3,263	3,110	2,971	2,844	2,728
190	3,838	3,658	3,494	3,345	3,208
200	4,470	4,266	4,075	3,901	3,742
210	5,181	4,931	4,718	4,516	4,331
220	5,954	5,677	5,415	5,192	4,980
230	6,794	6,483	6,197	5,923	5,691
240	7,700	7,357	7,038	6,741	6,453
250	8,673	8,298	7,946	7,616	7,308
260	9,716	9,307	8,922	8,558	8,217
270	10,827	10,384	9,965	9,568	9,194
280	12,005	11,528	11,076	10,646	10,239
290	13,251	12,740	12,255	11,792	11,351
300	14,565	14,022	13,502	13,006	12,532

Tafel III.

Kreisbogen mit Übergangsbogen.

r	1500	1500	1500	1500	1600
L	250	260	270	280	20
l	249,826	259,805	269,781	279,756	20
a	124,056	128,939	133,813	138,678	10
f	1,725	1,865	2,010	2,161	0,010
$1:m$	2225250,5	2312182,4	2398875,3	2485316,6	192000,0
τ	4° 48′ 35,0″	5° 00′ 18,2″	5° 12′ 02,6″	5° 23′ 48,4″	—° —′ —″
x = 20	0,004	0,003	0,003	0,003	0,042
30	0,012	0,012	0,011	0,011	0,135
40	0,029	0,028	0,027	0,026	0,291
50	0,056	0,054	0,052	0,051	0,510
60	0,097	0,093	0,090	0,087	0,792
70	0,154	0,148	0,143	0,138	1,136
80	0,230	0,221	0,213	0,206	1,542
90	0,328	0,315	0,304	0,293	2,011
100	0,449	0,432	0,417	0,402	2,543
110	0,598	0,575	0,555	0,536	3,138
120	0,777	0,747	0,720	0,695	3,795
130	0,987	0,950	0,916	0,884	4,516
140	1,233	1,187	1,144	1,104	5,300
150	1,517	1,460	1,407	1,358	6,147
160	1,841	1,771	1,707	1,648	7,057
170	2,208	2,124	2,048	1,977	8,030
180	2,621	2,522	2,431	2,347	9,067
190	3,082	2,966	2,859	2,760	10,167
200	3,595	3,460	3,335	3,219	11,331
210	4,162	4,005	3,861	3,726	12,559
220	4,785	4,605	4,439	4,284	13,851
230	5,468	5,262	5,072	4,896	15,207
240	6,212	5,979	5,763	5,563	16,627
250	7,007	6,758	6,514	6,287	18,112
260	7,898	7,584	7,327	7,072	19,662
270	8,842	8,512	8,185	7,920	21,277
280	9,853	9,490	9,150	8,810	22,956
290	10,932	10,537	10,164	9,813	24,701
300	12,079	11,651	11,245	10,861	

Kreisbogen mit Übergangsbogen.

r	1600	1600	1600	1600	1600
L	30	40	50	60	70
l	30	40	50	60	70
a	15	20	25	30	35
f	0,023	0,042	0,065	0,094	0,128
1 : m	288000,0	384000,0	480000,0	576000,0	672000,0
τ	—° —′ —″	—° —′ —″	—° —′ —″	—° —′ —″	—° —′ —″
x = 20	0,028	0,021	0,017	0,014	0,012
30	**0,094**	0,070	0,056	0,047	0,040
40	0,218	**0,167**	0,133	0,111	0,095
50	0,406	0,323	**0,260**	0,217	0,186
60	0,656	0,542	0,448	**0,375**	0,321
70	0,969	0,824	0,698	0,594	**0,510**
80	1,344	1,168	1,011	0,876	0,761
90	1,782	1,574	1,386	1,220	1,074
100	2,283	2,043	1,824	1,626	1,449
110	2,846	2,575	2,325	2,095	1,887
120	3,472	3,170	2,888	2,627	2,388
130	4,161	3,828	3,514	3,222	2,951
140	4,913	4,548	4,203	3,880	3,577
150	5,728	5,332	4,955	4,600	4,266
160	6,607	6,179	5,770	5,384	5,018
170	7,549	7,089	6,649	6,231	5,833
180	8,554	8,062	7,591	7,141	6,712
190	9,622	9,099	8,596	8,114	7,654
200	10,754	10,199	9,664	9,151	8,659
210	11,950	11,363	10,796	10,251	9,727
220	13,210	12,591	11,992	11,415	10,859
230	14,534	13,883	13,252	12,643	12,055
240	15,922	15,239	14,576	13,935	13,315
250	17,375	16,659	15,964	15,291	14,639
260	18,893	18,144	17,417	16,711	16,027
270	20,475	19,694	18,935	18,196	17,480
280	22,121	21,309	20,517	19,746	18,998
290	23,833	22,988	22,163	21,361	20,580
300		24,733	23,875	23,040	22,226

Tafel III.

Kreisbogen mit Übergangsbogen.

r	1600	1600	1600	1600	1600
L	80	90	100	110	120
l	80	89,993	99,990	109,987	119,983
a	40	44,961	49,946	54,929	59,907
f	0,167	0,211	0,260	0,315	0,375
$1 : m$	768000,0	862907,8	958502,7	1054007,4	1149413,2
τ	—° —′ —″	1° 36′ 46,1″	1° 47′ 32,5″	1° 58′ 19,3″	2° 09′ 06,5″
x = 20	0,010	0,009	0,008	0,008	0,007
30	0,035	0,031	0,028	0,026	0,024
40	0,083	0,074	0,067	0,061	0,056
50	0,162	0,145	0,130	0,119	0,109
60	0,281	0,250	0,225	0,205	0,188
70	0,447	0,397	0,358	0,325	0,298
80	**0,667**	0,593	0,534	0,486	0,445
90	0,949	**0,845**	0,761	0,692	0,634
100	1,293	1,158	**1,043**	0,949	0,870
110	1,699	1,534	1,388	**1,262**	1,158
120	2,168	1,972	1,795	1,639	**1,503**
130	2,700	2,472	2,264	2,077	1,911
140	3,295	3,035	2,796	2,578	2,381
150	3,953	3,662	3,392	3,142	2,914
160	4,673	4,352	4,050	3,769	3,509
170	5,457	5,104	4,770	4,458	4,167
180	6,304	5,919	5,554	5,211	4,888
190	7,214	6,797	6,401	6,026	5,672
200	8,187	7,740	7,312	6,905	6,520
210	9,224	8,746	8,286	7,847	7,431
220	10,324	9,814	9,323	8,853	8,405
230	11,488	10,947	10,423	9,922	9,442
240	12,716	12,143	11,587	11,055	10,543
250	14,008	13,403	12,816	12,251	11,707
260	15,364	14,727	14,108	13,512	12,936
270	16,784	16,116	15,465	14,836	14,228
280	18,269	17,569	16,885	16,224	15,585
290	19,819	19,086	18,370	17,677	17,006
300	21,434	20,668	19,920	19,195	18,492

Kreisbogen mit Übergangsbogen.

r	1600	1600	1600	1600	1600
L	130	140	150	160	170
l	129,979	139,973	149,967	159,960	169,952
a	64,882	69,853	74,819	79,781	84,737
f	0,440	0,510	0,585	0,665	0,751
1 : m	1244712,3	1339895,4	1434953,8	1529878,8	1624661,0
τ	2° 19′ 54,2″	2° 30′ 42,5″	2° 41′ 31,3″	2° 52′ 20,7″	3° 03′ 10,7″
x = 20	0,006	0,006	0,006	0,005	0,005
30	0,022	0,020	0,019	0,018	0,017
40	0,051	0,048	0,045	0,042	0,039
50	0,100	0,093	0,087	0,082	0,077
60	0,174	0,161	0,151	0,141	0,133
70	0,276	0,256	0,239	0,224	0,211
80	0,411	0,382	0,357	0,335	0,315
90	0,586	0,544	0,508	0,477	0,449
100	0,803	0,746	0,697	0,654	0,616
110	1,069	0,993	0,928	0,870	0,819
120	1,388	1,290	1,204	1,130	1,063
130	**1,764**	1,640	1,531	1,436	1,352
140	2,204	**2,047**	1,912	1,794	1,689
150	2,706	2,520	**2,350**	2,206	2,077
160	3,270	3,052	2,856	**2,675**	2,521
170	3,897	3,647	3,419	3,212	**3,022**
180	4,587	4,305	4,046	3,807	3,589
190	5,340	5,027	4,736	4,466	4,217
200	6,156	5,812	5,490	5,188	4,908
210	7,035	6,660	6,306	5,973	5,662
220	7,977	7,571	7,185	6,821	6,479
230	8,983	8,545	8,128	7,732	7,359
240	10,052	9,583	9,134	8,707	8,302
250	11,185	10,684	10,204	9,745	9,309
260	12,382	11,849	11,337	10,847	10,379
270	13,642	13,078	12,534	12,013	11,513
280	14,967	14,370	13,796	13,242	12,711
290	16,356	15,726	15,121	14,535	13,972
300	17,810	17,148	16,510	15,893	15,298

Tafel III.

Kreisbogen mit Übergangsbogen.

r	1600	1600	1600	1600	1600
L	180	190	200	210	220
l	179,943	189,933	199,922	209,910	219,896
a	89,688	94,634	99,573	104,506	109,432
f	0,841	0,937	1,038	1,144	1,255
$1:m$	1719292,3	1813764,2	1908068,0	2002194,5	2096137,9
τ	3° 14′ 01,4″	3° 24′ 52,8″	3° 35′ 45,0″	3° 46′ 38,0″	3° 57′ 31,8″
$x = 20$	0,005	0,004	0,004	0,004	0,004
30	0,016	0,015	0,014	0,013	0,013
40	0,037	0,035	0,034	0,032	0,031
50	0,073	0,069	0,066	0,062	0,060
60	0,126	0,119	0,113	0,108	0,103
70	0,200	0,189	0,180	0,171	0,164
80	0,298	0,282	0,268	0,256	0,245
90	0,424	0,402	0,382	0,364	0,348
100	0,582	0,551	0,524	0,499	0,477
110	0,774	0,734	0,698	0,665	0,635
120	1,005	0,953	0,906	0,863	0,824
130	1,278	1,211	1,151	1,097	1,048
140	1,596	1,513	1,438	1,370	1,309
150	1,963	1,861	1,769	1,686	1,610
160	2,382	2,258	2,147	2,046	1,954
170	2,858	2,709	2,575	2,454	2,344
180	3,389	3,215	3,056	2,913	2,782
190	3,988	3,778	3,595	3,426	3,272
200	4,648	4,410	4,188	3,996	3,817
210	5,370	5,102	4,853	4,619	4,418
220	6,156	5,856	5,577	5,318	5,073
230	7,005	6,673	6,363	6,073	5,804
240	7,917	7,554	7,212	6,891	6,591
250	8,892	8,498	8,125	7,773	7,441
260	9,931	9,506	9,101	8,718	8,355
270	11,034	10,577	10,141	9,726	9,332
280	12,200	11,711	11,244	10,798	10,373
290	13,429	12,909	12,410	11,933	11,477
300	14,724	14,171	13,641	13,132	12,644

Kreisbogen mit Übergangsbogen.

r	1600	1600	1600	1600	1600
L	230	240	250	260	270
l	229,881	239,865	249,847	259,828	269,808
a	114,352	119,264	124,169	129,066	133,955
f	1,371	1,492	1,618	1,750	1,886
$1:m$	2189886,1	2283431,8	2376769,8	2469887,2	2562778,1
τ	4° 08′ 26,5″	4° 19′ 22,1″	4° 30′ 18,6″	4° 41′ 16,1″	4° 52′ 14,6″
$x=$ 20	0,004	0,004	0,003	0,003	0,003
30	0,012	0,012	0,011	0,011	0,011
40	0,029	0,028	0,027	0,026	0,025
50	0,057	0,055	0,053	0,051	0,049
60	0,099	0,095	0,091	0,088	0,084
70	0,157	0,150	0,144	0,139	0,134
80	0,234	0,224	0,215	0,207	0,200
90	0,333	0,319	0,307	0,295	0,284
100	0,457	0,438	0,421	0,405	0,390
110	0,608	0,583	0,560	0,539	0,519
120	0,789	0,757	0,727	0,700	0,674
130	1,003	0,962	0,924	0,890	0,857
140	1,253	1,202	1,154	1,111	1,071
150	1,541	1,478	1,420	1,366	1,317
160	1,870	1,794	1,723	1,658	1,598
170	2,244	2,152	2,067	1,989	1,917
180	2,664	2,554	2,454	2,361	2,276
190	3,132	3,004	2,886	2,777	2,677
200	3,653	3,504	3,366	3,239	3,122
210	4,229	4,056	3,896	3,750	3,614
220	4,862	4,663	4,480	4,311	4,155
230	5,547	5,328	5,119	4,926	4,748
240	6,312	6,044	5,816	5,597	5,394
250	7,131	6,842	6,562	6,326	6,097
260	8,013	7,692	7,394	7,102	6,858
270	8,959	8,607	8,278	7,969	7,664
280	9,969	9,586	9,225	8,885	8,565
290	11,043	10,628	10,235	9,864	9,514
300	12,181	11,733	11,309	10,907	10,525

Tafel III.

Kreisbogen mit Übergangsbogen.

r	1600	1600	1700	1700	1700
L	280	290	20	30	40
l	279,786	289,762	20	30	40
a	138,836	143,708	10	15	20
f	2,027	2,174	0,010	0,022	0,039
1 : m	2655434,4	2747848,7	204000,0	306000,0	408000,0
τ	5° 03′ 14,2″	5° 14′ 14,9″	—° —′ —″	—° —′ —″	—° —′ —″
x = 20	0,003	0,003	0,039	0,026	0,020
30	0,010	0,010	0,128	0,088	0,066
40	0,024	0,023	0,275	0,206	0,157
50	0,047	0,045	0,481	0,382	0,304
60	0,081	0,079	0,746	0,618	0,510
70	0,129	0,125	1,070	0,912	0,774
80	0,193	0,186	1,452	1,265	1,098
90	0,275	0,265	1,893	1,677	1,481
100	0,377	0,364	2,394	2,148	1,923
110	0,501	0,484	2,954	2,678	2,423
120	0,650	0,629	3,573	3,267	2,983
130	0,827	0,800	4,251	3,916	3,602
140	1,033	0,998	4,988	4,624	4,280
150	1,271	1,228	5,785	5,391	5,017
160	1,542	1,491	6,641	6,217	5,814
170	1,850	1,788	7,556	7,103	6,670
180	2,196	2,122	8,531	8,048	7,585
190	2,583	2,496	9,566	9,053	8,560
200	3,013	2,911	10,661	10,118	9,595
210	3,488	3,370	11,816	11,243	10,690
220	4,010	3,875	13,031	12,427	11,845
230	4,582	4,428	14,306	13,672	13,060
240	5,206	5,031	15,641	14,977	14,335
250	5,884	5,686	17,036	16,343	15,670
260	6,619	6,396	18,492	17,769	17,065
270	7,412	7,163	20,010	19,256	18,522
280	8,248	7,989	21,589	20,803	20,039
290	9,184	8,854	23,228	22,412	21,617
300	10,165	9,826	24,928	24,082	23,257

Tafel III.

Kreisbogen mit Übergangsbogen.

r	1700	1700	1700	1700	1700
L	50	60	70	80	90
l	50	60	70	80	89,994
a	25	30	35	40	44,965
f	0,061	0,088	0,120	0,157	0,198
$1:m$	510000,0	612000,0	714000,0	816000,0	916971,9
τ	—° —′ —″	—° —′ —″	—° —′ —″	—° —′ —″	1° 31′ 04,0″
$x = 20$	0,016	0,013	0,011	0,010	0,009
30	0,053	0,044	0,038	0,033	0,029
40	0,125	0,104	0,090	0,078	0,070
50	**0,245**	0,204	0,175	0,153	0,137
60	0,421	**0,353**	0,303	0,265	0,236
70	0,657	0,559	**0,480**	0,420	0,374
80	0,951	0,824	0,716	**0,627**	0,558
90	1,304	1,147	1,010	0,893	**0,795**
100	1,716	1,530	1,363	1,216	1,089
110	2,187	1,972	1,775	1,599	1,443
120	2,717	2,472	2,246	2,041	1,855
130	3,306	3,032	2,776	2,541	2,326
140	3,955	3,651	3,365	3,101	2,857
150	4,663	4,329	4,014	3,720	3,446
160	5,430	5,066	4,722	4,398	4,095
170	6,256	5,863	5,489	5,135	4,803
180	7,142	6,719	6,315	5,932	5,570
190	8,087	7,634	7,201	6,788	6,396
200	9,092	8,609	8,146	7,703	7,282
210	10,157	9,644	9,151	8,678	8,228
220	11,282	10,739	10,216	9,713	9,233
230	12,466	11,894	11,341	10,808	10,298
240	13,711	13,109	12,525	11,963	11,423
250	15,016	14,384	13,770	13,178	12,608
260	16,382	15,719	15,075	14,453	13,853
270	17,808	17,114	16,441	15,788	15,158
280	19,295	18,571	17,867	17,183	16,524
290	20,842	20,088	19,354	18,640	17,950
300	22,451	21,666	20,901	20,157	19,437

Tafel III.

Kreisbogen mit Übergangsbogen.

r	1700	1700	1700	1700	1700
L	100	110	120	130	140
l	99,991	109,988	119,985	129,981	139,976
a	49,952	54,937	59,918	64,896	69,870
f	0,245	0,296	0,353	0,414	0,480
$1:m$	1018589,7	1120123,5	1221565,2	1322904,7	1424135,7
τ	1° 41′ 12,2″	1° 51′ 20,7″	2° 01′ 29,6″	2° 11′ 38,9″	2° 21′ 48,6″
x = 20	0,008	0,007	0,007	0,006	0,006
30	0,027	0,024	0,022	0,020	0,019
40	0,063	0,057	0,052	0,048	0,045
50	0,123	0,112	0,102	0,094	0,088
60	0,212	0,193	0,177	0,163	0,152
70	0,337	0,306	0,281	0,259	0,241
80	0,503	0,457	0,419	0,387	0,360
90	0,716	0,651	0,597	0,551	0,512
100	0,981	0,893	0,819	0,756	0,702
110	1,306	1,188	1,090	1,006	0,935
120	1,789	1,542	1,414	1,306	1,214
130	2,131	1,954	1,798	1,660	1,543
140	2,632	2,425	2,240	2,074	1,926
150	3,192	2,956	2,741	2,544	2,370
160	3,811	3,546	3,302	3,075	2,871
170	4,489	4,195	3,921	3,665	3,431
180	5,226	4,903	4,599	4,314	4,051
190	6,024	5,670	5,337	5,022	4,730
200	6,881	6,496	6,134	5,790	5,468
210	7,796	7,382	6,991	6,618	6,265
220	8,771	8,328	7,907	7,504	7,122
230	9,806	9,334	8,883	8,450	8,039
240	10,902	10,399	9,919	9,456	9,014
250	12,056	11,523	11,015	10,522	10,150
260	13,271	12,708	12,170	11,648	11,146
270	14,547	13,954	13,384	12,833	12,301
280	15,882	15,260	14,659	14,078	13,517
290	17,278	16,626	15,995	15,384	14,792
300	18,735	18,052	17,391	16,750	16,128

Kreisbogen mit Übergangsbogen.

r	1700	1700	1700	1700	1700
L	150	160	170	180	190
l	149,971	159,965	169,958	179,950	189,941
a	74,840	79,806	84,767	89,724	94,675
f	0,550	0,626	0,707	0,792	0,882
$1:m$	1525248,4	1626235,2	1727088,9	1827800,4	1928360,4
τ	2° 31′ 58,8″	2° 42′ 09,4″	2° 52′ 20,7″	3° 02′ 32,4″	3° 12′ 44,8″
$x =$ 20	0,005	0,005	0,005	0,004	0,004
30	0,018	0,017	0,016	0,015	0,014
40	0,042	0,039	0,037	0,035	0,033
50	0,082	0,077	0,072	0,068	0,065
60	0,142	0,133	0,125	0,118	0,112
70	0,225	0,211	0,199	0,188	0,178
80	0,336	0,315	0,296	0,280	0,266
90	0,478	0,448	0,422	0,399	0,378
100	0,656	0,615	0,579	0,547	0,519
110	0,873	0,819	0,771	0,728	0,690
120	1,133	1,063	1,001	0,945	0,896
130	1,440	1,351	1,272	1,202	1,139
140	1,799	1,687	1,589	1,501	1,423
150	2,211	2,075	1,954	1,846	1,750
160	2,685	2,517	2,372	2,241	2,124
170	3,216	3,021	2,843	2,688	2,548
180	3,806	3,581	3,377	3,188	3,024
190	4,455	4,201	3,967	3,752	3,554
200	5,164	4,880	4,616	4,372	4,148
210	5,932	5,619	5,324	5,052	4,798
220	6,759	6,417	6,093	5,791	5,508
230	7,646	7,274	6,922	6,589	6,277
240	8,592	8,191	7,809	7,447	7,105
250	9,598	9,167	8,756	8,364	7,993
260	10,664	10,203	9,762	9,341	8,940
270	11,790	11,299	10,829	10,378	9,947
280	12,975	12,455	11,955	11,475	11,014
290	14,220	13,671	13,141	12,631	12,140
300	15,524	14,947	14,387	13,847	13,327

Tafel III.

Kreisbogen mit Übergangsbogen.

r	1700	1700	1700	1700	1700
L	200	210	220	230	240
l	199,931	209,920	219,908	229,895	239,880
a	99,622	104,562	109,497	114,425	119,348
f	0,977	1,077	1,181	1,291	1,406
1 : *m*	2028762,9	2128997,5	2229058,5	2328936,4	2428623,5
τ	3° 22′ 57,8″	3° 33′ 11,5″	3° 43′ 25,8″	3° 53′ 41,0″	4° 03′ 56,8″
x = 20	0,004	0,004	0,004	0,003	0,003
30	0,013	0,013	0,012	0,012	0,011
40	0,032	0,030	0,029	0,028	0,026
50	0,062	0,059	0,056	0,054	0,051
60	0,106	0,101	0,097	0,093	0,089
70	0,169	0,161	0,154	0,147	0,141
80	0,252	0,240	0,230	0,220	0,211
90	0,359	0,342	0,327	0,313	0,300
100	0,493	0,470	0,449	0,429	0,412
110	0,656	0,625	0,597	0,571	0,548
120	0,852	0,812	0,775	0,742	0,712
130	1,083	1,032	0,986	0,943	0,905
140	1,353	1,289	1,231	1,178	1,130
150	1,664	1,585	1,514	1,449	1,390
160	2,019	1,924	1,838	1,759	1,687
170	2,422	2,308	2,204	2,110	2,023
180	2,875	2,739	2,616	2,504	2,401
190	3,381	3,222	3,077	2,945	2,824
200	**3,939**	3,758	3,589	3,435	3,294
210	4,564	**4,345**	4,155	3,976	3,813
220	5,244	5,001	**4,771**	4,572	4,384
230	5,984	5,711	5,458	**5,217**	5,010
240	6,783	6,481	6,198	5,936	**5,684**
250	7,641	7,310	6,997	6,706	6,435
260	8,559	8,198	7,856	7,535	7,235
270	9,536	9,146	8,775	8,425	8,094
280	10,574	10,154	9,753	9,374	9,014
290	11,671	11,223	10,791	10,382	9,993
300	12,829	12,353	11,887	11,450	11,032

Kreisbogen mit Übergangsbogen.

r	1700	1700	1700	1700	1700
L	250	260	270	280	290
l	249,865	259,848	269,830	279,810	289,789
a	124,263	129,172	134,073	138,967	143,853
f	1,524	1,648	1,776	1,910	2,048
$1:m$	2528113,4	2627396,4	2726464,2	2825311,1	2923928,9
τ	4° 14′ 13,4″	4° 24′ 30,9″	4° 34′ 49,2″	4° 45′ 08,4″	4° 55′ 28,5″
$x =$ 20	0,003	0,003	0,003	0,003	0,003
30	0,011	0,010	0,010	0,010	0,009
40	0,025	0,023	0,023	0,023	0,022
50	0,049	0,048	0,046	0,044	0,043
60	0,085	0,082	0,079	0,076	0,074
70	0,136	0,131	0,126	0,121	0,117
80	0,203	0,195	0,188	0,181	0,175
90	0,288	0,277	0,267	0,258	0,249
100	0,395	0,381	0,367	0,354	0,342
110	0,526	0,507	0,488	0,471	0,455
120	0,683	0,658	0,634	0,612	0,591
130	0,869	0,836	0,806	0,777	0,751
140	1,085	1,044	1,006	0,971	0,938
150	1,335	1,285	1,238	1,195	1,154
160	1,620	1,559	1,502	1,450	1,401
170	1,943	1,870	1,802	1,739	1,680
180	2,307	2,220	2,139	2,064	1,995
190	2,713	2,611	2,516	2,428	2,346
200	3,164	3,045	2,934	2,832	2,736
210	3,663	3,525	3,397	3,278	3,167
220	4,212	4,053	3,905	3,769	3,642
230	4,813	4,631	4,463	4,306	4,161
240	5,468	5,261	5,070	4,893	4,728
250	**6,170**	5,947	5,731	5,530	5,344
260	6,953	**6,678**	6,446	6,221	6,011
270	7,782	7,491	**7,206**	6,967	6,732
280	8,673	8,352	8,051	**7,754**	7,508
290	9,623	9,273	8,942	8,632	**8,323**
300	10,631	10,253	9,893	9,554	9,234

Tafel III.

Kreisbogen mit Übergangsbogen.

r	1800	1800	1800	1800	1800
L	20	30	40	50	60
l	20	30	40	50	60
a	10	15	20	25	30
f	0,009	0,021	0,037	0,058	0,083
1 : *m*	216000,0	324000,0	432000,0	540000,0	648000,0
τ	—° —′ —″	—° —′ —″	—° —′ —″	—° —′ —″	—° —′ —″
x = 20	**0,037**	0,025	0,019	0,015	0,012
30	0,120	**0,083**	0,063	0,050	0,042
40	0,259	0,193	**0,148**	0,119	0,099
50	0,454	0,361	0,287	**0,231**	0,193
60	0,704	0,584	0,482	0,398	**0,333**
70	1,010	0,862	0,732	0,621	0,528
80	1,371	1,195	1,038	0,899	0,778
90	1,788	1,584	1,399	1,232	1,084
100	2,261	2,029	1,816	1,621	1,446
110	2,789	2,530	2,289	2,066	1,864
120	3,373	3,086	2,817	2,567	2,336
130	4,013	3,698	3,401	3,123	2,863
140	4,709	4,367	4,041	3,735	3,447
150	5,462	5,091	4,737	4,404	4,087
160	6,270	5,871	5,490	5,128	4,783
170	7,134	6,707	6,298	5,908	5,536
180	8,055	7,599	7,162	6,744	6,344
190	9,032	8,548	8,083	7,636	7,208
200	10,065	9,553	9,060	8,585	8,129
210	11,155	10,615	10,093	9,590	9,106
220	12,301	11,733	11,183	10,652	10,139
230	13,504	12,907	12,329	11,770	11,229
240	14,764	14,139	13,532	12,944	12,375
250	16,081	15,427	14,792	14,176	13,578
260	17,455	16,772	16,109	15,464	14,838
270	18,886	18,175	17,483	16,809	16,155
280	20,374	19,635	18,914	18,212	17,529
290	21,920	21,152	20,402	19,672	18,960
300	23,524	22,726	21,948	21,189	20,448

Kreisbogen mit Übergangsbogen.

r	1800	1800	1800	1800	1800
L	70	80	90	100	110
l	70	80	90	99,992	109,990
a	35	40	45	49,958	54,944
f	0,113	0,148	0,187	0,231	0,280
$1:m$	756000,0	864000,0	972000,0	1078668,2	1186227,9
τ	—° —′ —″	—° —′ —″	—° —′ —″	1° 35′ 34,3″	1° 45′ 08,8″
$x =$ 20	0,010	0,009	0,008	0,007	0,007
30	0,036	0,031	0,028	0,025	0,023
40	0,085	0,074	0,066	0,059	0,054
50	0,165	0,145	0,129	0,116	0,105
60	0,286	0,250	0,222	0,200	0,182
70	**0,454**	0,397	0,353	0,318	0,289
80	0,676	**0,593**	0,527	0,475	0,432
90	0,953	0,843	**0,750**	0,676	0,615
100	1,287	1,149	1,027	**0,927**	0,843
110	1,676	1,510	1,361	1,233	**1,122**
120	2,121	1,927	1,750	1,594	1,456
130	2,622	2,400	2,195	2,012	1,846
140	3,178	2,928	2,696	2,485	2,291
150	3,790	3,512	3,252	3,013	2,792
160	4,459	4,152	3,864	3,598	3,348
170	5,183	4,848	4,533	4,238	3,961
180	5,963	5,601	5,257	4,934	4,629
190	6,799	6,409	6,037	5,687	5,354
200	7,691	7,273	6,873	6,495	6,134
210	8,640	8,194	7,765	7,360	6,970
220	9,645	9,171	8,714	8,281	7,863
230	10,707	10,204	9,719	9,258	8,813
240	11,825	11,294	10,781	10,291	9,818
250	12,999	12,440	11,899	11,381	10,880
260	14,231	13,643	13,073	12,528	11,998
270	15,519	14,903	14,305	13,731	13,173
280	16,864	16,220	15,593	14,991	14,405
290	18,267	17,594	16,938	16,309	15,694
300	19,727	19,025	18,341	17,682	17,039

Tafel III.

Kreisbogen mit Übergangsbogen.

r	1800	1800	1800	1800	1800
L	120	130	140	150	160
l	119,987	129,983	139,979	149,974	159,968
a	59,927	64,907	69,884	74,857	79,827
f	0,333	0,391	0,453	0,520	0,591
$1:m$	1293699,4	1401076,5	1508349,7	1615511,6	1722554,8
τ	1° 54′ 43,6″	2° 04′ 18,8″	2° 13′ 54,3″	2° 23′ 30,2″	2° 33′ 06,6″
x = 20	0,006	0,006	0,005	0,005	0,005
30	0,021	0,019	0,018	0,017	0,016
40	0,049	0,046	0,042	0,040	0,037
50	0,097	0,089	0,083	0,077	0,073
60	0,167	0,154	0,143	0,134	0,125
70	0,265	0,245	0,227	0,212	0,199
80	0,396	0,365	0,339	0,317	0,297
90	0,564	0,520	0,483	0,451	0,423
100	0,773	0,714	0,663	0,619	0,581
110	1,029	0,950	0,882	0,824	0,773
120	**1,335**	1,233	1,146	1,070	1,003
130	1,698	**1,568**	1,457	1,360	1,275
140	2,115	1,958	**1,818**	1,698	1,593
150	2,588	2,403	2,237	**2,088**	1,959
160	3,117	2,904	2,710	2,535	**2,376**
170	3,702	3,461	3,239	3,037	2,851
180	4,342	4,074	3,824	3,594	3,381
190	5,039	4,743	4,465	4,207	3,966
200	5,791	5,468	5,162	4,875	4,607
210	6,600	6,248	5,915	5,600	5,304
220	7,465	7,085	6,723	6,381	6,057
230	8,386	7,978	7,588	7,218	6,866
240	9,363	8,927	8,510	8,111	7,732
250	10,397	9,933	9,487	9,061	8,653
260	11,487	10,995	10,521	10,067	9,631
270	12,633	12,113	11,612	11,130	10,666
280	13,837	13,288	12,758	12,248	11,756
290	15,097	14,520	13,962	13,424	12,903
300	16,414	15,809	15,223	14,656	14,107

Kreisbogen mit Übergangsbogen.

r	1800	1800	1800	1800	1800
L	170	180	190	200	210
l	169,962	179,955	189,947	199,938	209,929
a	84,792	89,754	94,710	99,662	104,609
f	0,667	0,748	0,834	0,923	1,018
$1:m$	1829470,9	1936252,2	2042891,5	2149381,7	2255713,2
τ	2° 42′ 43,4″	2° 52′ 20,7″	3° 01′ 58,4″	3° 11′ 36,7″	3° 21′ 15,6″
$x =$ 20	0,004	0,004	0,004	0,004	0,003
30	0,015	0,014	0,013	0,013	0,012
40	0,035	0,033	0,031	0,030	0,028
50	0,068	0,065	0,061	0,058	0,055
60	0,118	0,112	0,106	0,100	0,096
70	0,187	0,177	0,168	0,159	0,152
80	0,280	0,264	0,251	0,238	0,227
90	0,399	0,376	0,357	0,339	0,323
100	0,547	0,516	0,490	0,465	0,443
110	0,728	0,687	0,652	0,619	0,590
120	0,945	0,892	0,846	0,804	0,766
130	1,201	1,135	1,075	1,022	0,974
140	1,500	1,417	1,343	1,277	1,216
150	1,845	1,743	1,652	1,571	1,496
160	2,239	2,115	2,005	1,906	1,816
170	**2,684**	2,537	2,405	2,285	2,178
180	3,187	**3,010**	2,855	2,713	2,585
190	3,744	3,542	**3,355**	3,191	3,041
200	4,358	4,127	3,916	**3,719**	3,547
210	5,027	4,768	4,530	4,308	**4,101**
220	5,752	5,466	5,200	4,952	4,719
230	6,534	6,220	5,926	5,649	5,389
240	7,371	7,029	6,707	6,402	6,116
250	8,264	7,895	7,545	7,212	6,899
260	9,214	8,817	8,439	8,078	7,738
270	10,221	9,795	9,389	9,001	8,633
280	11,284	10,830	10,396	9,980	9,584
290	12,403	11,921	11,459	11,015	10,591
300	13,578	13,069	12,579	12,107	11,654

Tafel III.

Kreisbogen mit Übergangsbogen.

r	1800	1800	1800	1800	1800
L	220	230	240	250	260
l	219,918	229,906	239,893	249,879	259,864
a	109,551	114,487	119,418	124,342	129,260
f	1,116	1,220	1,328	1,440	1,558
$1 : m$	2361879,1	2467873,0	2573686,4	2679312,6	2784741,3
τ	3° 30′ 55,1″	3° 40′ 35,1″	3° 50′ 15,8″	3° 59′ 57,2″	4° 09′ 39,3″
$x = 20$	0,003	0,003	0,003	0,003	0,003
30	0,011	0,011	0,010	0,010	0,010
40	0,027	0,026	0,025	0,024	0,023
50	0,053	0,051	0,049	0,047	0,045
60	0,091	0,088	0,084	0,081	0,078
70	0,145	0,139	0,133	0,128	0,123
80	0,217	0,207	0,199	0,191	0,184
90	0,309	0,295	0,283	0,272	0,262
100	0,423	0,405	0,388	0,373	0,359
110	0,563	0,539	0,517	0,497	0,478
120	0,732	0,700	0,671	0,645	0,621
130	0,930	0,890	0,853	0,820	0,789
140	1,162	1,112	1,066	1,024	0,985
150	1,429	1,368	1,311	1,260	1,212
160	1,734	1,660	1,591	1,529	1,471
170	2,080	1,991	1,909	1,834	1,764
180	2,469	2,363	2,266	2,177	2,094
190	2,904	2,779	2,665	2,560	2,463
200	3,387	3,242	3,108	2,986	2,873
210	3,921	3,753	3,598	3,456	3,326
220	4,503	4,315	4,137	3,974	3,824
230	5,150	4,924	4,728	4,541	4,369
240	5,849	5,601	5,364	5,160	4,964
250	6,604	6,328	6,071	5,823	5,611
260	7,415	7,111	6,826	6,559	6,302
270	8,281	7,950	7,638	7,343	7,069
280	9,204	8,845	8,505	8,183	7,881
290	10,183	9,797	9,428	9,079	8,749
300	11,219	10,806	10,409	10,032	9,674

Kreisbogen mit Übergangsbogen.

r	1800	1800	1800	1800	2000
L	270	280	290	300	20
l	269,848	279,831	289,812	299,792	20
a	134,172	139,078	143,976	148,867	10
f	1,679	1,804	1,935	2,070	0,008
1 : *m*	2889969,0	2994987,2	3099785,4	3204360,4	240000,0
τ	4° 19′ 22,1″	4° 29′ 05,6″	4° 38′ 49,9″	4° 48′ 35,0″	—° —′ —″
x = 20	0,003	0,003	0,003	0,002	0,033
30	0,009	0,009	0,009	0,008	0,108
40	0,022	0,021	0,021	0,020	0,233
50	0,043	0,042	0,040	0,039	0,408
60	0,075	0,072	0,070	0,067	0,633
70	0,119	0,114	0,111	0,107	0,908
80	0,177	0,171	0,165	0,160	1,233
90	0,252	0,243	0,235	0,228	1,608
100	0,346	0,334	0,323	0,312	2,034
110	0,461	0,444	0,429	0,415	2,510
120	0,598	0,577	0,557	0,539	3,035
130	0,760	0,734	0,709	0,686	3,611
140	0,950	0,916	0,885	0,856	4,237
150	1,168	1,127	1,089	1,053	4,914
160	1,417	1,368	1,321	1,278	5,641
170	1,700	1,640	1,585	1,533	6,418
180	2,018	1,947	1,881	1,820	7,246
190	2,373	2,290	2,213	2,141	8,124
200	2,768	2,671	2,581	2,497	9,053
210	3,204	3,092	2,988	2,890	10,033
220	3,684	3,555	3,435	3,323	11,064
230	4,210	4,062	3,925	3,797	12,145
240	4,783	4,616	4,460	4,314	13,277
250	5,407	5,218	5,041	4,876	14,460
260	6,082	5,869	5,670	5,485	15,694
270	**6,799**	6,572	6,350	6,143	16,980
280	7,596	**7,316**	7,082	6,851	18,317
290	8,437	8,142	**7,853**	7,611	19,705
300	9,334	9,011	8,710	**8,408**	21,145

Tafel III.

Kreisbogen mit Übergangsbogen.

r	2000	2000	2000	2000	2000
L	30	40	50	60	70
l	30	40	50	60	70
a	15	20	25	30	35
f	0,019	0,033	0,052	0,075	0,102
1 : m	360000,0	480000,0	600000,0	720000,0	840000,0
τ	—° —′ —″	—° —′ —″	—° —′ —″	—° —′ —″	—° —′ —″
x = 20	0,022	0,017	0,013	0,011	0,010
30	**0,075**	0,056	0,045	0,038	0,032
40	0,175	**0,133**	0,107	0,089	0,076
50	0,325	0,258	**0,208**	0,174	0,149
60	0,525	0,433	0,358	**0,300**	0,258
70	0,775	0,658	0,558	0,475	**0,408**
80	1,075	0,933	0,808	0,700	0,608
90	1,425	1,258	1,108	0,975	0,858
100	1,826	1,633	1,458	1,300	1,158
110	2,277	2,059	1,859	1,675	1,508
120	2,778	2,535	2,310	2,101	1,909
130	3,328	3,060	2,811	2,577	2,360
140	3,929	3,636	3,361	3,102	2,861
150	4,580	4,262	3,962	3,678	3,411
160	5,282	4,939	4,613	4,304	4,012
170	6,034	5,666	5,315	4,981	4,663
180	6,836	6,443	6,067	5,708	5,365
190	7,688	7,271	6,869	6,485	6,117
200	8,592	8,149	7,721	7,313	6,919
210	9,547	9,078	8,625	8,191	7,771
220	10,553	10,058	9,580	9,120	8,675
230	11,609	11,089	10,586	10,100	9,630
240	12,716	12,170	11,642	11,131	10,636
250	13,873	13,302	12,749	12,212	11,692
260	15,082	14,485	13,906	13,344	12,799
270	16,342	15,719	15,115	14,527	13,956
280	17,653	17,005	16,375	15,761	15,165
290	19,016	18,342	17,685	17,047	16,425
300	20,430	19,730	19,049	18,384	17,736

Kreisbogen mit Übergangsbogen.

r	2000	2000	2000	2000	2000
L	80	90	100	110	120
l	80	90	100	109,992	119,989
a	40	45	50	54,954	59,941
f	0,133	0,169	0,208	0,252	0,300
1 : *m*	960000,0	1080000,0	1200000,0	1318404,7	1437929,5
τ	—° —′ —″	—° —′ —″	—° —′ —″	1° 34′ 36,8″	1° 43′ 13,9″
x = 20	0,008	0,007	0,007	0,006	0,006
30	0,028	0,025	0,023	0,020	0,019
40	0,067	0,059	0,053	0,049	0,045
50	0,130	0,116	0,104	0,095	0,087
60	0,225	0,200	0,180	0,164	0,150
70	0,357	0,318	0,286	0,260	0,239
80	**0,533**	0,474	0,427	0,388	0,356
90	0,758	**0,675**	0,608	0,553	0,507
100	1,033	0,925	**0,833**	0,758	0,695
110	1,358	1,225	1,109	**1,009**	0,926
120	1,733	1,575	1,433	1,310	**1,201**
130	2,159	1,976	1,808	1,661	1,527
140	2,635	2,427	2,234	2,061	1,903
150	3,160	2,928	2,710	2,512	2,329
160	3,736	3,478	3,235	3,013	2,805
170	4,362	4,079	3,811	3,564	3,331
180	5,039	4,730	4,437	4,164	3,907
190	5,766	5,432	5,114	4,816	4,533
200	6,543	6,184	5,841	5,520	5,210
210	7,371	6,986	6,618	6,271	5,937
220	8,249	7,838	7,446	7,073	6,714
230	9,178	8,742	8,324	7,926	7,543
240	10,158	9,697	9,253	8,831	8,422
250	11,189	10,703	10,233	9,786	9,351
260	12,270	11,759	11,264	10,791	10,331
270	13,402	12,866	12,345	11,847	11,362
280	14,585	14,023	13,477	12,953	12,443
290	16,819	15,232	14,660	14,111	13,576
300	17,105	16,492	15,894	15,320	14,759

Tafel III.

Kreisbogen mit Übergangsbogen.

r	2000	2000	2000	2000	2000
L	130	140	150	160	170
l	129,986	139,983	149,979	159,974	169,969
a	64,925	69,906	74,884	79,860	84,832
f	0,352	0,408	0,468	0,533	0,601
1 : *m*	1557367,4	1676712,9	1795958,3	1915096,3	2034120,7
τ	1° 51′ 51,2″	2° 00′ 28,7″	2° 09′ 06,5″	2° 17′ 44,6″	2° 26′ 23,1″
x = 20	0,005	0,005	0,004	0,004	0,004
30	0,017	0,016	0,015	0,014	0,013
40	0,041	0,038	0,036	0,033	0,031
50	0,080	0,075	0,070	0,065	0,061
60	0,139	0,129	0,120	0,113	0,106
70	0,220	0,205	0,191	0,179	0,169
80	0,329	0,305	0,285	0,267	0,252
90	0,468	0,435	0,406	0,381	0,358
100	0,642	0,596	0,557	0,522	0,492
110	0,855	0,794	0,741	0,695	0,654
120	1,110	1,031	0,962	0,902	0,850
130	1,410	1,310	1,223	1,147	1,080
140	1,762	1,636	1,528	1,433	1,349
150	2,162	2,012	1,878	1,762	1,659
160	2,613	2,438	2,280	2,138	2,014
170	3,114	2,914	2,731	2,565	2,414
180	3,665	3,441	3,232	3,042	2,866
190	4,267	4,017	3,784	3,568	3,368
200	4,919	4,643	4,385	4,145	3,920
210	5,621	5,321	5,037	4,771	4,522
220	6,374	6,048	5,740	5,448	5,174
230	7,176	6,826	6,493	6,176	5,876
240	8,029	7,654	7,296	6,954	6,630
250	8,934	8,533	8,148	7,783	7,433
260	9,889	9,462	9,050	8,662	8,286
270	10,894	10,442	10,006	9,592	9,191
280	11,950	11,473	11,014	10,572	10,146
290	13,057	12,555	12,071	11,603	11,152
300	14,215	13,688	13,178	12,686	12,209

Kreisbogen mit Übergangsbogen.

r	2000	2000	2000	2000	2000
L	180	190	200	210	220
l	179,964	189,957	199,950	209,942	219,933
a	89,800	94,765	99,726	104,683	109,636
f	0,674	0,750	0,832	0,916	1,006
$1:m$	2153022,6	2271796,6	2390435,4	2508931,5	2627279,2
τ	2° 35′ 01,9″	2° 43′ 41,1″	2° 52′ 20,7″	3° 01′ 00,6″	3° 09′ 41,0″
$x =$ 20	0,004	0,004	0,003	0,003	0,003
30	0,013	0,012	0,011	0,011	0,010
40	0,030	0,028	0,027	0,026	0,024
50	0,058	0,055	0,052	0,050	0,048
60	0,100	0,095	0,090	0,086	0,082
70	0,159	0,151	0,143	0,137	0,131
80	0,238	0,225	0,214	0,204	0,195
90	0,339	0,321	0,305	0,291	0,277
100	0,464	0,440	0,418	0,399	0,381
110	0,618	0,586	0,557	0,531	0,507
120	0,803	0,761	0,723	0,689	0,658
130	1,020	0,967	0,919	0,876	0,836
140	1,274	1,208	1,148	1,094	1,045
150	1,568	1,486	1,412	1,345	1,285
160	1,903	1,803	1,713	1,632	1,559
170	2,282	2,163	2,055	1,958	1,870
180	**2,707**	2,567	2,440	2,324	2,220
190	3,185	**3,017**	2,869	2,734	2,611
200	3,713	3,521	**3,344**	3,189	3,045
210	4,290	4,073	3,874	**3,688**	3,525
220	4,917	4,675	4,452	4,244	**4,049**
230	5,594	5,327	5,079	4,846	4,631
240	6,322	6,030	5,757	5,498	5,259
250	7,100	6,784	6,485	6,202	5,938
260	7,929	7,588	7,264	6,956	6,666
270	8,809	8,442	8,093	7,760	7,445
280	9,739	9,346	8,973	8,615	8,275
290	10,720	10,301	9,903	9,520	9,155
300	11,750	11,308	10,884	10,476	10,086

Tafel III.

Kreisbogen mit Übergangsbogen.

r	2000	2000	2000	2000	2000
L	230	240	250	260	270
l	229,924	239,914	249,902	259,890	269,877
a	114,584	119,528	124,466	129,400	134,328
f	1,099	1,196	1,297	1,403	1,512
$1:m$	2745469,6	2863497,4	2981356,2	3099037,9	3216535,2
τ	3° 18′ 21,9″	3° 27′ 03,2″	3° 35′ 45,0″	3° 44′ 27,3″	3° 53′ 10,2″
$x =$ 20	0,003	0,003	0,003	0,003	0,002
30	0,010	0,009	0,009	0,009	0,008
40	0,023	0,022	0,021	0,021	0,020
50	0,046	0,044	0,042	0,040	0,039
60	0,079	0,075	0,072	0,070	0,067
70	0,125	0,120	0,115	0,111	0,107
80	0,186	0,179	0,172	0,165	0,160
90	0,265	0,255	0,245	0,235	0,227
100	0,364	0,349	0,335	0,323	0,311
110	0,485	0,465	0,446	0,430	0,414
120	0,629	0,604	0,580	0,558	0,537
130	0,800	0,767	0,737	0,709	0,683
140	0,999	0,958	0,920	0,885	0,853
150	1,229	1,178	1,132	1,089	1,049
160	1,492	1,430	1,374	1,322	1,273
170	1,790	1,716	1,648	1,585	1,527
180	2,124	2,037	1,956	1,882	1,813
190	2,498	2,395	2,301	2,213	2,132
200	2,914	2,793	2,683	2,581	2,487
210	3,373	3,234	3,106	2,988	2,879
220	3,878	3,718	3,571	3,436	3,310
230	**4,427**	4,249	4,081	3,926	3,783
240	5,035	**4,822**	4,637	4,461	4,298
250	5,689	5,456	**5,235**	5,042	4,858
260	6,393	6,136	5,895	**5,664**	5,464
270	7,148	6,865	6,599	6,351	**6,111**
280	7,952	7,644	7,353	7,081	6,824
290	8,806	8,474	8,159	7,861	7,580
300	9,712	9,355	9,015	8,692	8,386

Kreisbogen mit Übergangsbogen.

r	2000	2000	2000	2000	2000
L	280	290	300	310	320
l	279,863	289,848	299,831	309,814	319,795
a	139,252	144,169	149,080	153,986	158,885
f	1,626	1,744	1,865	1,991	2,121
$1:m$	3333845,0	3450955,6	3567862,3	3684560,7	3801041,7
τ	4° 01′ 53,6″	4° 10′ 37,5″	4° 19′ 22,1″	4° 28′ 07,2″	4° 36′ 53,0″
$x =$ 20	0,002	0,002	0,002	0,002	0,002
30	0,008	0,008	0,008	0,007	0,007
40	0,019	0,019	0,018	0,017	0,017
50	0,038	0,036	0,035	0,034	0,033
60	0,065	0,063	0,061	0,059	0,057
70	0,102	0,099	0,096	0,093	0,090
80	0,154	0,148	0,144	0,139	0,135
90	0,219	0,211	0,204	0,198	0,192
100	0,300	0,290	0,280	0,271	0,263
110	0,399	0,386	0,373	0,361	0,350
120	0,518	0,501	0,484	0,469	0,455
130	0,659	0,637	0,616	0,596	0,578
140	0,823	0,795	0,769	0,745	0,722
150	1,012	0,978	0,946	0,916	0,888
160	1,229	1,187	1,148	1,112	1,078
170	1,474	1,424	1,377	1,333	1,293
180	1,749	1,690	1,635	1,583	1,534
190	2,057	1,988	1,922	1,862	1,804
200	2,400	2,318	2,242	2,171	2,105
210	2,778	2,684	2,596	2,513	2,437
220	3,194	3,086	2,984	2,890	2,801
230	3,650	3,526	3,410	3,302	3,201
240	4,147	4,006	3,875	3,752	3,637
250	4,687	4,528	4,379	4,241	4,111
260	5,272	5,093	4,926	4,770	4,624
270	5,904	5,704	5,517	5,342	5,178
280	**6,575**	6,361	6,153	5,958	5,775
290	7,316	**7,056**	6,836	6,619	6,416
300	8,096	7,824	**7,555**	7,328	7,103
310	8,928	8,631	8,349	**8,071**	7,837
320	9,810	9,488	9,182	8,893	**8,604**

Tafel III.

Kreisbogen mit Übergangsbogen.

r	2500	2500	2500	2500	2500
L	20	30	40	50	60
l	20	30	40	50	60
a	10	15	20	25	30
f	0,007	0,015	0,027	0,042	0,060
$1:m$	300000,0	450000,0	600000,0	750000,0	900000,0
τ	—° —′ —″	—° —′ —″	—° —′ —″	—° —′ —″	—° —′ —″
$x =$ 20	0,027	0,018	0,013	0,011	0,009
30	0,087	0,060	0,045	0,036	0,030
40	0,187	0,140	0,107	0,085	0,071
50	0,327	0,260	0,207	0,167	0,139
60	0,507	0,420	0,347	0,287	0,240
70	0,727	0,620	0,527	0,447	0,380
80	0,987	0,860	0,747	0,647	0,560
90	1,287	1,140	1,007	0,887	0,780
100	1,627	1,460	1,307	1,167	1,040
110	2,007	1,820	1,647	1,487	1,340
120	2,428	2,221	2,027	1,847	1,680
130	2,888	2,661	2,448	2,248	2,060
140	3,389	3,142	2,908	2,688	2,481
150	3,930	3,663	3,409	3,169	2,941
160	4,511	4,224	3,950	3,690	3,442
170	5,132	4,825	4,531	4,251	3,983
180	5,793	5,466	5,152	4,852	4,564
190	6,495	6,147	5,813	5,493	5,185
200	7,237	6,869	6,515	6,174	5,846
210	8,020	7,631	7,257	6,896	6,548
220	8,843	8,434	8,040	7,658	7,290
230	9,706	9,277	8,863	8,461	8,073
240	10,610	10,160	9,726	9,304	8,896
250	11,554	11,084	10,630	10,187	9,759
260	12,539	12,049	11,574	11,111	10,663
270	13,564	13,054	12,559	12,076	11,607
280	14,630	14,100	13,584	13,081	12,592
290	15,737	15,186	14,650	14,127	13,617
300	16,884	16,313	15,757	15,213	14,683

Kreisbogen mit Übergangsbogen.

r	2500	2500	2500	2500	2500
L	70	80	90	100	110
l	70	80	90	100	110
a	35	40	45	50	55
f	0,082	0,107	0,135	0,167	0,202
1 : *m*	1050000,0	1200000,0	1350000,0	1500000,0	1650000,0
τ	—° —′ —″	—° —′ —″	—° —′ —″	—° —′ —″	—° —′ —″
x = 20	0,008	0,007	0,006	0,005	0,005
30	0,026	0,023	0,020	0,018	0,016
40	0,061	0,053	0,047	0,043	0,039
50	0,119	0,104	0,093	0,083	0,076
60	0,206	0,180	0,160	0,144	0,131
70	**0,327**	0,286	0,254	0,229	0,208
80	0,487	**0,427**	0,379	0,341	0,310
90	0,687	0,606	**0,540**	0,486	0,442
100	0,927	0,826	0,740	**0,667**	0,606
110	1,207	1,086	0,980	0,887	**0,807**
120	1,527	1,386	1,260	1,147	1,047
130	1,887	1,726	1,580	1,447	1,327
140	2,288	2,106	1,940	1,787	1,647
150	2,728	2,527	2,341	2,167	2,007
160	3,209	2,987	2,781	2,588	2,408
170	3,730	3,488	3,262	3,048	2,848
180	4,291	4,029	3,783	3,549	3,329
190	4,892	4,610	4,344	4,090	3,850
200	5,533	5,231	4,945	4,671	4,411
210	6,214	5,892	5,586	5,292	5,012
220	6,936	6,594	6,267	5,953	5,653
230	7,698	7,336	6,989	6,655	6,334
240	8,501	8,119	7,751	7,397	7,056
250	9,344	8,942	8,554	8,180	7,818
260	10,227	9,805	9,397	9,003	8,621
270	11,151	10,709	10,280	9,866	9,464
280	12,116	11,653	11,204	10,770	10,347
290	13,121	12,638	12,169	11,714	11,271
300	14,167	13,663	13,174	12,699	12,236

Tafel III.

Kreisbogen mit Übergangsbogen.

r	2500	2500	2500	2500	2500
L	120	130	140	150	160
l	120	129,991	139,989	149,986	159,984
a	60	64,952	69,940	74,926	79,910
f	0,240	0,282	0,326	0,375	0,427
$1 : m$	1800000,0	1947893,3	2097368,6	2246764,2	2396074,0
τ	—° —′ —″	1° 29′ 26,8″	1° 36′ 20,2″	1° 43′ 13,9″	1° 50′ 07,7″
$x =$ 20	0,004	0,004	0,004	0,004	0,003
30	0,015	0,014	0,013	0,012	0,011
40	0,036	0,033	0,031	0,028	0,027
50	0,069	0,064	0,060	0,056	0,052
60	0,120	0,111	0,103	0,097	0,090
70	0,191	0,176	0,164	0,153	0,143
80	0,284	0,263	0,244	0,228	0,214
90	0,405	0,374	0,348	0,324	0,304
100	0,556	0,513	0,477	0,445	0,417
110	0,739	0,683	0,635	0,592	0,555
120	**0,960**	0,887	0,824	0,769	0,721
130	1,220	**1,128**	1,048	0,978	0,917
140	1,520	1,408	**1,308**	1,221	1,145
150	1,860	1,729	1,608	**1,502**	1,409
160	2,240	2,089	1,948	1,822	**1,709**
170	2,661	2,490	2,328	2,183	2,050
180	3,121	2,930	2,749	2,584	2,432
190	3,622	3,411	3,210	3,025	2,852
200	4,163	3,932	3,711	3,506	3,313
210	4,744	4,493	4,252	4,027	3,814
220	5,365	5,094	4,834	4,588	4,355
230	6,026	5,735	5,455	5,189	4,936
240	6,728	6,417	6,116	5,831	5,558
250	7,470	7,140	6,817	6,513	6,220
260	8,253	7,902	7,560	7,235	6,922
270	9,076	8,705	8,343	7,997	7,665
280	9,939	9,549	9,167	8,800	8,448
290	10,843	10,432	10,031	9,644	9,272
300	11,787	11,356	10,935	10,527	10,135

Kreisbogen mit Übergangsbogen.

r	2500	2500	2500	2500	2500
L	170	180	190	200	210
l	169,980	179,977	189,973	199,968	209,963
a	84,892	89,872	94,850	99,824	104,797
f	0,481	0,540	0,601	0,666	0,733
$1:m$	2545291,8	2694412,1	2843429,0	2992338,0	3141133,0
τ	1° 57′ 01,6″	2° 03′ 55,8″	2° 10′ 50,1″	2° 17′ 44,6″	2° 24′ 39,4″
$x = 20$	0,003	0,003	0,003	0,003	0,003
30	0,011	0,010	0,009	0,009	0,009
40	0,025	0,024	0,023	0,021	0,020
50	0,049	0,046	0,044	0,042	0,040
60	0,085	0,080	0,076	0,072	0,069
70	0,135	0,127	0,121	0,115	0,109
80	0,201	0,190	0,180	0,171	0,163
90	0,286	0,271	0,256	0,244	0,232
100	0,393	0,371	0,352	0,334	0,318
110	0,523	0,494	0,468	0,445	0,424
120	0,679	0,641	0,608	0,577	0,550
130	0,863	0,815	0,773	0,734	0,699
140	1,078	1,018	0,965	0,917	0,873
150	1,326	1,253	1,187	1,128	1,074
160	1,609	1,520	1,441	1,369	1,304
170	**1,930**	1,823	1,728	1,642	1,564
180	2,290	**2,164**	2,051	1,949	1,857
190	2,692	2,546	**2,411**	2,292	2,184
200	3,132	2,967	2,813	**2,672**	2,547
210	3,613	3,428	3,254	3,094	**2,947**
220	4,135	3,930	3,736	3,556	3,389
230	4,697	4,471	4,257	4,058	3,871
240	5,298	5,052	4,818	4,599	4,392
250	5,939	5,674	5,420	5,181	4,954
260	6,621	6,336	6,063	5,804	5,556
270	7,343	7,038	6,745	6,465	6,197
280	8,106	7,781	7,467	7,166	6,880
290	8,910	8,564	8,230	7,907	7,603
300	9,753	9,388	9,033	8,690	8,367

Tafel III.

Kreisbogen mit Übergangsbogen.

r	2500	2500	2500	2500	2500
L	220	230	240	250	260
l	219,957	229,951	239,945	249,938	259,930
a	109,766	114,733	119,697	124,658	129,615
f	0,805	0,880	0,958	1,039	1,124
$1:m$	3289806,8	3438355,6	3586773,6	3735055,2	3883192,9
τ	2° 31′ 34,4″	2° 38′ 29,5″	2° 45′ 25,0″	2° 52′ 20,7″	2° 59′ 16,6″
$x =$ 20	0,002	0,002	0,002	0,002	0,002
30	0,008	0,008	0,008	0,007	0,007
40	0,019	0,019	0,018	0,017	0,016
50	0,038	0,036	0,035	0,033	0,032
60	0,066	0,063	0,060	0,058	0,056
70	0,104	0,100	0,096	0,092	0,088
80	0,156	0,149	0,143	0,137	0,132
90	0,222	0,212	0,203	0,195	0,188
100	0,304	0,291	0,279	0,268	0,258
110	0,405	0,387	0,371	0,356	0,343
120	0,525	0,503	0,482	0,463	0,445
130	0,668	0,639	0,613	0,588	0,566
140	0,834	0,798	0,765	0,735	0,707
150	1,026	0,982	0,941	0,904	0,869
160	1,245	1,191	1,142	1,097	1,055
170	1,493	1,429	1,370	1,315	1,265
180	1,773	1,696	1,626	1,561	1,502
190	2,085	1,995	1,912	1,836	1,766
200	2,432	2,327	2,230	2,142	2,060
210	2,815	2,693	2,582	2,479	2,385
220	3,235	3,097	2,969	2,851	2,742
230	3,698	3,536	3,392	3,258	3,133
240	4,200	4,021	3,852	3,701	3,560
250	4,742	4,542	4,357	4,180	4,024
260	5,324	5,104	4,899	4,706	4,522
270	5,946	5,707	5,481	5,269	5,070
280	6,609	6,349	6,103	5,871	5,653
290	7,312	7,032	6,766	6,514	6,276
300	8,055	7,755	7,470	7,197	6,938

Tafel III.

Kreisbogen mit Übergangsbogen.

r	3000	3000	3000	3000	3000
L	30	40	50	60	70
l	30	40	50	60	70
a	15	20	25	30	35
f	0,012	0,022	0,035	0,050	0,068
$1:m$	540000,0	720000,0	900000,0	1080000,0	1260000,0
τ	—° —′ —″	—° —′ —″	—° —′ —″	—° —′ —″	—° —′ —″
$x =$ 20	0,015	0,011	0,009	0,007	0,006
30	**0,050**	0,038	0,030	0,025	0,021
40	0,116	**0,089**	0,071	0,059	0,051
50	0,216	0,172	**0,139**	0,116	0,099
60	0,349	0,289	0,240	**0,200**	0,171
70	0,516	0,439	0,373	0,317	**0,272**
80	0,716	0,622	0,539	0,467	0,405
90	0,949	0,839	0,739	0,650	0,572
100	1,216	1,089	0,972	0,867	0,772
110	1,516	1,372	1,239	1,117	1,005
120	1,849	1,689	1,539	1,400	1,272
130	2,216	2,039	1,873	1,717	1,572
140	2,617	2,423	2,240	2,067	1,905
150	3,051	2,840	2,640	2,451	2,272
160	3,518	3,291	3,074	2,868	2,673
170	4,019	3,775	3,541	3,319	3,107
180	4,553	4,292	4,042	3,803	3,574
190	5,120	4,842	4,576	4,320	4,075
200	5,721	5,427	5,143	4,870	4,609
210	6,356	6,045	5,744	5,455	5,176
220	7,025	6,696	6,379	6,073	5,777
230	7,726	7,381	7,047	6,724	6,412
240	8,461	8,100	7,749	7,409	7,081
250	9,230	8,852	8,485	8,128	7,782
260	10,033	9,638	9,254	8,880	8,517
270	10,869	10,457	10,056	9,666	9,286
280	11,739	11,310	10,892	10,485	10,089
290	12,643	12,197	11,762	11,338	10,925
300	13,580	13,118	12,666	12,225	11,795

Tafel III.

Kreisbogen mit Übergangsbogen.

r	3000	3000	3000	3000	3000
L	80	90	100	110	120
l	80	90	100	110	120
a	40	45	50	55	60
f	0,089	0,112	0,139	0,168	0,200
$1:m$	1440000,0	1620000,0	1800000,0	1980000,0	2160000,0
τ	—° —′ —″	—° —′ —″	—° —′ —″	—° —′ —″	—° —′ —″
$x =$ 20	0,006	0,005	0,004	0,004	0,004
30	0,019	0,017	0,015	0,014	0,013
40	0,044	0,040	0,036	0,032	0,030
50	0,087	0,077	0,069	0,063	0,058
60	0,150	0,133	0,120	0,109	0,100
70	0,238	0,212	0,191	0,173	0,159
80	**0,356**	0,316	0,284	0,259	0,237
90	0,506	**0,450**	0,405	0,368	0,338
100	0,689	0,616	**0,556**	0,505	0,463
110	0,906	0,816	0,739	**0,672**	0,616
120	1,156	1,049	0,956	0,872	**0,800**
130	1,439	1,316	1,206	1,105	1,017
140	1,756	1,616	1,489	1,372	1,267
150	2,106	1,949	1,806	1,672	1,550
160	2,490	2,316	2,156	2,005	1,867
170	2,907	2,717	2,540	2,372	2,217
180	3,358	3,151	2,957	2,773	2,601
190	3,842	3,618	3,408	3,207	3,018
200	4,359	4,119	3,892	3,674	3,469
210	4,909	4,653	4,409	4,175	3,953
220	5,494	5,220	4,959	4,709	4,470
230	6,112	5,821	5,544	5,276	5,020
240	6,763	6,456	6,162	5,877	5,605
250	7,448	7,125	6,813	6,512	6,223
260	8,167	7,826	7,498	7,181	6,874
270	8,919	8,561	8,217	7,882	7,559
280	9,705	9,330	8,969	8,617	8,278
290	10,524	10,133	9,755	9,386	9,030
300	11,377	10,969	10,574	10,189	9,816

Kreisbogen mit Übergangsbogen.

r	3000	3000	3000	3000	3000
L	130	140	150	160	170
l	130	140	150	159,989	169,986
a	65	70	75	79,938	84,925
f	0,235	0,272	0,312	0,355	0,401
$1:m$	2340000,0	2520000,0	2700000,0	2876727,2	3056074.1
τ	—° —′ —″	—° —′ —″	—° —′ —″	1° 31′ 44,6″	1° 37′ 29,2″
$x =$ 20	0,003	0,003	0,003	0,003	0,003
30	0,012	0,011	0,010	0,010	0,009
40	0,027	0,025	0,024	0,022	0,021
50	0,053	0,050	0,046	0,043	0,041
60	0,092	0,086	0,080	0,075	0,070
70	0,147	0,136	0,127	0,119	0,112
80	0,219	0,203	0,190	0,178	0,168
90	0,312	0,289	0,270	0,253	0,239
100	0,427	0,397	0,370	0,348	0,327
110	0,569	0,528	0,493	0,463	0,435
120	0,738	0,686	0,640	0,601	0,565
130	**0,939**	0,872	0,814	0,764	0,719
140	1,172	**1,089**	1,016	0,954	0,898
150	1,439	1,339	**1,250**	1,173	1,104
160	1,739	1,622	1,516	**1,424**	1,340
170	2,072	1,939	1,816	1,707	**1,607**
180	2,439	2,289	2,149	2,024	1,908
190	2,840	2,673	2,516	2,374	2,242
200	3,274	3,090	2,917	2,758	2,608
210	3,741	3,541	3,351	3,175	3,009
220	4,242	4,025	3,818	3,626	3,443
230	4,776	4,542	4,319	4,111	3,911
240	5,343	5,092	4,853	4,628	4,411
250	5,944	5,677	5,420	5,179	4,946
260	6,579	6,295	6,021	5,763	5,513
270	7,248	6,946	6,656	6,382	6,115
280	7,949	7,631	7,325	7,033	6,750
290	8,684	8,350	8,026	7,719	7,418
300	9,453	9,102	8,761	8,437	8,120

Tafel III.

Kreisbogen mit Übergangsbogen.

r	3000	3000	3000	3000	3000
L	180	190	200	210	220
l	179,984	189,981	199,978	209,974	219,970
a	89,911	94,895	99,878	104,859	109,838
f	0,450	0,501	0,555	0,612	0,672
$1:m$	3235341,0	3414522,0	3593611,6	3772605,2	3951499,1
τ	1° 43′ 13,9″	1° 48′ 58,7″	1° 54′ 43,6″	2° 00′ 28,7″	2° 06′ 13,9″
$x =$ 20	0,002	0,002	0,002	0,002	0,002
30	0,008	0,008	0,008	0,007	0,007
40	0,020	0,019	0,018	0,017	0,016
50	0,039	0,037	0,035	0,033	0,032
60	0,067	0,063	0,060	0,057	0,055
70	0,106	0,100	0,095	0,091	0,087
80	0,158	0,150	0,142	0,136	0,130
90	0,225	0,214	0,203	0,193	0,184
100	0,309	0,293	0,278	0,265	0,253
110	0,411	0,390	0,370	0,353	0,337
120	0,534	0,506	0,481	0,458	0,437
130	0,679	0,643	0,611	0,582	0,556
140	0,848	0,803	0,764	0,727	0,694
150	1,043	0,988	0,939	0,895	0,854
160	1,266	1,200	1,140	1,086	1,037
170	1,518	1,439	1,367	1,302	1,243
180	1,802	1,708	1,623	1,546	1,476
190	2,120	2,008	1,909	1,818	1,736
200	2,470	2,342	2,225	2,121	2,025
210	2,854	2,709	2,576	2,454	2,344
220	3,271	3,110	2,960	2,822	2,694
230	3,722	3,544	3,378	3,222	3,078
240	4,207	4,012	3,829	3,656	3,496
250	4,724	4,513	4,313	4,124	3,947
260	5,275	5,047	4,830	4,626	4,432
270	5,860	5,615	5,382	5,161	4,950
280	6,478	6,217	5,967	5,729	5,501
290	7,130	6,852	6,585	6,330	6,085
300	7,816	7,520	7,236	6,965	6,700

Kreisbogen mit Übergangsbogen.

r	4000	4000	4000	4000	4000
L	30	40	50	60	70
l	30	40	50	60	70
a	15	20	25	30	35
f	0,009	0,017	0,026	0,038	0,051
1 : *m*	720000,0	960000,0	1200000,0	1440000,0	1680000,0
τ	—° —′ —″	—° —′ —″	—° —′ —″	—° —′ —″	—° —′ —″
x = 20	0,011	0,008	0,007	0,006	0,005
30	0,038	0,028	0,023	0,019	0,016
40	0,087	0,067	0,053	0,044	0,038
50	0,162	0,129	0,104	0,087	0,074
60	0,262	0,217	0,179	0,150	0,129
70	0,387	0,329	0,279	0,238	0,204
80	0,537	0,467	0,404	0,350	0,304
90	0,712	0,629	0,554	0,488	0,429
100	0,912	0,817	0,729	0,650	0,579
110	1,137	1,029	0,929	0,838	0,754
120	1,387	1,267	1,154	1,050	0,954
130	1,662	1,529	1,404	1,288	1,179
140	1,962	1,817	1,679	1,550	1,429
150	2,287	2,130	1,979	1,838	1,704
160	2,637	2,468	2,304	2,151	2,004
170	3,013	2,831	2,654	2,489	2,329
180	3,414	3,218	3,030	2,852	2,679
190	3,839	3,631	3,431	3,239	3,055
200	4,290	4,069	3,856	3,652	3,456
210	4,765	4,532	4,307	4,090	3,881
220	5,266	5,020	4,782	4,553	4,332
230	5,791	5,533	5,283	5,041	4,807
240	6,342	6,071	5,808	5,554	5,308
250	6,918	6,634	6,359	6,092	5,833
260	7,519	7,223	6,935	6,655	6,384
270	8,146	7,837	7,536	7,244	6,960
280	8,797	8,476	8,163	7,858	7,561
290	9,473	9,140	8,714	8,497	8,188
300	10,175	9,829	9,490	9,161	8,839

Tafel III.

Kreisbogen mit Übergangsbogen.

r	4000	4000	4000	4000	4000
L	80	90	100	110	120
l	80	90	100	110	120
a	40	45	50	55	60
f	0,067	0,084	0,104	0,126	0,150
1 : m	1920000,0	2160000,0	2400000,0	2640000,0	2880000,0
τ	—° —′ —″	—° —′ —″	—° —′ —″	—° —′ —″	—° —′ —″
x = 20	0,004	0,004	0,003	0,003	0,003
30	0,014	0,012	0,011	0,010	0,009
40	0,033	0,030	0,027	0,024	0,022
50	0,065	0,058	0,052	0,047	0,043
60	0,112	0,100	0,090	0,082	0,075
70	0,179	0,159	0,143	0,130	0,119
80	**0,267**	0,237	0,213	0,194	0,178
90	0,379	**0,338**	0,304	0,276	0,253
100	0,517	0,462	**0,417**	0,379	0,347
110	0,679	0,612	0,554	**0,504**	0,462
120	0,867	0,787	0,716	0,654	**0,600**
130	1,079	0,987	0,904	0,829	0,762
140	1,317	1,212	1,116	1,029	0,950
150	1,579	1,462	1,354	1,254	1,162
160	1,867	1,737	1,616	1,504	1,400
170	2,180	2,037	1,904	1,779	1,662
180	2,518	2,362	2,217	2,079	1,950
190	2,881	2,712	2,555	2,404	2,263
200	3,268	3,088	2,918	2,754	2,601
210	3,681	3,489	3,305	3,130	2,964
220	4,119	3,914	3,718	3,531	3,351
230	4,582	4,365	4,156	3,956	3,764
240	5,070	4,840	4,619	4,407	4,202
250	5,583	5,341	5,107	4,882	4,665
260	6,121	5,866	5,620	5,383	5,153
270	6,684	6,417	6,158	5,908	5,666
280	7,273	6,993	6,721	6,459	6,204
290	7,887	7,594	7,310	7,035	6,767
300	8,526	8,221	7,924	7,636	7,356

Kreisbogen mit Übergangsbogen.

r	4000	4000	4000	4000	5000
L	130	140	150	160	40
l	130	140	150	160	40
a	65	70	75	80	20
f	0,176	0,204	0,234	0,267	0,013
1 : *m*	3120000,0	3360000,0	3600000,0	3840000,0	1200000,0
τ	—° —′ —″	—° —′ —″	—° —′ —″	—° —′ —″	—° —′ —″
x = 20	0,003	0,002	0,002	0,002	0,007
30	0,009	0,008	0,007	0,007	0,022
40	0,021	0,019	0,018	0,017	0,053
50	0,040	0,037	0,035	0,033	0,103
60	0,069	0,064	0,060	0,056	0,173
70	0,110	0,102	0,095	0,089	0,263
80	0,164	0,152	0,142	0,133	0,373
90	0,234	0,217	0,202	0,190	0,503
100	0,321	0,298	0,278	0,261	0,653
110	0,426	0,396	0,370	0,347	0,823
120	0,554	0,514	0,480	0,450	1,013
130	**0,704**	0,654	0,610	0,572	1,223
140	0,879	**0,817**	0,762	0,715	1,453
150	1,079	1,004	**0,938**	0,879	1,703
160	1,304	1,216	1,137	**1,067**	1,973
170	1,554	1,454	1,362	1,279	2,264
180	1,829	1,716	1,612	1,517	2,574
190	2,129	2,004	1,887	1,779	2,904
200	2,454	2,317	2,187	2,067	3,255
210	2,804	2,655	2,512	2,380	3,625
220	3,180	3,018	2,862	2,718	4,015
230	3,581	3,405	3,238	3,081	4,425
240	4,006	3,818	3,639	3,468	4,855
250	4,457	4,256	4,064	3,881	5,305
260	4,932	4,719	4,515	4,319	5,776
270	5,433	5,207	4,990	4,782	6,267
280	5,958	5,720	5,491	5,270	6,777
290	6,509	6,258	6,016	5,783	7,308
300	7,085	6,821	6,567	6,321	7,859

Tafel III.

Kreisbogen mit Übergangsbogen.

r	5000	5000	5000	5000	5000
L	50	60	70	80	90
l	50	60	70	80	90
a	25	30	35	40	45
f	0,021	0,030	0,041	0,053	0,068
$1:m$	1500000,0	1800000,0	2100000,0	2400000,0	2700000,0
τ	—° —′ —″	—° —′ —″	—° —′ —″	—° —′ —″	—° —′ —″
$x = 20$	0,005	0,004	0,004	0,003	0,003
30	0,018	0,015	0,013	0,011	0,010
40	0,043	0,036	0,030	0,027	0,024
50	0,084	0,069	0,060	0,052	0,046
60	0,143	0,120	0,103	0,090	0,080
70	0,223	0,190	0,163	0,143	0,127
80	0,323	0,280	0,243	0,213	0,190
90	0,443	0,390	0,343	0,303	0,270
100	0,583	0,520	0,463	0,413	0,370
110	0,743	0,670	0,603	0,543	0,490
120	0,923	0,840	0,763	0,693	0,630
130	1,123	1,030	0,943	0,863	0,790
140	1,343	1,240	1,143	1,053	0,970
150	1,583	1,470	1,363	1,263	1,170
160	1,843	1,720	1,603	1,493	1,390
170	2,124	1,990	1,863	1,743	1,630
180	2,424	2,281	2,144	2,013	1,890
190	2,744	2,591	2,444	2,304	2,171
200	3,085	2,921	2,764	2,614	2,471
210	3,445	3,272	3,105	2,944	2,791
220	3,825	3,642	3,465	3,295	3,132
230	4,226	4,032	3,845	3,665	3,492
240	4,647	4,442	4,246	4,055	3,872
250	5,088	4,872	4,667	4,465	4,273
260	5,548	5,322	5,108	4,895	4,694
270	6,028	5,793	5,568	5,345	5,135
280	6,529	6,284	6,048	5,816	5,595
290	7,050	6,794	6,549	6,307	6,075
300	7,590	7,325	7,070	6,817	6,576

Kreisbogen mit Übergangsbogen.

r	5000	5000	5000	5000	6000
L	100	110	120	130	40
l	100	110	120	130	40
a	50	55	60	65	20
f	0,084	0,101	0,120	0,141	0,011
1 : m	3000000,0	3300000,0	3600000,0	3900000,0	1440000,0
τ	—° —′ —″	—° —′ —″	—° —′ —″	—° —′ —″	—° —′ —″
x = 20	0,003	0,002	0,002	0,002	0,006
30	0,009	0,008	0,007	0,007	0,019
40	0,021	0,019	0,018	0,016	0,044
50	0,042	0,038	0,035	0,032	0,086
60	0,072	0,065	0,060	0,055	0,144
70	0,114	0,104	0,095	0,088	0,219
80	0,171	0,155	0,142	0,131	0,311
90	0,243	0,221	0,203	0,187	0,419
100	0,333	0,303	0,278	0,256	0,544
110	0,444	0,403	0,370	0,341	0,686
120	0,574	0,523	0,480	0,443	0,844
130	0,724	0,663	0,610	0,563	1,019
140	0,894	0,823	0,760	0,703	1,211
150	1,084	1,003	0,930	0,863	1,419
160	1,294	1,203	1,120	1,043	1,644
170	1,524	1,423	1,330	1,243	1,886
180	1,774	1,663	1,560	1,463	2,144
190	2,044	1,923	1,810	1,703	2,419
200	2,335	2,204	2,080	1,963	2,711
210	2,645	2,504	2,371	2,244	3,020
220	2,975	2,824	2,681	2,544	3,345
230	3,326	3,165	3,011	2,864	3,687
240	3,696	3,525	3,362	3,205	4,045
250	4,086	3,905	3,732	3,565	4,420
260	4,496	4,306	4,122	3,945	4,812
270	4,926	4,727	4,532	4,346	5,221
280	5,376	5,168	4,962	4,767	5,646
290	5,847	5,628	5,412	5,208	6,088
300	6,338	6,108	5,883	5,668	6,546

Tafel III.

Kreisbogen mit Übergangsbogen.

r	6000	6000	6000	6000	6000
L	50	60	70	80	90
l	50	60	70	80	90
a	25	30	35	40	45
f	0,017	0,025	0,034	0,044	0,056
1 : *m*	1800000,0	2160000,0	2520000,0	2880000,0	3240000,0
τ	—° —′ —″	—° —′ —″	—° —′ —″	—° —′ —″	—° —′ —″
x = 20	0,004	0,004	0,003	0,003	0,002
30	0,015	0,013	0,011	0,009	0,008
40	0,036	0,030	0,026	0,022	0,020
50	**0,069**	0,058	0,050	0,043	0,039
60	0,119	**0,100**	0,086	0,075	0,067
70	0,186	0,158	**0,136**	0,119	0;106
80	0,269	0,233	0,203	**0,178**	0,158
90	0,369	0,325	0,286	0,252	**0,225**
100	0,486	0,433	0,386	0,344	0,308
110	0,619	0,558	0,503	0,452	0,408
120	0,769	0,700	0,636	0,577	0,525
130	0,936	0,858	0,786	0,719	0,658
140	1,119	1,033	0,953	0,877	0,808
150	1,319	1,225	1,136	1,052	0,975
160	1,536	1,433	1,336	1,244	1,158
170	1,769	1,658	1,553	1,452	1,358
180	2,019	1,900	1,786	1,677	1,575
190	2,286	2,158	2,036	1,919	1,808
200	2,569	2,433	2,303	2,177	2,058
210	2,869	2,725	2,586	2,452	2,325
220	3,186	3,034	2,886	2,744	2,608
230	3,520	3,359	3,203	3,053	2,908
240	3,870	3,701	3,537	3,378	3,225
250	4,237	4,059	3,887	3,720	3,559
260	4,621	4,433	4,254	4,078	3,909
270	5,021	4,826	4,638	4,453	4,276
280	5,438	5,235	5,038	4,845	4,660
290	5,871	5,660	5,455	5,254	5,060
300	6,321	6,102	5,890	5,679	5,477

Kreisbogen mit Übergangsbogen.

r	6000	6000	8000	8000	8000
L	100	110	40	50	60
l	100	110	40	50	60
a	50	55	20	25	30
f	0,069	0,084	0,008	0,013	0,019
$1:m$	3600000,0	3960000,0	1920000,0	2400000,0	2880000,0
τ	—° —′ —″	—° —′ —″	—° —′ —″	—° —′ —″	—° —′ —″
$x=20$	0,002	0,002	0,004	0,003	0,003
30	0,007	0,007	0,014	0,011	0,009
40	0,018	0,016	**0,033**	0,027	0,022
50	0,035	0,032	0,064	**0,052**	0,043
60	0,060	0,055	0,108	0,089	**0,075**
70	0,095	0,087	0,164	0,139	0,119
80	0,142	0,129	0,233	0,202	0,175
90	0,202	0,184	0,314	0,277	0,244
100	**0,278**	0,252	0,408	0,364	0,325
110	0,369	**0,336**	0,514	0,464	0,419
120	0,477	0,436	0,633	0,577	0,525
130	0,602	0,553	0,764	0,702	0,644
140	0,744	0,686	0,908	0,840	0,775
150	0,902	0,836	1,064	0,990	0,919
160	1,077	1,003	1,233	1,152	1,075
170	1,269	1,186	1,414	1,327	1,244
180	1,477	1,386	1,608	1,515	1,425
190	1,702	1,603	1,814	1,715	1,619
200	1,944	1,836	2,033	1,927	1,825
210	2,202	2,086	2,264	2,152	2,044
220	2,477	2,353	2,508	2,390	2,275
230	2,769	2,636	2,764	2,640	2,519
240	3,078	2,936	3,033	2,903	2,775
250	3,403	3,253	3,315	3,178	3,044
260	3,745	3,587	3,609	3,465	3,326
270	4,103	3,937	3,915	3,764	3,620
280	4,478	4,304	4,234	4,077	3,926
290	4,870	4,688	4,565	4,403	4,245
300	5,279	5,088	4,909	4,741	4,576

Tafel III.

Kreisbogen mit Übergangsbogen.

r	8000	8000	10000	10000	10000
L	70	80	40	50	60
l	70	80	40	50	60
a	35	40	20	25	30
f	0,026	0,033	0,007	0,010	0,015
1 : m	3360000,0	3840000,0	2400000,0	3000000,0	3600000,0
τ	—° —′ —″	—° —′ —″	—° —′ —″	—° —′ —″	—° —′ —″
x = 20	0,002	0,002	0,003	0,003	0,002
30	0,008	0,007	0,011	0,009	0,008
40	0,019	0,017	0,027	0,021	0,018
50	0,037	0,033	0,052	0,042	0,035
60	0,064	0,056	0,087	0,071	0,060
70	0,102	0,089	0,132	0,111	0,095
80	0,152	0,133	0,187	0,161	0,140
90	0,213	0,189	0,252	0,221	0,195
100	0,289	0,258	0,327	0,291	0,260
110	0,377	0,339	0,412	0,371	0,335
120	0,477	0,433	0,507	0,461	0,420
130	0,589	0,539	0,612	0,561	0,515
140	0,714	0,658	0,727	0,671	0,620
150	0,852	0,790	0,852	0,791	0,735
160	1,002	0,934	0,987	0,921	0,860
170	1,165	1,090	1,132	1,061	0,995
180	1,340	1,259	1,287	1,211	1,140
190	1,527	1,440	1,452	1,371	1,295
200	1,727	1,634	1,627	1,541	1,460
210	1,940	1,840	1,812	1,721	1,635
220	2,165	2,059	2,007	1,911	1,820
230	2,403	2,291	2,212	2,111	2,015
240	2,653	2,534	2,427	2,321	2,220
250	2,914	2,789	2,652	2,541	2,435

Tafel IV

Polar-Koordinaten

Polar-Koordinaten.

Bogenlänge	Umfangswinkel bei dem Halbmesser									Bogenlänge
	20			25			30			
	°	′	″	°	′	″	°	′	″	
0,01	0	0	52	0	0	41	0	0	34	0,01
0,1	0	8	36	0	6	53	0	5	44	0,1
0,2	0	17	11	0	13	45	0	11	28	0,2
0,3	0	25	47	0	20	38	0	17	11	0,3
0,4	0	34	23	0	27	30	0	22	55	0,4
0,5	0	42	58	0	34	23	0	28	39	0,5
0,6	0	51	34	0	41	15	0	34	23	0,6
0,7	1	0	10	0	48	8	0	40	6	0,7
0,8	1	8	45	0	55	0	0	45	50	0,8
0,9	1	17	21	1	1	53	0	51	34	0,9
1	1	25	57	1	8	45	0	57	18	1
2	2	51	53	2	17	31	1	54	36	2
3	4	17	50	3	26	16	2	51	53	3
4	5	43	46	4	35	1	3	49	11	4

Tafel IV.

Polar-Koordinaten.

Bogenlänge	Umfangswinkel bei dem Halbmesser									Bogenlänge
	35			40			50			
	°	′	″	°	′	″	°	′	″	
0,01	0	0	29	0	0	26	0	0	21	0,01
0,1	0	4	55	0	4	18	0	3	26	0,1
0,2	0	9	49	0	8	36	0	6	52	0,2
0,3	0	14	44	0	12	53	0	10	19	0,3
0,4	0	19	39	0	17	11	0	13	45	0,4
0,5	0	24	33	0	21	29	0	17	11	0,5
0,6	0	29	28	0	25	47	0	20	38	0,6
0,7	0	34	23	0	30	5	0	24	4	0,7
0,8	0	39	17	0	34	23	0	27	30	0,8
0,9	0	44	12	0	38	40	0	30	56	0,9
1	0	49	7	0	42	58	0	34	23	1
2	1	38	13	1	25	57	1	8	45	2
3	2	27	20	2	8	55	1	43	8	3
4	3	16	27	2	51	53	2	17	31	4
5	4	5	33	3	34	52	2	51	53	5
6	4	54	40	4	17	50	3	26	16	6

Tafel IV.

Polar-Koordinaten.

Bogenlänge	Umfangswinkel bei dem Halbmesser 60			70			80			Bogenlänge
	°	′	″	°	′	″	°	′	″	
0,01	0	0	17	0	0	15	0	0	13	0,01
0,1	0	2	52	0	2	27	0	2	9	0,1
0,2	0	5	44	0	4	55	0	4	18	0,2
0,3	0	8	36	0	7	22	0	6	27	0,3
0,4	0	11	28	0	9	49	0	8	36	0,4
0,5	0	14	19	0	12	17	0	10	45	0,5
0,6	0	17	11	0	14	44	0	12	53	0,6
0,7	0	20	3	0	17	11	0	15	2	0,7
0,8	0	22	55	0	19	39	0	17	11	0,8
0,9	0	25	47	0	22	6	0	19	20	0,9
1	0	28	39	0	24	33	0	21	29	1
2	0	57	18	0	49	7	0	42	58	2
3	1	25	57	1	13	40	1	4	27	3
4	1	54	35	1	38	13	1	25	57	4
5	2	23	14	2	2	47	1	47	26	5
6	2	51	53	2	27	20	2	8	55	6
7	3	20	32	2	51	53	2	30	24	7
8	3	49	11	3	16	27	2	51	53	8
9	4	17	50	3	41	0	3	13	22	9
10	4	46	29	4	5	33	3	34	52	10

Tafel IV.

Polar-Koordinaten.

Bogenlänge	Umfangswinkel bei dem Halbmesser 90			100			110			Bogenlänge
	°	′	″	°	′	″	°	′	″	
0,01	0	0	11	0	0	10	0	0	9,4	0,01
0,1	0	1	55	0	1	43	0	1	34	0,1
0,2	0	3	49	0	3	26	0	3	8	0,2
0,3	0	5	44	0	5	9	0	4	41	0,3
0,4	0	7	38	0	6	53	0	6	15	0,4
0,5	0	9	33	0	8	36	0	7	49	0,5
0,6	0	11	28	0	10	19	0	9	23	0,6
0,7	0	13	22	0	12	2	0	10	56	0,7
0,8	0	15	17	0	13	45	0	12	30	0,8
0,9	0	17	11	0	15	28	0	14	4	0,9
1	0	19	6	0	17	11	0	15	38	1
2	0	38	12	0	34	23	0	31	15	2
3	0	57	18	0	51	34	0	46	53	3
4	1	16	24	1	8	45	1	2	30	4
5	1	35	30	1	25	57	1	18	8	5
6	1	54	36	1	43	8	1	33	45	6
7	2	13	41	2	0	19	1	49	23	7
8	2	32	47	2	17	31	2	5	0	8
9	2	51	53	2	34	42	2	20	38	9
10	3	10	59	2	51	53	2	36	16	10

Polar-Koordinaten.

Bogenlänge	Umfangswinkel bei dem Halbmesser 120			130			140			Bogenlänge
	°	′	″	°	′	″	°	′	″	
0,01	0	0	8,6	0	0	7,9	0	0	7,4	0,01
0,1	0	1	26	0	1	19	0	1	14	0,1
0,2	0	2	52	0	2	39	0	2	27	0,2
0,3	0	4	18	0	3	58	0	3	41	0,3
0,4	0	5	44	0	5	17	0	4	55	0,4
0,5	0	7	10	0	6	37	0	6	8	0,5
0,6	0	8	36	0	7	56	0	7	22	0,6
0,7	0	10	2	0	9	15	0	8	36	0,7
0,8	0	11	28	0	10	35	0	9	49	0,8
0,9	0	12	53	0	11	54	0	11	3	0,9
1	0	14	19	0	13	13	0	12	17	1
2	0	28	39	0	26	27	0	24	33	2
3	0	42	58	0	39	40	0	36	50	3
4	0	57	18	0	52	53	0	49	7	4
5	1	11	37	1	6	7	1	1	23	5
6	1	25	57	1	19	20	1	13	40	6
7	1	40	16	1	32	33	1	25	57	7
8	1	54	36	1	45	47	1	38	13	8
9	2	8	55	1	59	0	1	50	30	9
10	2	23	14	2	12	13	2	2	47	10
20	4	46	29	4	24	27	4	5	33	20

Tafel IV.

Polar-Koordinaten.

Bogenlänge	Umfangswinkel bei dem Halbmesser 150 °	′	″	160 °	′	″	170 °	′	″	Bogenlänge
0,01	0	0	6,9	0	0	6,4	0	0	6,1	0,01
0,1	0	1	9	0	1	4	0	1	1	0,1
0,2	0	2	18	0	2	9	0	2	1	0,2
0,3	0	3	26	0	3	13	0	3	2	0,3
0,4	0	4	35	0	4	18	0	4	3	0,4
0,5	0	5	44	0	5	22	0	5	3	0,5
0,6	0	6	53	0	6	27	0	6	4	0,6
0,7	0	8	1	0	7	31	0	7	5	0,7
0,8	0	9	10	0	8	36	0	8	5	0,8
0,9	0	10	19	0	9	40	0	9	6	0,9
1	0	11	28	0	10	45	0	10	7	1
2	0	22	55	0	21	29	0	20	13	2
3	0	34	23	0	32	14	0	30	20	3
4	0	45	50	0	42	58	0	40	27	4
5	0	57	18	0	53	43	0	50	33	5
6	1	8	45	1	4	27	1	0	40	6
7	1	20	13	1	15	12	1	10	47	7
8	1	31	40	1	25	57	1	20	53	8
9	1	43	8	1	36	41	1	31	0	9
10	1	54	35	1	47	26	1	41	7	10
20	3	49	11	3	34	52	3	22	13	20
30	5	43	46	5	22	17	5	3	20	30

Polar-Koordinaten.

Bogenlänge	Umfangswinkel bei dem Halbmesser									Bogenlänge
	180			190			200			
	°	′	″	°	′	″	°	′	″	
0,01	0	0	5,7	0	0	5,4	0	0	5,2	0,01
0,1	0	0	57	0	0	54	0	0	52	0,1
0,2	0	1	55	0	1	49	0	1	43	0,2
0,3	0	2	52	0	2	43	0	2	35	0,3
0,4	0	3	49	0	3	37	0	3	26	0,4
0,5	0	4	46	0	4	31	0	4	18	0,5
0,6	0	5	44	0	5	26	0	5	9	0,6
0,7	0	6	41	0	6	20	0	6	1	0,7
0,8	0	7	38	0	7	14	0	6	53	0,8
0,9	0	8	36	0	8	9	0	7	44	0,9
1	0	9	33	0	9	3	0	8	36	1
2	0	19	6	0	18	6	0	17	11	2
3	0	28	39	0	27	8	0	25	47	3
4	0	38	12	0	36	11	0	34	23	4
5	0	47	45	0	45	14	0	42	58	5
6	0	57	18	0	54	17	0	51	34	6
7	1	6	51	1	3	20	1	0	10	7
8	1	16	24	1	12	22	1	8	45	8
9	1	25	57	1	21	25	1	17	21	9
10	1	35	30	1	30	28	1	25	57	10
20	3	10	59	3	0	56	2	51	53	20
30	4	46	29	4	31	24	4	17	50	30

Tafel IV.

Polar-Koordinaten.

Bogenlänge	Umfangswinkel bei dem Halbmesser									Bogenlänge
	210			220			230			
	°	′	″	°	′	″	°	′	″	
0,01	0	0	4,9	0	0	4,7	0	0	4,5	0,01
0,1	0	0	49	0	0	47	0	0	45	0,1
0,2	0	1	38	0	1	34	0	1	30	0,2
0,3	0	2	27	0	2	21	0	2	15	0,3
0,4	0	3	16	0	3	8	0	2	59	0,4
0,5	0	4	6	0	3	54	0	3	44	0,5
0,6	0	4	55	0	4	41	0	4	29	0,6
0,7	0	5	44	0	5	28	0	5	14	0,7
0,8	0	6	33	0	6	15	0	5	59	0,8
0,9	0	7	22	0	7	2	0	6	44	0,9
1	0	8	11	0	7	49	0	7	28	1
2	0	16	22	0	15	38	0	14	57	2
3	0	24	33	0	23	26	0	22	25	3
4	0	32	44	0	31	15	0	29	54	4
5	0	40	56	0	39	4	0	37	22	5
6	0	49	7	0	46	53	0	44	50	6
7	0	57	18	0	54	41	0	52	19	7
8	1	5	29	1	2	30	0	59	47	8
9	1	13	40	1	10	19	1	7	16	9
10	1	21	51	1	18	8	1	14	44	10
20	2	43	42	2	36	16	2	29	28	20
30	4	5	33	3	54	24	3	44	12	30
40	5	27	24	5	12	31	4	58	56	40

Polar-Koordinaten.

Bogenlänge	Umfangswinkel bei dem Halbmesser									Bogenlänge
	240			250			260			
	°	′	″	°	′	″	°	′	″	
0,01	0	0	4,3	0	0	4,1	0	0	4,0	0,01
0,1	0	0	43	0	0	41	0	0	40	0,1
0,2	0	1	26	0	1	23	0	1	19	0,2
0,3	0	2	9	0	2	4	0	1	59	0,3
0,4	0	2	52	0	2	45	0	2	39	0,4
0,5	0	3	35	0	3	26	0	3	18	0,5
0,6	0	4	18	0	4	8	0	3	58	0,6
0,7	0	5	1	0	4	49	0	4	38	0,7
0,8	0	5	44	0	5	30	0	5	17	0,8
0,9	0	6	27	0	6	11	0	5	57	0,9
1	0	7	10	0	6	53	0	6	37	1
2	0	14	19	0	13	45	0	13	13	2
3	0	21	29	0	20	38	0	19	50	3
4	0	28	39	0	27	30	0	26	27	4
5	0	35	49	0	34	23	0	33	3	5
6	0	42	58	0	41	15	0	39	40	6
7	0	50	8	0	48	8	0	46	17	7
8	0	57	18	0	55	0	0	52	53	8
9	1	4	27	1	1	53	0	59	30	9
10	1	11	37	1	8	45	1	6	7	10
20	2	23	14	2	17	31	2	12	13	20
30	3	34	52	3	26	16	3	18	20	30
40	4	46	29	4	35	1	4	24	27	40

Tafel IV.

Polar-Koordinaten.

Bogenlänge	Umfangswinkel bei dem Halbmesser 270			280			290			Bogenlänge
	°	′	″	°	′	″	°	′	″	
0,01	0	0	3,8	0	0	3,7	0	0	3,6	0,01
0,1	0	0	38	0	0	37	0	0	36	0,1
0,2	0	1	16	0	1	14	0	1	11	0,2
0,3	0	1	55	0	1	50	0	1	47	0,3
0,4	0	2	33	0	2	27	0	2	22	0,4
0,5	0	3	11	0	3	4	0	2	58	0,5
0,6	0	3	49	0	3	41	0	3	33	0,6
0,7	0	4	27	0	4	18	0	4	9	0,7
0,8	0	5	6	0	4	55	0	4	45	0,8
0,9	0	5	44	0	5	31	0	5	20	0,9
1	0	6	22	0	6	8	0	5	56	1
2	0	12	44	0	12	17	0	11	51	2
3	0	19	6	0	18	25	0	17	47	3
4	0	25	28	0	24	33	0	23	43	4
5	0	31	50	0	30	42	0	29	38	5
6	0	38	12	0	36	50	0	35	34	6
7	0	44	34	0	42	58	0	41	29	7
8	0	50	56	0	49	7	0	47	25	8
9	0	57	18	0	55	15	0	53	21	9
10	1	3	40	1	1	23	0	59	16	10
20	2	7	19	2	2	47	1	58	33	20
30	3	10	59	3	4	10	2	57	49	30
40	4	14	39	4	5	33	3	57	5	40
50	5	18	19	5	6	57	4	56	21	50

Polar-Koordinaten.

Bogenlänge	Umfangswinkel bei dem Halbmesser									Bogenlänge
	300			325			350			
	°	′	″	°	′	″	°	′	″	
0,01	0	0	3,4	0	0	3,2	0	0	2,9	0,01
0,1	0	0	34	0	0	32	0	0	29	0,1
0,2	0	1	9	0	1	3	0	0	59	0,2
0,3	0	1	43	0	1	35	0	1	28	0,3
0,4	0	2	18	0	2	7	0	1	58	0,4
0,5	0	2	52	0	2	39	0	2	27	0,5
0,6	0	3	26	0	3	10	0	2	57	0,6
0,7	0	4	1	0	3	42	0	3	26	0,7
0,8	0	4	35	0	4	14	0	3	56	0,8
0,9	0	5	9	0	4	46	0	4	25	0,9
1	0	5	44	0	5	17	0	4	55	1
2	0	11	28	0	10	35	0	9	49	2
3	0	17	11	0	15	52	0	14	44	3
4	0	22	55	0	21	9	0	19	39	4
5	0	28	39	0	26	27	0	24	33	5
6	0	34	23	0	31	44	0	29	28	6
7	0	40	6	0	37	1	0	34	23	7
8	0	45	50	0	42	19	0	39	17	8
9	0	51	34	0	47	36	0	44	12	9
10	0	57	18	0	52	53	0	49	7	10
20	1	54	36	1	45	47	1	38	13	20
30	2	51	53	2	38	40	2	27	20	30
40	3	49	11	3	31	33	3	16	27	40
50	4	46	29	4	24	27	4	5	33	50
60	5	43	46	5	17	20	4	54	40	60

Tafel IV.

Polar-Koordinaten.

Bogenlänge	Umfangswinkel bei dem Halbmesser 375			400			450			Bogenlänge
	0	′	″	0	′	″	0	′	″	
0,01	0	0	2,8	0	0	2,6	0	0	2,3	0,01
0,1	0	0	28	0	0	26	0	0	23	0,1
0,2	0	0	55	0	0	52	0	0	46	0,2
0,3	0	1	23	0	1	17	0	1	9	0,3
0,4	0	1	50	0	1	43	0	1	32	0,4
0,5	0	2	18	0	2	9	0	1	55	0,5
0,6	0	2	45	0	2	35	0	2	18	0,6
0,7	0	3	13	0	3	0	0	2	40	0,7
0,8	0	3	40	0	3	26	0	3	3	0,8
0,9	0	4	8	0	3	52	0	3	26	0,9
1	0	4	35	0	4	18	0	3	49	1
2	0	9	10	0	8	36	0	7	38	2
3	0	13	45	0	12	53	0	11	28	3
4	0	18	20	0	17	11	0	15	17	4
5	0	22	55	0	21	29	0	19	6	5
6	0	27	30	0	25	47	0	22	55	6
7	0	32	5	0	30	5	0	26	44	7
8	0	36	40	0	34	23	0	30	33	8
9	0	41	15	0	38	40	0	34	23	9
10	0	45	50	0	42	58	0	38	12	10
20	1	31	40	1	25	57	1	16	24	20
30	2	17	31	2	8	55	1	54	35	30
40	3	3	21	2	51	53	2	32	47	40
50	3	49	11	3	34	52	3	10	59	50
60	4	35	1	4	17	50	3	49	11	60
70	5	20	51	5	0	48	4	27	23	70

Polar-Koordinaten.

Bogenlänge	Umfangswinkel bei dem Halbmesser									Bogenlänge
	500			550			600			
	0	′	″	0	′	″	0	′	″	
0,01	0	0	2,1	0	0	1,9	0	0	1,7	0,01
0,1	0	0	21	0	0	19	0	0	17	0,1
0,2	0	0	41	0	0	38	0	0	34	0,2
0,3	0	1	2	0	0	56	0	0	52	0,3
0,4	0	1	23	0	1	15	0	1	9	0,4
0,5	0	1	43	0	1	34	0	1	26	0,5
0,6	0	2	4	0	1	53	0	1	43	0,6
0,7	0	2	24	0	2	11	0	2	0	0,7
0,8	0	2	45	0	2	30	0	2	18	0,8
0,9	0	3	6	0	2	49	0	2	35	0,9
1	0	3	26	0	3	8	0	2	52	1
2	0	6	52	0	6	15	0	5	44	2
3	0	10	19	0	9	23	0	8	36	3
4	0	13	45	0	12	30	0	11	28	4
5	0	17	11	0	15	38	0	14	19	5
6	0	20	38	0	18	45	0	17	11	6
7	0	24	4	0	21	53	0	20	3	7
8	0	27	30	0	25	0	0	22	55	8
9	0	30	56	0	28	8	0	25	47	9
10	0	34	23	0	31	15	0	28	39	10
20	1	8	45	1	2	30	0	57	18	20
30	1	43	8	1	33	45	1	25	57	30
40	2	17	31	2	5	0	1	54	35	40
50	2	51	53	2	36	16	2	23	14	50
60	3	26	16	3	7	31	2	51	53	60
70	4	0	39	3	38	46	3	20	32	70
80	4	35	1	4	10	1	3	49	11	80
90	5	9	24	4	41	16	4	17	50	90

Tafel IV.

Polar-Koordinaten.

Bogenlänge	Umfangswinkel bei dem Halbmesser 650 °	′	″	700 °	′	″	750 °	′	″	Bogenlänge
0,01	0	0	1,6	0	0	1,5	0	0	1,4	0,01
0,1	0	0	16	0	0	15	0	0	14	0,1
0,2	0	0	32	0	0	29	0	0	28	0,2
0,3	0	0	48	0	0	44	0	0	41	0,3
0,4	0	1	3	0	0	59	0	0	55	0,4
0,5	0	1	19	0	1	14	0	1	9	0,5
0,6	0	1	35	0	1	28	0	1	23	0,6
0,7	0	1	51	0	1	43	0	1	36	0,7
0,8	0	2	7	0	1	58	0	1	50	0,8
0,9	0	2	23	0	2	13	0	2	4	0,9
1	0	2	39	0	2	27	0	2	18	1
2	0	5	17	0	4	55	0	4	35	2
3	0	7	56	0	7	22	0	6	53	3
4	0	10	35	0	9	49	0	9	10	4
5	0	13	13	0	12	17	0	11	28	5
6	0	15	52	0	14	44	0	13	45	6
7	0	18	31	0	17	11	0	16	3	7
8	0	21	9	0	19	39	0	18	20	8
9	0	23	48	0	22	6	0	20	38	9
10	0	26	27	0	24	33	0	22	55	10
20	0	52	53	0	49	7	0	45	50	20
30	1	19	20	1	13	40	1	8	45	30
40	1	45	47	1	38	13	1	31	40	40
50	2	12	13	2	2	47	1	54	36	50
60	2	38	40	2	27	20	2	17	31	60
70	3	5	7	2	51	53	2	40	26	70
80	3	31	33	3	16	27	3	3	21	80
90	3	58	0	3	41	0	3	26	16	90
100	4	24	27	4	5	33	3	49	11	100

Polar-Koordinaten.

Bogenlänge	Umfangswinkel bei dem Halbmesser 800			900			1000			Bogenlänge
	°	′	″	°	′	″	°	′	″	
0,01	0	0	1,3	0	0	1,1	0	0	1,0	0,01
0,1	0	0	13	0	0	11	0	0	10	0,1
0,2	0	0	26	0	0	23	0	0	21	0,2
0,3	0	0	39	0	0	34	0	0	31	0,3
0,4	0	0	52	0	0	46	0	0	41	0,4
0,5	0	1	4	0	0	57	0	0	52	0,5
0,6	0	1	17	0	1	9	0	1	2	0,6
0,7	0	1	30	0	1	20	0	1	12	0,7
0,8	0	1	43	0	1	32	0	1	23	0,8
0,9	0	1	56	0	1	43	0	1	33	0,9
1	0	2	9	0	1	55	0	1	43	1
2	0	4	18	0	3	49	0	3	26	2
3	0	6	27	0	5	44	0	5	9	3
4	0	8	36	0	7	38	0	6	53	4
5	0	10	45	0	9	33	0	8	36	5
6	0	12	53	0	11	28	0	10	19	6
7	0	15	2	0	13	22	0	12	2	7
8	0	17	11	0	15	17	0	13	45	8
9	0	19	20	0	17	11	0	15	28	9
10	0	21	29	0	19	6	0	17	11	10
20	0	42	58	0	38	12	0	34	23	20
30	1	4	27	0	57	18	0	51	34	30
40	1	25	57	1	16	24	1	8	45	40
50	1	47	26	1	35	30	1	25	57	50
60	2	8	55	1	54	36	1	43	8	60
70	2	30	24	2	13	41	2	0	19	70
80	2	51	53	2	32	47	2	17	31	80
90	3	13	22	2	51	53	2	34	42	90
100	3	34	52	3	10	59	2	51	53	100

Tafel IV.

Polar-Koordinaten.

Bogenlänge	Umfangswinkel bei dem Halbmesser 1100 °	′	″	1200 °	′	″	1300 °	′	″	Bogenlänge
0,01	0	0	0,9	0	0	0,9	0	0	0,8	0,01
0,1	0	0	9	0	0	9	0	0	8	0,1
0,2	0	0	19	0	0	17	0	0	16	0,2
0,3	0	0	28	0	0	26	0	0	24	0,3
0,4	0	0	38	0	0	34	0	0	32	0,4
0,5	0	0	47	0	0	43	0	0	40	0,5
0,6	0	0	56	0	0	52	0	0	48	0,6
0,7	0	1	6	0	1	0	0	0	56	0,7
0,8	0	1	15	0	1	9	0	1	3	0,8
0,9	0	1	24	0	1	17	0	1	11	0,9
1	0	1	34	0	1	26	0	1	19	1
2	0	3	8	0	2	52	0	2	39	2
3	0	4	41	0	4	18	0	3	58	3
4	0	6	15	0	5	44	0	5	17	4
5	0	7	49	0	7	10	0	6	37	5
6	0	9	23	0	8	36	0	7	56	6
7	0	10	56	0	10	2	0	9	15	7
8	0	12	30	0	11	28	0	10	35	8
9	0	14	4	0	12	53	0	11	54	9
10	0	15	38	0	14	19	0	13	13	10
20	0	31	15	0	28	39	0	26	27	20
30	0	46	53	0	42	58	0	39	40	30
40	1	2	30	0	57	18	0	52	53	40
50	1	18	8	1	11	37	1	6	7	50
60	1	33	45	1	25	57	1	19	20	60
70	1	49	23	1	40	16	1	32	33	70
80	2	5	0	1	54	36	1	45	47	80
90	2	20	38	2	8	55	1	59	0	90
100	2	36	16	2	23	14	2	12	13	100

Polar-Koordinaten.

Bogenlänge	Umfangswinkel bei dem Halbmesser 1400 °	′	″	1500 °	′	″	1600 °	′	″	Bogenlänge
0,01	0	0	0,7	0	0	0,7	0	0	0,6	0,01
0,1	0	0	7	0	0	7	0	0	6	0,1
0,2	0	0	15	0	0	14	0	0	13	0,2
0,3	0	0	22	0	0	21	0	0	19	0,3
0,4	0	0	29	0	0	28	0	0	26	0,4
0,5	0	0	37	0	0	34	0	0	32	0,5
0,6	0	0	44	0	0	41	0	0	39	0,6
0,7	0	0	52	0	0	48	0	0	45	0,7
0,8	0	0	59	0	0	55	0	0	52	0,8
0,9	0	1	6	0	1	2	0	0	58	0,9
1	0	1	14	0	1	9	0	1	4	1
2	0	2	27	0	2	18	0	2	9	2
3	0	3	41	0	3	26	0	3	13	3
4	0	4	55	0	4	35	0	4	18	4
5	0	6	8	0	5	44	0	5	22	5
6	0	7	22	0	6	53	0	6	27	6
7	0	8	36	0	8	1	0	7	31	7
8	0	9	49	0	9	10	0	8	36	8
9	0	11	3	0	10	19	0	9	40	9
10	0	12	17	0	11	28	0	10	45	10
20	0	24	33	0	22	55	0	21	29	20
30	0	36	50	0	34	23	0	32	14	30
40	0	49	7	0	45	50	0	42	58	40
50	1	1	23	0	57	18	0	53	43	50
60	1	13	40	1	8	45	1	4	27	60
70	1	25	57	1	20	13	1	15	12	70
80	1	38	13	1	31	40	1	25	57	80
90	1	50	30	1	43	8	1	36	41	90
100	2	2	47	1	54	35	1	47	26	100

Polar-Koordinaten.

Bogenlänge	Umfangswinkel bei dem Halbmesser 1700			1800			1900			Bogenlänge
	°	′	″	°	′	″	°	′	″	
0,01	0	0	0,6	0	0	0,6	0	0	0,5	0,01
0,1	0	0	6	0	0	6	0	0	5	0,1
0,2	0	0	12	0	0	11	0	0	11	0,2
0,3	0	0	18	0	0	17	0	0	16	0,3
0,4	0	0	24	0	0	23	0	0	22	0,4
0,5	0	0	30	0	0	29	0	0	27	0,5
0,6	0	0	36	0	0	34	0	0	33	0,6
0,7	0	0	42	0	0	40	0	0	38	0,7
0,8	0	0	49	0	0	46	0	0	43	0,8
0,9	0	0	55	0	0	52	0	0	49	0,9
1	0	1	1	0	0	57	0	0	54	1
2	0	2	1	0	1	55	0	1	49	2
3	0	3	2	0	2	52	0	2	43	3
4	0	4	3	0	3	49	0	3	37	4
5	0	5	3	0	4	46	0	4	31	5
6	0	6	4	0	5	44	0	5	26	6
7	0	7	5	0	6	41	0	6	20	7
8	0	8	5	0	7	38	0	7	14	8
9	0	9	6	0	8	36	0	8	9	9
10	0	10	7	0	9	33	0	9	3	10
20	0	20	13	0	19	6	0	18	6	20
30	0	30	20	0	28	39	0	27	8	30
40	0	40	27	0	38	12	0	36	11	40
50	0	50	33	0	47	45	0	45	14	50
60	1	0	40	0	57	18	0	54	17	60
70	1	10	47	1	6	51	1	3	20	70
80	1	20	53	1	16	24	1	12	22	80
90	1	31	0	1	25	57	1	21	25	90
100	1	41	7	1	35	30	1	30	28	100

Tafel IV.

Polar-Koordinaten.

Bogenlänge	Umfangswinkel bei dem Halbmesser 2000 °	′	″	2200 °	′	″	2500 °	′	″	Bogenlänge
0,01	0	0	0,5	0	0	0,5	0	0	0,4	0,01
0,1	0	0	5	0	0	5	0	0	4	0,1
0,2	0	0	10	0	0	9	0	0	8	0,2
0,3	0	0	15	0	0	14	0	0	12	0,3
0,4	0	0	21	0	0	19	0	0	17	0,4
0,5	0	0	26	0	0	23	0	0	21	0,5
0,6	0	0	31	0	0	28	0	0	25	0,6
0,7	0	0	36	0	0	33	0	0	29	0,7
0,8	0	0	41	0	0	38	0	0	33	0,8
0,9	0	0	46	0	0	42	0	0	37	0,9
1	0	0	52	0	0	47	0	0	41	1
2	0	1	43	0	1	34	0	1	23	2
3	0	2	35	0	2	21	0	2	4	3
4	0	3	26	0	3	8	0	2	45	4
5	0	4	18	0	3	54	0	3	26	5
6	0	5	9	0	4	41	0	4	8	6
7	0	6	1	0	5	28	0	4	49	7
8	0	6	53	0	6	15	0	5	30	8
9	0	7	44	0	7	2	0	6	11	9
10	0	8	36	0	7	49	0	6	53	10
20	0	17	11	0	15	38	0	13	45	20
30	0	25	47	0	23	26	0	20	38	30
40	0	34	23	0	31	15	0	27	30	40
50	0	42	58	0	39	4	0	34	23	50
60	0	51	34	0	46	53	0	41	15	60
70	1	0	10	0	54	41	0	48	8	70
80	1	8	45	1	2	30	0	55	0	80
90	1	17	21	1	10	19	1	1	53	90
100	1	25	57	1	18	8	1	8	45	100

Tafel IV.

Polar-Koordinaten.

Bogenlänge	Umfangswinkel bei dem Halbmesser									Bogenlänge
	3000			4000			5000			
	°	′	″	°	′	″	°	′	″	
0,01	0	0	0,3	0	0	0,3	0	0	0,2	0,01
0,1	0	0	3	0	0	3	0	0	2	0,1
0,2	0	0	7	0	0	5	0	0	4	0,2
0,3	0	0	10	0	0	8	0	0	6	0,3
0,4	0	0	14	0	0	10	0	0	8	0,4
0,5	0	0	17	0	0	13	0	0	10	0,5
0,6	0	0	21	0	0	15	0	0	12	0,6
0,7	0	0	24	0	0	18	0	0	14	0,7
0,8	0	0	28	0	0	21	0	0	17	0,8
0,9	0	0	31	0	0	23	0	0	19	0,9
1	0	0	34	0	0	26	0	0	21	1
2	0	1	9	0	0	52	0	0	41	2
3	0	1	43	0	1	17	0	1	2	3
4	0	2	18	0	1	43	0	1	23	4
5	0	2	52	0	2	9	0	1	43	5
6	0	3	26	0	2	35	0	2	4	6
7	0	4	1	0	3	0	0	2	24	7
8	0	4	35	0	3	26	0	2	45	8
9	0	5	9	0	3	52	0	3	6	9
10	0	5	44	0	4	18	0	3	26	10
20	0	11	27	0	8	36	0	6	52	20
30	0	17	11	0	12	53	0	10	19	30
40	0	22	55	0	17	11	0	13	45	40
50	0	28	39	0	21	29	0	17	11	50
60	0	34	23	0	25	47	0	20	38	60
70	0	40	6	0	30	5	0	24	4	70
80	0	45	50	0	34	23	0	27	30	80
90	0	51	34	0	38	40	0	30	56	90
100	0	57	18	0	42	58	0	34	23	100

Tafel V.

Umwandlung der alten Kreisteilung in neue.

(Sechzigteilung in Hundertteilung.)

Grade.

°	0	1	2	3	4	5	6	7	8	9
00	0,0..	1,1..	2,2..	3,3..	4,4..	5,5..	6,6..	7,7..	8,8..	10,0..
10	11,1..	12,2..	13,3..	14,4..	15,5..	16,6..	17,7..	18,8..	20,0..	21,1..
20	22,2..	23,3..	24,4..	25,5..	26,6..	27,7..	28,8..	30,0..	31,1..	32,2..
30	33,3..	34,4..	35,5..	36,6..	37,7..	38,8..	40,0..	41,1..	42,2..	43,3..
40	44,4..	45,5..	46,6..	47,7..	48,8..	50,0..	51,1..	52,2..	53,3..	54,4..
50	55,5..	56,6..	57,7..	58,8..	60,0..	61,1..	62,2..	63,3..	64,4..	65,5..
60	66,6..	67,7..	68,8..	70,0..	71,1..	72,2..	73,3..	74,4..	75,5..	76,6..
70	77,7..	78,8..	80,0..	81,1..	82,2..	83,3..	84,4..	85,5..	86,6..	87,7..
80	88,8..	90,0..	91,1..	92,2..	93,3..	94,4..	95,5..	96,6..	97,7..	98,8..
90	100,0..	101,1..	102,2..	103,3..	104,4..	105,5..	106,6..	107,7..	108,8..	110,0..
100	111,1..	112,2..	113,3..	114,4..	115,5..	116,6..	117,7..	118,8..	120,0..	121,1..
110	122,2..	132,3..	124,4..	125,5..	126,6..	127,7..	128,8..	130,0..	131,1..	132,2..
120	133,3..	134,4..	135,5..	136,6..	137,7..	138,8..	140,0..	141,1..	142,2..	143,3..
130	144,4..	145,5..	146,6..	147,7..	148,8..	150,0..	151,1..	152,2..	153,3..	154,4..
140	155,5..	156,6..	157,7..	158,8..	160,0..	161,1..	162,2..	163,3..	164,4..	165,5..
150	166,6..	167,7..	168,8..	170,0..	171,1..	172,2..	173,3..	174,4..	175,5..	176,6..
160	177,7..	178,8..	180,0..	181,1..	182,2..	183,3..	184,4..	185,5..	186,6..	187,7..
170	188,8..	190,0..	191,1..	192,2..	193,3..	194,4..	195,5..	196,6..	197,7..	198,8..
180	200,0..	201,1..	202,2..	203,3..	204,4..	205,5..	206,6..	207,7..	208,8..	210,0..
190	211,1..	212,2..	213,3..	214,4..	215,5..	216,6..	217,7..	218,8..	220,0..	221,1..

Minuten.

′	0	1	2	3	4	5	6	7	8	9
	0,	0,	0,	0,	0,	0,	0,	0,	0,	0,
00	00000	01852	03704	05556	07407	09259	11111	12963	14815	16667
10	18519	20370	22222	24074	25926	27778	29630	31481	33333	35185
20	37037	38889	40741	42593	44444	46296	48148	50000	51852	53704
30	55556	57407	59259	61111	62963	64815	66667	68519	70370	72222
40	74074	75926	77778	79630	81481	83333	85185	87037	88889	90741
					1,	1,	1,	1,	1,	1,
50	92593	94444	96296	98148	00000	01852	03704	05556	07407	09259

Sekunden.

″	0	1	2	3	4	5	6	7	8	9
	0,	0,	0,	0,	0,	0,	0,	0,	0,	0,
00	00000	00031	00062	00093	00123	00154	00185	00216	00247	00278
10	00309	00340	00370	00401	00432	00463	00494	00525	00556	00586
20	00617	00648	00679	00710	00741	00772	00802	00833	00864	00895
30	00926	00957	00988	01019	01049	01080	01111	01142	01173	01204
40	01235	01265	01296	01327	01358	01389	01420	01451	01481	01512
50	01543	01574	01605	01636	01667	01698	01728	01759	01790	01821
	0,0″	0,1″	0,2″	0,3″	0,4″	0,5″	0,6″	0,7″	0,8″	0,9″
0,	00000	00003	00006	00009	00012	00015	00019	00022	00025	00028

Tafel V.

Umwandlung der neuen Kreisteilung in alte.

(Hundertteilung in Sechzigteilung.)

Grade.

g	0	1	2	3	4	5	6	7	8	9
	° ′	° ′	° ′	° ′	° ′	° ′	° ′	° ′	° ′	° ′
00	0 0	0 54	1 48	2 42	3 36	4 30	5 24	6 18	7 12	8 6
10	9 0	9 54	10 48	11 42	12 36	13 30	14 24	15 18	16 12	17 6
20	18 0	18 54	19 48	20 42	21 36	22 30	23 24	24 18	25 12	26 6
30	27 0	27 54	28 48	29 42	30 36	31 30	32 24	33 18	34 12	35 6
40	36 0	36 54	37 48	38 42	39 36	40 30	41 24	42 18	43 12	44 6
50	45 0	45 54	46 48	47 42	48 36	49 30	50 24	51 18	52 12	53 6
60	54 0	54 54	55 48	56 42	57 36	58 30	59 24	60 18	61 12	62 6
70	63 0	63 54	64 48	65 42	66 36	67 30	68 24	69 18	70 12	71 6
80	72 0	72 54	73 48	74 42	75 36	76 30	77 24	78 18	79 12	80 6
90	81 0	81 54	82 48	83 42	84 36	85 30	86 24	87 18	88 12	89 6
100	90 0	90 54	91 48	92 42	93 36	94 30	95 24	96 18	97 12	98 6
110	99 0	99 54	100 48	101 42	102 36	103 30	104 24	105 18	106 12	107 6
120	108 0	108 54	109 48	110 42	111 36	112 30	113 24	114 18	115 12	116 6
130	117 0	117 54	118 48	119 42	120 36	121 30	122 24	123 18	124 12	125 6
140	126 0	126 54	127 48	128 42	129 36	130 30	131 24	132 18	133 12	134 6
150	135 0	135 54	136 48	137 42	138 36	139 30	140 24	141 18	142 12	143 6
160	144 0	144 54	145 48	146 42	147 36	148 30	149 24	150 18	151 12	152 6
170	153 0	153 54	154 48	155 42	156 36	157 30	158 24	159 18	160 12	161 6
180	162 0	162 54	163 48	164 42	165 36	166 30	167 24	168 18	169 12	170 6
190	171 0	171 54	172 48	173 42	174 36	175 30	176 24	177 18	178 12	179 6

Minuten.

g	0	1	2	3	4	5	6	7	8	9
	′ ″	′ ″	′ ″	′ ″	′ ″	′ ″	′ ″	′ ″	′ ″	′ ″
0,00	0 0,0	0 32,4	1 4,8	1 37,2	2 9,6	2 42,0	3 14,4	3 46,8	4 19,2	4 51,6
0,10	5 24,0	5 56,4	6 28,8	7 1,2	7 33,6	8 6,0	8 38,4	9 10,8	9 43,2	10 15,6
0,20	10 48,0	11 20,4	11 52,8	12 25,2	12 57,6	13 30,0	14 2,4	14 34,8	15 7,2	15 39,6
0,30	16 12,0	16 44,4	17 16,8	17 49,2	18 21,6	18 54,0	19 26,4	19 58,8	20 31,2	21 3,6
0,40	21 36,0	22 8,4	22 40,8	23 13,2	23 45,6	24 18,0	24 50,4	25 22,8	25 55,2	26 27,6
0,50	27 0,0	27 32,4	28 4,8	28 37,2	29 9,6	29 42,0	30 14,4	30 46,8	31 19,2	31 51,6
0,60	32 24,0	32 56,4	33 28,8	34 1,2	34 33,6	35 6,0	35 38,4	36 10,8	36 43,2	37 15,6
0,70	37 48,0	38 20,4	38 52,8	39 25,2	39 57,6	40 30,0	41 2,4	41 34,8	42 7,2	42 39,6
0,80	43 12,0	43 44,4	44 16,8	44 49,2	45 21,6	45 54,0	46 26,4	46 58,8	47 31,2	48 3,6
0,90	48 36,0	49 8,4	49 40,8	50 13,2	50 45,6	51 18,0	51 50,4	52 22,8	52 55,2	53 27,6

Sekunden.

g	0	1	2	3	4	5	6	7	8	9
0,0000	0,00	0,32	0,65	0,97	1,30	1,62	1,94	2,27	2,59	2,92
0,0010	3,24	3,56	3,89	4,21	4,54	4,86	5,18	5,51	5,83	6,16
0,0020	6,48	6,80	7,13	7,45	7,78	8,10	8,42	8,75	9,07	9,40
0,0030	9,72	10,04	10,37	10,69	11,02	11,34	11,66	11,99	12,31	12,64
0,0040	12,96	13,28	13,61	13,93	14,26	14,58	14,90	15,23	15,55	15,88
0,0050	16,20	16,52	16,85	17,17	17,50	17,82	18,14	18,47	18,79	19,12
0,0060	19,44	19,76	20,09	20,41	20,74	21,06	21,38	21,71	22,03	22,36
0,0070	22,68	23,00	23,33	23,65	23,98	24,30	24,62	24,95	25,27	25,60
0,0080	25,92	26,24	26,57	26,89	27,22	27,54	27,86	28,19	28,51	28,84
0,0090	29,16	29,48	29,81	30,13	30,46	30,78	31,10	31,43	31,75	32,08

Nr. u. Kennzeichnung	Abbildung	bei ungleichmäßiger Teilung $a \gtrless b$	bei gleichmäßiger Teilung $a = b = c$
A. Reine Kreisbogen			
1 Kreisabschnitt	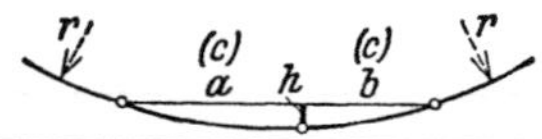	$h = \frac{a \cdot b}{2\,r}$	$h = \frac{c^2}{2\,r}$
2 Halbmesserwechsel	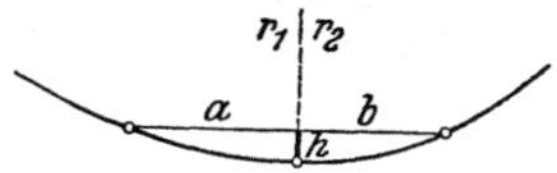	$h = \frac{a \cdot b}{2\,(a+b)} \cdot \left(\frac{a}{r_1} + \frac{b}{r_2}\right)$ Wenn r_1 und r_2 nicht sehr verschieden sind, genügt: $h = \frac{a \cdot b}{r_1 + r_2}$	$h = \frac{c^2}{4} \cdot \frac{r_1 + r_2}{r_1 \cdot r_2}$ $h = \frac{c^2}{r_1 + r_2}$
B. Vollständige kubische Parabeln (von $\varrho = \infty$ bis $\varrho = r$)			
3 Ganze Parabellänge	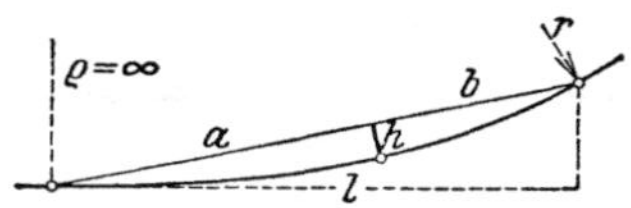	$h = \frac{a \cdot b}{6\,r \cdot l} \cdot (2\,a + b)$	$h = \frac{c^2}{4\,r} = \frac{l^2}{16\,r}$

[1] Bemerkung: *h* bezeichnet den Abstand eines Bogenpunktes von der Sehne zwischen den benachbarten Bogenpunkten. Vorausgesetzt wird, daß Bogenlänge und Sehnenlänge nicht merklich verschieden sind.

Nr. u. Kennzeichnung	Abbildung	bei ungleichmäßiger Teilung $a \gtrless b$	bei gleichmäßiger Teilung $a = b = c$
4 Ganze Parabel in p Abschnitte von der Länge c zerlegt	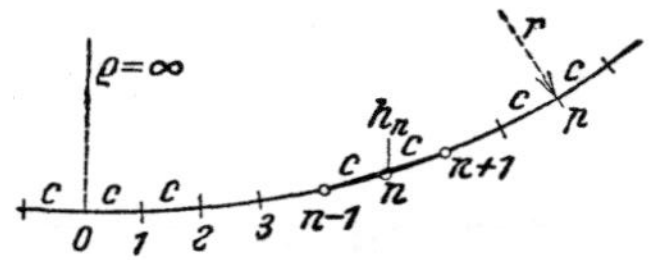		$h_n = n \cdot \frac{c^2}{2\,r\,p}$ $h_o = \frac{1}{6} \cdot \frac{c^2}{2\,r\,p}$ $h_p = \left(p - \frac{1}{6}\right) \cdot \frac{c^2}{2\,r\,p}$
5 Beliebiger Parabelabschnitt	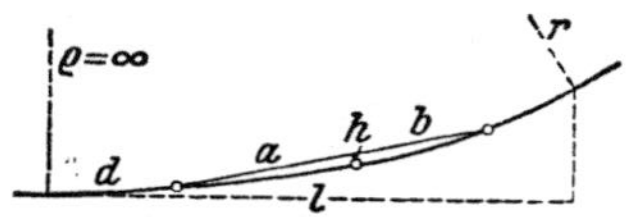	$h = \frac{a \cdot b}{6\,r \cdot l}(3\,d + 2\,a + b)$	$h = \frac{c^2}{2\,r\,l}(d + c)$
		Für den Fall: $d = 0$ wird:	
		$h = \frac{a \cdot b}{6\,r \cdot l}(2\,a + b)$	$h = \frac{c^3}{2\,r \cdot l}$
6 Zusammenstoß zweier Parabeln	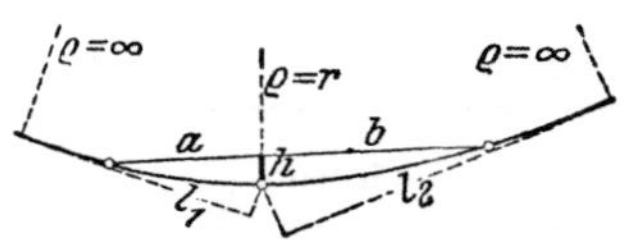	$h = \frac{1}{12\,r} \cdot \left[\frac{a^2}{l_1} \cdot (3\,l_1 - a) + \frac{b^2}{l_2}(3\,l_2 - b)\right]$	$h = \frac{c^2}{2\,r}\left[1 - \frac{c\,(l_1 + l_2)}{6\,l_1 \cdot l_2}\right]$
		Für den Fall: $l_1 = l_2 = l$ wird:	
		$h = \frac{1}{4\,r}\left[a^2\left(1 - \frac{a}{3\,l}\right) + b^2\left(1 - \frac{b}{3\,l}\right)\right]$	$h = \frac{c^2}{6\,r \cdot l} \cdot (3\,l - c)$

C. Unvollständige kubische Parabeln (von $\varrho = r_1$ bis $\varrho = r_2$),

7 **Ganze Parabel zwischen Teilen eines Korbbogens**	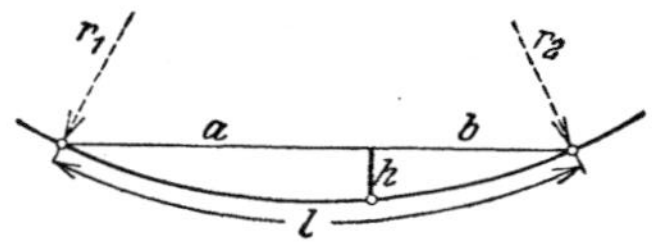	$h = \frac{a \cdot b}{6\,l \cdot r_1 \cdot r_2} \cdot [r_1\,(l+a) + r_2\,(l+b)]$	$h = \left(\frac{l}{4}\right)^2 \cdot \frac{r_1 + r_2}{r_1 \cdot r_2}$
8 **Parabel zwischen Korbbogenteilen in p gleiche Abschnitte von der Länge c zerlegt**	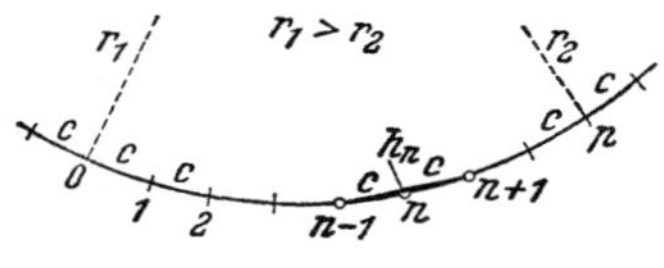		$h_n = \frac{c^2}{2\,r_1}\left(1 + n \cdot \frac{r_1 - r_2}{p \cdot r_2}\right)$ $h_o = \frac{c^2}{2\,r_1}\left(1 + \frac{1}{6} \cdot \frac{r_1 - r_2}{p \cdot r_2}\right)$ $h_p = \frac{c^2}{2\,r_2}\left(1 - \frac{1}{6} \cdot \frac{r_1 - r_2}{p \cdot r_1}\right)$
9 **Beliebiger Abschnitt der Parabel zwischen Korbbogenteilen**	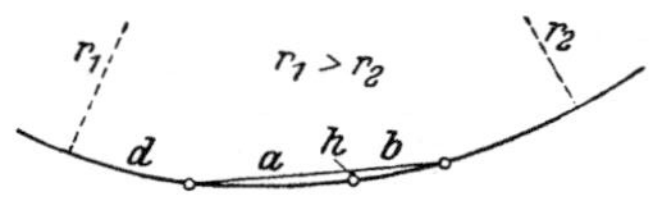	$h = \frac{a \cdot b}{2\,r_1}\left[1 + \frac{r_1 - r_2}{3\,l \cdot r_2}(3\,d + 2\,a + b)\right]$ Für den Fall: $d = 0$ wird: $h = \frac{a \cdot b}{2\,r_1}\left[1 + \frac{r_1 - r_2}{3\,l \cdot r_2}(2\,a + b)\right]$	$h = \frac{c^2}{2\,r_1}\left[1 + \frac{r_1 - r_2}{l \cdot r_2}(d + c)\right]$ $h = \frac{c^2}{2\,r_1}\left[1 + c \cdot \frac{r_1 - r_2}{l \cdot r_2}\right]$
10 **Zusammenstoß unvollständ. Parabeln (D. Verhältnis $r_1 : r_2 : r_3$ ist beliebig. Man beachte d. Vorzeichen der Differenzen.)**	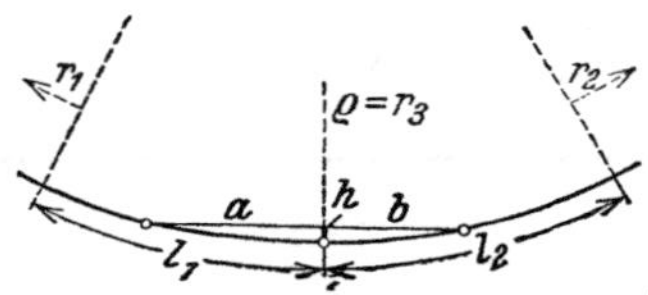	$h = \frac{a \cdot b}{2\,r_3}\left\{1 + \frac{1}{3\,(a+b)}\left[\frac{a^2\,(r_3 - r_1)}{r_1 \cdot l_1} + \frac{b^2\,(r_3 - r_2)}{r_2 \cdot l_2}\right]\right\}$ Für den Fall: $l_1 = l_2 = l$ wird: $h = \frac{a \cdot b}{2\,r_3}\left\{1 + \frac{1}{3\,l \cdot (a+b)}\left[\frac{a^2}{r_1}(r_3 - r_1) + \frac{b^2}{r_2}(r_3 - r_2)\right]\right\}$	$h = \frac{c^2}{2\,r_3}\left\{1 + \frac{c}{6}\left[\frac{r_3 - r_1}{r_1 \cdot l_1} + \frac{r_3 - r_2}{r_2 \cdot l_2}\right]\right\}$ $h = \frac{c^2}{2\,r_3}\left\{1 + \frac{c}{6\,l}\left[\frac{r_3 - r_2}{r_2} + \frac{r_3 - r_1}{r_1}\right]\right\}$

Nr. u. Kennzeichnung	Abbildung	bei ungleichmäßiger Teilung $a \gtrless b$	bei gleichmäßiger Teilung $a = b = c$
11 Ergänzung der unvollständ zur vollständ. Parabel	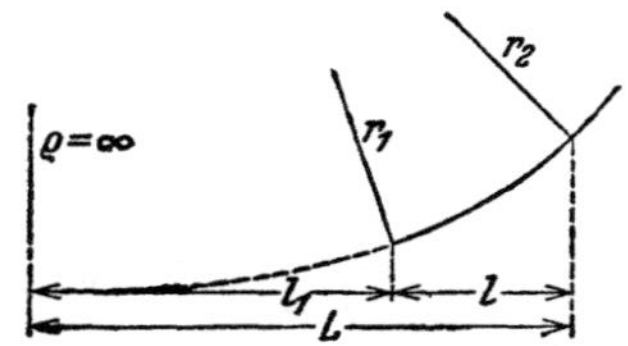	$L = \frac{l \cdot r_1}{r_1 - r_2}$ $l_1 = \frac{l \cdot r_2}{r_1 - r_2}$	
D. Kreis und Parabel.			
12 Übergang vom Stück *a* d. vollständ. Parabel z. Kreisstück *b*	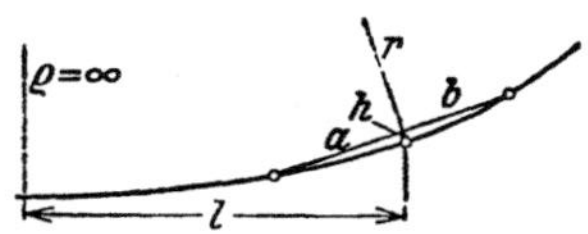	$h = \frac{a \cdot b}{2r} \cdot \left[1 - \frac{a^2}{3l \cdot (a+b)}\right]$	$h = \frac{c^2}{2r}\left(1 - \frac{c}{6l}\right)$
13 Übergang vom Stück *a* der unvollst. Parabel zum Stück *b* des flacheren (r_1) oder schärferen (r_2) Kreisbogens	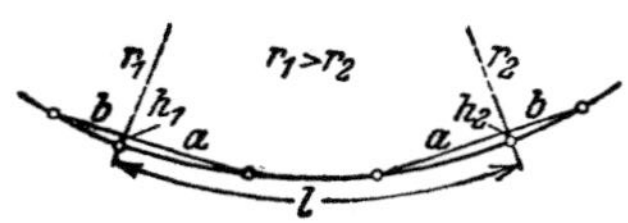	$h_1 = \frac{a \cdot b}{2r_1}\left[1 + \frac{a^2(r_1 - r_2)}{3l \cdot r_2(a+b)}\right]$ $h_2 = \frac{a \cdot b}{2r_2}\left[1 - \frac{a^2(r_1 - r_2)}{3l \cdot r_1(a+b)}\right]$	$h_1 = \frac{c^2}{2r_1}\left[1 + \frac{c(r_1 - r_2)}{6l \cdot r_2}\right]$ $h_2 = \frac{c^2}{2r_2}\left[1 - \frac{c(r_1 - r_2)}{6l \cdot r_1}\right]$

GPSR Compliance

The European Union's (EU) General Product Safety Regulation (GPSR) is a set of rules that requires consumer products to be safe and our obligations to ensure this.

If you have any concerns about our products, you can contact us on ProductSafety@springernature.com

In case Publisher is established outside the EU, the EU authorized representative is:

Springer Nature Customer Service Center GmbH
Europaplatz 3
69115 Heidelberg, Germany

Batch number: 10682534

Printed by Printforce, the Netherlands